LE PROBLÈME

DE

LA MORT

SES SOLUTIONS IMAGINAIRES

ET LA SCIENCE POSITIVE

PAR

LOUIS BOURDEAU

PARIS

ANCIENNE LIBRAIRIE GERMER BAILLIÈRE ET Cie

FÉLIX ALCAN, ÉDITEUR

108, BOULEVARD SAINT-GERMAIN, 108

1893

LE PROBLÈME DE LA MORT

OUVRAGES DU MÊME AUTEUR

A la même Librairie

Théorie des Sciences, plan de science intégrale. (Deux forts volumes in-8). . . . . 20 fr.

L'Histoire et les Historiens, essai critique sur l'Histoire considérée comme science positive. (Un volume in-8). . . 7 fr. 50

Études d'Histoire générale, évolution des arts utiles,

Ont paru :

Les Forces de l'Industrie, (Un volume in-8) . . . . 5 fr.

Conquête du Monde animal. (Un volume in-8) . . . . 5 fr.

Pour paraître prochainement :

Conquête du Monde végétal. (Un volume in-8.)

Et successivement :

Conquête du Monde minéral. (Un volume in-8.)

Industrie alimentaire. (Un volume in-8.)

Industrie du vêtement. (Un volume in-8.)

Industrie domiciliaire. (Un volume in-8.)

Industrie des transports. (Un volume in-8.)

LE PROBLÈME

DE

LA MORT

SES SOLUTIONS IMAGINAIRES
ET LA SCIENCE POSITIVE

PAR

LOUIS BOURDEAU

PARIS

ANCIENNE LIBRAIRIE GERMER BAILLIÈRE ET Cie

FÉLIX ALCAN, ÉDITEUR

108, BOULEVARD SAINT-GERMAIN, 108

1893

ERRATA

INTRODUCTION

« Le soleil ni la mort ne se peuvent regarder fixement, »
dit la Rochefoucauld (1). Cette maxime n'a qu'une vérité
relative, car, prise dans son sens absolu, elle exprimerait
plutôt une double erreur. D'une part, en effet, les astro-
nomes, moyennant quelques précautions assez simples,
fixent très bien le soleil et l'observent avec une curiosité
passionnée ; de l'autre, une foule de héros obscurs bravent
résolument la mort au service de la patrie, de la science ou
de l'humanité. Nombre d'infortunés l'invoquent même à
titre de libératrice et cherchent en elle un asile contre les
maux de la vie. Il n'y a pas, remarque Bacon, de passion
si faible dans le cœur de l'homme qui ne puisse le porter
à défier la mort : « Le désir de la vengeance triomphe
d'elle, l'amour la méprise, l'honneur y aspire, le désespoir
s'y réfugie, la peur la devance, la foi l'embrasse avec une
sorte de joie... (2) »

Il n'est donc pas impossible de regarder fixement la
mort, et nous sommes tenus de le faire si nous voulons la
comprendre. La plupart, il est vrai, n'arrêtent pas sans
angoisse leur pensée sur l'énigme qu'elle nous pose. La

(1) *Maximes*, 26.
(2) *Essais de morale*, II.

mort est, selon l'expression biblique, « le roi des épouvantements », et Homère l'appelle « le plus détesté des dieux (1) ». Mais l'effroi qu'elle inspire tient surtout à l'obscurité qui l'environne. Les hommes la redoutent comme les enfants ont peur des ténèbres, faute de savoir de quoi il s'agit (2). Nulle part sans doute le *nocturnus horror* n'est aussi complet et aussi tragique. Néanmoins, comme il suffit d'un peu de lumière pour dissiper les vaines terreurs de la nuit, on aurait moins d'appréhension de la mort si on la connaissait mieux. Tâchons de nous en faire une juste idée, nous pourrons alors l'envisager sans fausses alarmes et la subir avec résignation.

Qu'est-ce donc que la mort ? Faut-il voir en elle le terme absolu de la vie, supprimant pour ce qui doit suivre tout motif d'espoir et d'inquiétude, ou le point de départ d'une existence nouvelle qui ouvre sur l'avenir de vastes perspectives, objet de craintes et d'espérances sans fin ? Ce problème est assurément le plus digne de nos méditations puisque, résolu dans un sens ou dans l'autre, il fixe notre destinée future et assigne sa direction à la vie présente. « L'immortalité de l'âme, dit Pascal, est une chose qui nous importe si fort, qui nous touche si profondément, qu'il faut avoir perdu tout sentiment pour être dans l'indifférence de savoir ce qui en est. Toutes nos actions et nos pensées doivent prendre des routes si différentes selon qu'il y aura des biens éternels à espérer ou non, qu'il est impossible de faire une démarche avec sens et jugement qu'en la réglant par la vue de ce point, qui doit être notre dernier objet (3). »

(1) *Odyssée*, XI, 487.
(2) *Lucrèce*, III, 87 et 88.
(3) *Pensées*, éd. Havet, t. I, p. 137.

Ce n'est point, toutefois, la curiosité qui manque aux hommes à cet égard, mais bien le moyen d'investigation qui fait défaut. L'idée de la mort est assurément une de celles qui ont le plus préoccupé, on peut dire obsédé, l'esprit humain. Aux questions que soulève cette éventualité redoutée, les religions et les philosophies ont proposé les réponses les plus diverses et voulu dominer la vie par l'interprétation de sa fin. Mais, procédant toujours par l'à priori de la révélation ou du système, elles n'ont pu instituer que des formules de foi ou d'opinion, c'est-à-dire persuader sans preuves, suggérer la certitude de l'inconnu. Il reste à examiner le problème au point de vue de la science. Si ses méthodes sont également incapables de conduire par voie directe à la connaissance, puisque la recherche porte sur un état futur inaccessible à l'observation, elle peut du moins étayer solidement ses inférences en leur donnant pour support un ensemble de notions exactes, tandis que la croyance ne repose que sur des concepts imaginaires et des hypothèses caduques. Voyons donc ce que les théories relatives à la survivance ont de compatible avec les données de la science positive. Comme toutes les vérités se tiennent et se coordonnent logiquement, le seul moyen de présumer, sans trop s'exposer à l'erreur, celles qu'on ne peut saisir d'une prise immédiate, consiste à montrer qu'elles sont en concordance, non en contradiction, avec les connaissances le mieux établies. Il faut alors, ainsi que le conseille Platon, « prendre parmi les opinions la meilleure, celle qui résiste le mieux, et s'y établir comme sur un radeau pour traverser la vie (1). »

(1) *Phédon*, p. 85.

LE PROBLÈME DE LA MORT

CHAPITRE PREMIER

ORIGINE DES IDÉES D'AME ET DE VIE FUTURE

1. — A ne consulter que le sens des mots et la logique des idées, on devrait, semble-t-il, définir la mort la fin de la vie, dont la naissance marque le commencement. On ne l'entend pourtant pas ainsi d'ordinaire, et, par une conjecture hardie qui paraît démentir l'évidence même, beaucoup pensent qu'ils continueront de vivre quand ils auront cessé de vivre. Avant d'examiner la vraisemblance de cette hypothèse, il convient de chercher comment elle a pu se produire.

Quoique la croyance à une autre vie soit si répandue parmi nous qu'on la tient souvent pour universelle, elle est loin d'avoir été généralement admise et de s'imposer à tous les esprits. Ce n'est pas une vérité de sens commun, manifeste par elle-même, mais une idée acquise par induction, transmise et accréditée par tradition, fort insuffisamment démontrée et par conséquent toujours discutable. Elle a été ignorée de peuples entiers, rejetée par d'autres, et une foule d'hommes éclairés, parmi lesquels nombre de philosophes éminents, des sages même, investis de la double autorité du génie et de la vertu, ont refusé d'y ajouter foi. D'après les indications de la préhistoire, la formation de l'idée de survivance ne remonterait guère au delà de la phase *néolithique* ou de la pierre polie, la plus récente et la moins longue de celles qu'a traversées notre espèce. Durant le láps immense de la phase *paléolithique* ou de la pierre éclatée, qui remplit le cours de la période quaternaire, c'est-à-dire un espace qu'on doit évaluer à plus de 200,000 ans (1), les hommes, réduits au sentiment de l'existence présente, paraissent n'avoir eu aucun soupçon d'une existence ultérieure. Cela ressort de l'absence de sépultures pendant cet âge reculé. On abandonnait les morts, comme font tous les animaux et même quelques peuples de nos jours (2), sans prendre aucun soin de leur dépouille. Avec la phase néolithique, au contraire, apparaissent des dispositions propres à sauvegarder les cadavres, et l'usage de les ensevelir, mieux encore celui de déposer auprès d'eux un mobilier funéraire, attestent clairement la croyance à une autre vie.

Quel changement se fit alors dans l'intelligence des hommes, et d'où provint l'idée que la mort, au lieu d'être la cessation de la vie, en est la continuation ou le renouvellement? Cette conception dériva du désir insatiable de vivre et des illusions du rêve.

2. — Le plus fort, le plus persistant de nos instincts est celui de conservation, le *vouloir-vivre* dont Épicure et Schopenhauer ont fait le principe de l'existence active, qui sans lui ne pourrait durer. Il nous stimule sans cesse, soit à pourvoir aux exigences de la vie, soit à éviter les périls

(1) De Mortillet, *le Préhistorique*, p. 627.

(2) Les Boschimans, obligés de vaguer sans cesse à la recherche d'une pâture incertaine, abandonnent les infirmes, les malades et les morts. Les Mongols nomades délaissent aussi leurs morts vulgaires dans le steppe.

qui la menacent, et nous attache encore à elle quand ses douleurs la rendent pénible à supporter.

Ce désir de persévérer dans l'être, les animaux l'éprouvent ainsi que nous; mais, privés de raison, incapables conséquemment de généraliser et d'abstraire, ils ignorent la nécessité du trépas et le subissent sans le prévoir. L'homme seul, en s'élevant à l'idée de loi, sait, par l'exemple de tous ceux qu'il a vus périr autour de lui, que sa vie aura un terme, et l'appréhension de la mort devient une forme inverse de l'attachement à la vie. Il ne peut se résigner à n'être plus, car une extrémité si dure révolte le plus incoercible de ses instincts. Certain de mourir, il s'efforce d'échapper par l'espérance de survivre au désespoir d'une fin et se plaît à croire que sa vie se continuera dans d'autres conditions. Il rêve alors une seconde existence qui prolonge au gré de ses vœux celle dont le terme est si court. Tous, l'enfant ravi à son aurore, l'homme abattu en pleine vigueur de l'âge, le vieillard chargé mais non rassasié de jours, disent avec plainte et regret, comme la jeune fille du poète : « Je ne veux pas mourir encore ! (1) »

Libre de régler à sa fantaisie l'existence nouvelle qu'elle s'attribue, l'imagination y transporte son idéal, auquel la vie présente ne ressemble guère, sans se demander si ce rêve, que la réalité dément en ce monde, est plus compatible avec ses lois dans un autre. L'intelligence intervient ensuite pour spéculer sur la croyance, lui chercher des preuves, déduire des conséquences et former un système logique de conceptions. Plus tard encore, la morale s'est emparée de ces théories pour distribuer après la mort, au

(1) André Chénier, *la Captive.*

nom d'une justice en apparence moins défectueuse, des peines et des récompenses en rapport avec les fautes et les mérites des hommes. Enfin, les politiques professèrent l'immortalité de l'âme en vue du bien public, comme une garantie d'ordre social, afin que les faibles et les pervers fissent par calcul ou par crainte ce que les gens de bien font par devoir (1).

Tels ont été les facteurs de l'idée de survivance. Elle se fit jour dans l'esprit humain lorsque ses progrès l'amenèrent à comprendre clairement l'obligation de mourir. L'apparition de cette croyance serait même excellemment propre à marquer, dans l'évolution si obscure de la pensée aux âges préhistoriques, le moment où l'homme devint capable de concevoir des idées générales, de les abstraire sous forme de loi et d'en raisonner. En face de la mort prochaine et d'un avenir inconnu, il se posa, dans l'anxiété de son cœur, les questions qui troublent Hamlet : « Être ou n'être pas... Mourir, dormir; dormir! Rêver peut-être ? (2) » On préféra généralement rêver à dormir, et l'on crut trouver dans le phénomène du rêve un indice, presque un commencement de preuve.

Ni le désir passionné de vivre, ni des aspirations idéales, ni des inférences logiques, ni des considérations morales, ni des vues d'intérêt public, n'auraient en effet suffi à justifier l'affirmation de survivance, alors que la condition du cadavre témoignait manifestement du contraire. Une donnée ou du moins une présomption de fait était néces-

(1) Aristote parle des « mythes ajoutés pour persuader le vulgaire dans l'intérêt des lois et pour l'utilité commune ». (*Métaphysique*, XII, 8.)

(2) « To be or not to be... To die, to sleep; to sleep! Perchance to dream. » (*Hamlet*, III, 1.)

saire pour motiver la croyance et l'établir sur un fondement de réalité. Il fallait pouvoir attribuer à l'homme, par
induction, un être distinct du corps, différent de nature et
que la mort ne pût atteindre. On crut avoir effectivement
constaté son existence par l'interprétation de l'état de rêve
comparé à celui de veille, lorsque la raison naissante voulut s'en expliquer la contradiction. Entrevue jadis par Lucrèce (1), cette origine des idées d'âme et de vie future a été
mise en pleine lumière par les analyses de Tylor et de
Herbert Spencer (2).

3. — Le sommeil, ce phénomène singulier qui, alternant
chaque jour avec la veille, coupe la continuité de la vie
active, dut attirer l'attention dès que l'homme devint capable de réfléchir sur lui-même. L'unité du moi est alors momentanément scindée et, tandis que les fonctions animales
ou de relation restent suspendues, les fonctions organiques
ou de nutrition d'une part, les fonctions psychiques ou de
conscience de l'autre continuent de s'accomplir, mais avec
une indépendance relative. Les essais tentés pour rendre
compte d'un fait si mystérieux, quoique si vulgaire, ont eu
les plus vastes conséquences. Il n'est pas excessif de dire
que toutes les conceptions de la théologie et de la métaphysique en dérivent.

Représentons-nous un homme des temps primitifs, voué
par sa complète ignorance à des illusions de tout genre et
obligé d'imaginer ce qu'il voudrait mais ne peut connaître :
il s'endort et rêve. Au réveil, il se trouve dans le même
lieu où il a cédé au sommeil, et ceux qui, restés éveillés

<hr>

(1) *De rer. nat.*, V, 1163-1175.
(2) E. B. Tylor, *Civilisation primitive*, t. I, ch. XI; H. Spencer,
Principes de sociologie, t. I.

auprès de lui, ne l'ont pas perdu de vue, lui certifient qu'il n'a pas changé de place. Pourtant, il a le souvenir très net d'être allé ailleurs en songe, d'avoir vu telles choses, fait telles rencontres, agi de telle façon. Or, il est incapable de concevoir ces visions nocturnes comme l'effet intérieur, automatique, du cerveau fonctionnant sans direction, et par suite d'établir une distinction tranchée entre la vie réelle de l'état de veille et la vie illusoire de l'état de rêve. Il les croit vraies l'une et l'autre au même titre, puisqu'il a également conscience des deux. Les concilier est cependant impossible, à moins d'admettre qu'il s'est trouvé en deux endroits à la fois, ce que la plus constante et la mieux prouvée des vérités d'expérience lui interdit de supposer. Il ne peut sortir de cette contradiction qu'en se présumant double lui-même et composé de deux êtres qui, associés durant la veille, seraient susceptibles de se disjoindre pendant le sommeil.

Cette induction de la dualité du moi, seule explication alors possible du rêve, était confirmée par l'observation d'autres états, moins fréquents mais analogues, tels que la syncope, la léthargie, la catalepsie, l'apoplexie, etc., tous phénomènes où il y avait perte passagère de connaissance, inertie du corps, puis retour à l'activité normale lorsque, la crise passée, le sujet « revenait à lui », « recouvrait ses esprits. » De même que pendant le sommeil, le moi intérieur semblait abandonner un temps le moi visible et se réunir ensuite à lui de nouveau par une sorte de réveil.

Sous l'empire de ces idées, l'homme fut censé se composer de deux êtres distincts, d'ordinaire associés, mais à l'occasion séparables : l'un matériel et pesant, le corps, qui, endormi, reste immobile ; l'autre subtil et léger, l'esprit, qui anime son compagnon durant la veille, mais le quitte par intervalles, se transporte au loin en un instant, traverse des aventures, et, après plus ou moins de temps, revient s'insinuer dans le corps pour reprendre avec lui la vie commune (1). Comme l'activité n'était complète que lorsqu'ils se trouvaient réunis, et que l'absence de l'esprit laissait le corps plongé dans une torpeur inerte, le premier, toujours éveillé, fut tenu pour seul actif, capable de mouvoir et de diriger le second, de nature indolente et passive. Le moi voyageur devint ainsi le chef de cette communauté intermittente, et la spéculation lui attribua une prééminence de plus en plus marquée.

4. — Ce dédoublement de l'être humain une fois admis pour expliquer l'état de sommeil, l'analogie le fit étendre à celui de mort. Il était en effet naturel d'assimiler deux conditions qui, au début, ne semblaient différer que par une immobilité plus grande et plus prolongée. On dut regarder le sommeil comme une mort temporaire, la mort comme un sommeil dont le réveil se faisait plus longtemps attendre. Partout on les a pris pour des formes voisines de vie suspendue et latente. La mythologie grecque faisait du Sommeil et de la Mort les enfants jumeaux de la Nuit (2).

(1) Nous disons encore, dans le même sens, « avoir de la présence d'esprit, des absences d'esprit, être hors de soi, rentrer en soi-même », etc. Les nègres de Guinée expliquent l'imbécillité par une absence prolongée de l'âme. C'est le cas d'un malheureux dont l'esprit, sorti à l'étourdie, n'a plus su rejoindre son corps. Pline raconte la mésaventure d'un certain Hermotime, dont l'esprit allait courir le monde et qui, s'étant oublié, ne retrouva plus au retour son corps : on l'avait, dans l'intervalle, livré au bûcher. (*Hist. nat.*, VII, 52.)

(2) *Iliade*, XIII. — A Rome, lorsqu'un pape est trépassé, le camerlingue en fonction vient lui frapper trois coups au front avec un marteau d'argent et l'appelle chaque fois par son nom en lui demandant : « Un tel, dors-tu ? » Le défunt n'est déclaré

Cette similitude apparente conduisit à supposer que l'esprit qui, chaque jour, s'échappait du corps endormi, le délaissait aussi, pour plus de temps ou même pour toujours, à la mort. Il n'était point détruit, mais seulement éloigné. Le rêve semblait fournir une preuve de son existence, car chacun avait pu revoir en songe des personnes qu'il avait connues vivantes. Elles conservaient le même aspect, parlaient et agissaient comme autrefois. Quelque chose d'elles subsistait donc encore, mais dans un monde autre que celui de la vie réelle, puisqu'on ne les y retrouvait pas. Invisibles à la lumière du jour, les morts ne se montraient que pendant la nuit, comparable à celle du tombeau. Les apparitions d'esprits, en relation avec un monde mystérieux et ses puissances cachées (1), prirent une valeur prophétique. On crut ces fantômes instruits des secrets de l'avenir, et on leur en demanda la révélation. Chez tous les peuples du monde, l'interprétation des songes a constitué le mode le plus usité de divination (*oniromancie*). Diodore de Sicile atteste son importance en Chaldée (2). Dans la *Genèse*, l'histoire de Joseph en témoigne à la fois chez les Égyptiens et chez les Hébreux (3). L'Évangile s'ouvre par le récit d'une révélation reçue en songe (4). César croit aux présages des songes et périt pour en avoir négligé un (5).

mort que sur son refus de répondre. Ce cérémonial a encore été suivi au décès de Pie IX.

(1) Pour Homère, les songes, enfants de la Nuit, viennent des ténèbres infernales, du seuil de la région des ombres (*Odyssée*, XXIV, 12).

(2) *Bibliothèque historique*, II, 29. Parmi les fragments de littérature chaldéo-assyrienne, on a déchiffré des tables de présages tirés des songes.

(3) *Genèse*, xxxvii, 5-10 ; xl, 5-13 ; xli, 1-38.

(4) *Saint Matthieu*, i, 20-24.

(5) Plutarque, *Vie de César*.

Cicéron en cite qui forcent, dit-il, l'admiration (1). Les poëtes dramatiques de tous les temps ont tiré de puissants effets des apparitions d'ombres en rêve (2), et des philosophes même, qui tenaient le doute pour le commencement de la sagesse, ont cru à ces pronostics surnaturels. On a un traité d'Aristote sur la *Divination par les songes*, un autre d'Artémidore sur l'art de les interpréter (*Onirocritica*). Galien admet des songes inspirés par Esculape (3). Au xvii° siècle, La Mothe-Levayer, quoique faisant profession de scepticisme, partageait la croyance au caractère fatidique des songes (4). Disons enfin que, de nos jours, à Paris même, des livres comme *la Clef des songes* trouvent encore quelque débit.

5. — Quand, sur la foi du rêve, l'homme eut admis en lui un esprit, principe d'activité, la tendance à juger des choses par analogie lui fit attribuer un esprit pareil à tout ce qui, dans la nature, paraît agir, vit, se meut ou bruit, aux animaux d'abord, qui ont avec nous tant de points de ressemblance, puis aux plantes, enfin aux objets les plus divers. Cette disposition est frappante chez les enfants et les sauvages. L'homme primitif, inhabile à distinguer nettement l'inanimé de l'animé, suppose vivants les êtres quelconques, leur prête la même conscience et la même volonté qu'il connaît en lui. Comme il explique ce qu'il fait par l'action d'une âme, ce qui se passe dans le monde phénoménal lui paraît devoir s'expliquer aussi par l'influence

(1) *De divinatione*, I, 27.
(2) Songes d'Atossa dans Eschyle, de Clytemnestre dans Sophocle, de Richard III dans Shakspeare, de Pauline dans Corneille, d'Athalie dans Racine...
(3) *Du Diagnostic des maladies par le moyen des songes.*
(4) *Traité sur le sommeil et les songes, OEuvres*, t. VIII, 1669.

d'esprits qui, ainsi que le sien, représentent des causes personnifiées. L'eau qui coule, la mer qui ondule et palpite, le vent qui souffle, le nuage qui se déplace et verse la pluie, la flamme qui darde ses langues ardentes, les astres qui circulent dans le ciel, ont un esprit qui les anime (1) Interprétés de même, les bruits de la nature exprimèrent des états d'âme, devinrent un langage comparable à celui de l'homme. Aux cris émus que poussent les animaux, on assimila le murmure de la forêt, le sifflement de la bise, la plainte de la vague sur la grève, le gazouillement du ruisseau, le fracas de la cascade, les éclats de la foudre, voix irritée d'un esprit puissant.

Dès lors, tout prend vie et s'anime dans la nature. Le langage en fournit la preuve par le genre des mots qui, à l'origine, étaient tous masculins ou féminins, ainsi qu'on le voit en hébreu et dans les vieilles langues aryennes. La distinction du neutre a été tardive et reste encore assez restreinte dans la plupart de leurs dérivés, sauf l'anglais, où elle commence à prévaloir. Dans le principe, chaque objet dénommé jouait le rôle d'un homme ou d'une femme. Le verbe mettait en action ces personnalités fictives. L'idée prit conséquemment la forme d'un récit, et les tentatives pour expliquer les phénomènes constituèrent des thèmes à légendes dont la poésie fit des mythes. Ce qui n'est plus pour nous qu'un langage figuré quand nous disons qu'un

(1) Ces illusions paraissent surtout naïves et font sourire, appliquées par des sauvages à des objets de nos industries dont le mécanisme leur est inconnu. A l'apparition du navire de Cook, les Néo-Zélandais le prirent pour une « baleine à voiles ». Les Boschimans, au rapport d'Anderson, regardent les chars, avec leurs roues qui marchent, comme des êtres animés. Au Gabon, la pendule de du Chaillu passait pour un esprit qui veillait sur le voyageur. D'autres croient que le papier écrit ou imprimé contient un esprit qui parle au lecteur...

corps *se meut*, que le soleil *se lève* ou *se couche*, qu'une rivière *court*, que la mer *monte* ou *descend*, que le tonnerre *gronde*, que la pluie *féconde* la terre, etc., était jadis l'expression prise au sens propre d'une théorie qui portait à voir en tout des esprits et à rendre compte des faits par leur action volontaire.

De là est résulté un système général de croyances auquel Tylor a donné le nom d'*animisme*. Il a dominé pendant une phase très longue de la vie du genre humain, comme le montre l'exemple des populations non civilisées, et l'on en trouve des traces sans nombre chez les peuples parvenus à un état supérieur de culture. En Chine, on vénère les esprits du ciel et de la terre, ceux des mers et des montagnes, des fleuves et des ruisseaux, du feu, des nuages, des épidémies, de la région, de la ville, de la maison, de la porte, du foyer, etc. Il n'y a rien qui ne soit censé avoir son esprit (1). Les Chaldéo-Assyriens adoraient aussi une foule d'esprits, ceux de l'ombre et de la lumière, du vent et de la pluie, du bien et du mal, etc. La mythologie gréco-romaine divinisait les esprits de la terre, de l'air, des eaux, du feu, des montagnes... Homère fait convoquer à l'assemblée des dieux les génies des bois, des sources et des prairies (2). Thalès croit la nature entière animée et le monde plein de *daimons* (3). Pythagore tient que « le son produit par l'airain quand on le frappe est la voix d'un certain démon enfermé dans cet airain (4) ». Platon, Aristote même ne conçoivent encore le mouvement que comme l'effet voulu

(1) A. Réville, *Histoire des religions*, t. III, p. 156 et 157.
(2) *Iliade*, XX.
(3) Καὶ τὸν κόσμον ἔμψυχον καὶ δαιμόνων πλήρη. (Diogène de Laërte, 1, 27.)
(4) Porphyre, *Vie de Pythagore*.

d'une âme. Naguère, Victor Hugo, écho attardé de la tradition animiste, écrivait :

Tout parle. Écoute bien. C'est que vents, onde, flammes,
Arbres, roseaux, rochers, tout vit ! — Tout est plein d'âmes (1).

On en vint à se figurer sous forme d'esprits, outre les
réalités naturelles, des forces abstraites, des fonctions de
la vie et des concepts de la raison, comme l'amour, la
fécondité, la mort, le courage, la paix, la guerre, la victoire, la richesse, la justice, la beauté, la sagesse, etc. On
attribua même à l'ensemble des choses une âme qui a joué
un grand rôle dans la métaphysique ancienne. Dégagée du
panthéisme oriental, l'âme du monde fut individualisée par
Anaxagore comme principe de mouvement et d'ordre dans
l'univers (2). Platon tient le *cosmos* pour un être immense
composé, ainsi que l'homme, d'une âme et d'un corps.
Chaque astre a son âme particulière, située à son centre,
qui le meut et le gouverne dans son cours (3). Origène
considère comme vivants le soleil, la lune et les étoiles. Il
voit dans l'harmonie des révolutions célestes la preuve que
les astres sont animés, car il serait, dit-il, absurde d'attendre d'êtres sans raison une régularité si parfaite.
Kepler, fondateur de l'astronomie moderne, croit encore
les astres doués de sentiment, d'intelligence et de volonté.
A l'exemple d'Origène, il fait de la Terre une sorte de gros
animal accessible à la frayeur quand une comète s'approche,
et il donne au soleil une âme très noble, capable d'émou-
voir à distance, par son rayonnement, les âmes des planètes, assez clairvoyantes de leur côté pour ne pas s'écarter

(1) *Contemplations, Ce que dit la bouche d'ombre.*
(2) Diogène de Laërte, II, 16.
(3) *Timée.*

de leur orbite elliptique et y parcourir des aires toujours
proportionnelles aux temps (1). De nos jours même, Joseph
de Maistre, esprit paradoxal, a soutenu la thèse de l'animation des planètes (2). L'idée que les puissants esprits
qui régissent les astres exercent une influence propice ou
néfaste sur la destinée des êtres humains a inspiré les
superstitions astrologiques, dont le long empire n'a pris fin
en Europe que depuis deux siècles et dure encore en Asie.
Quoique l'âme du monde soit devenue assez étrangère aux
spéculations de la pensée moderne, nous en avons plutôt
changé le nom qu'abandonné l'idée, et il est aisé de la reconnaître dans ce que nous appelons *la Nature*.

Enfin, la conception d'une divinité distincte du monde
que son intelligence gouverne comme l'esprit fait le corps,
est la suprême généralisation de l'animisme. Cette âme
divine a paru tantôt multiple, quand elle présidait à des
ordres déterminés de phénomènes, et tantôt simple quand
elle dominait leur ensemble. Le panthéon des croyances
religieuses s'est peuplé de dieux chargés de symboliser les
puissances cachées des choses. Le monothéisme les résume
en un dieu unique qui constitue l'âme universelle. Son activité anime tout. Varron parle de « la grande âme du monde
qui se mêle à la masse de l'univers et le régit par le mouvement et la raison... Elle se répand dans les divers éléments, les pénètre, et la partie divine que chacun d'eux
contient est appelée dieu ». Virgile émet en beaux vers
les mêmes idées (3). — « Qu'est-ce que Dieu? » demande
Sénèque, et il répond : « L'esprit de l'univers (4). »

<hr>

(1) *Dissertation sur la planète Mars.*
(2) *Soirées de Saint-Pétersbourg*, t. II, p. 210.
(3) *Enéide*, VI, 726 et 727.
(4) « Quid est deus ? Mens universi » (*Quæst. nat.*, I, præf.).

Ainsi la théorie de l'animisme, imaginée pour expliquer les illusions du rêve dans l'homme, a été par degrés étendue à la totalité des choses. Non seulement les croyances des peuples sauvages ou barbares, mais encore les religions, les philosophies, les superstitions des peuples civilisés, nos manières de penser, nos langues, nos systèmes d'idées, sont tout imprégnés d'animisme. Depuis quelques siècles à peine, la science, écartant les voiles du mythe et serrant la réalité de plus près, tend à remplacer, dans l'interprétation des faits, l'antique conception d'esprits personnels par la notion abstraite de force et de loi. Quand elle aura bien établi cette donnée dans l'ordre des phénomènes de la nature, il lui faudra opérer dans l'homme même une substitution pareille, et cela changera tout.

6. — A partir du moment où l'homme fut censé se composer de deux êtres, l'esprit et le corps, différents de nature et susceptibles de se disjoindre, le problème de la mort se posa avec une longue suite d'éventualités et de conséquences. Que devenaient ces deux êtres, associés pendant la vie, lorsque la mort les séparait?

En ce qui concerne le corps, il n'y avait guère d'incertitude possible, car, pour peu que l'observation se prolongeât, elle montrait clairement quel était son sort après qu'il avait cessé de vivre. Mais quant à l'esprit, qui, invisible et mystérieux, s'échappait sans qu'on pût suivre ses traces, le champ restait ouvert aux hypothèses, et l'on eut à conjecturer ses destins ultérieurs. S'il ne périssait pas comme le corps et en même temps que lui, dans quelles conditions nouvelles se continuait son existence? Avait-il une essence propre et quelle en était la nature, matérielle ou immatérielle, simple ou composée ? D'où venait l'âme quand elle s'unissait au corps ? Où allait-elle quand elle le quittait ? Avait-elle commencé d'être avec lui ou toujours été ? Devait-elle avoir un terme ou durer toujours ? Quels avaient été dans le passé, quels seraient dans l'avenir ses lieux de résidence, ses suites d'états, ses modes d'activité ? La spéculation, s'exerçant sur ces données sans examiner au préalable si le fond en était réel ou imaginaire, les a peu à peu agrandies, compliquées, subtilisées, et en a fait sortir avec le temps tout un monde de conceptions idéales. Mais quelles que soient les transformations subies, depuis les rêveries vagues et confuses des peuples sauvages jusqu'aux dogmes arrêtés et précis des peuples civilisés, ces théories sur l'âme qui dominent encore, à titre de vérités transcendantes, nos théologies et nos métaphysiques, ne font que perpétuer un legs de l'élaboration mentale la plus primitive et la plus grossière. Ces croyances, dit M. Renan, « loin d'être un produit de réflexion raffinée, ne sont au fond qu'un reste des conceptions enfantines d'hommes incapables d'opérer dans leurs idées une analyse sérieuse ».

Avant d'étudier leur développement et de les discuter au point de vue de la science, passons rapidement en revue les principales solutions, positives ou négatives, données au problème de la mort par les religions et les philosophies qui ont tenu le plus de place dans l'histoire de l'esprit humain. Leur diversité même sera déjà un utile enseignement.

CHAPITRE II

1. — Pendant une phase initiale d'une très longue durée, l'humanité, à peine sortie de l'état animal ou de nature et réduite par le dénûment de son esprit comme par la pauvreté de son langage à l'impuissance de concevoir et d'exprimer des idées abstraites, a dû vivre sans aucune notion d'une existence future. Dans l'époque actuelle même, les voyageurs signalent des populations dont l'extrême sauvagerie semble rappeler celle des temps de la préhistoire et se caractérise par une absence complète d'idées relatives à une autre vie. Citons notamment les Tasmaniens (1), les Australiens, les Boschimans, les Hottentots (2), les Cafres, les Gabonnais (3), Latoukas, Bongos (4), etc., de l'Afrique équatoriale, les Weddahs de Ceylan, les Andamanites, les Fuégiens, les Indiens de Californie, les Esquimaux de la baie d'Hudson (5), etc.

Le plus grand nombre des peuples non civilisés de nos

(1) Au' rapport du missionnaire Clark, ils disaient mourir « comme les kangurous ».

(2) « Ils croient mourir tout entiers, comme les bêtes, » dit Campbell. (*Histoire universelle des voyages*, t. XXIX, p. 340.)

(3) « Tout est fini et pour toujours, » chantent-ils à la mort des leurs. (Du Chaillu, *Voyage dans l'Afrique équatoriale*, 43.)

(4) Schweinfurt, *The Heart of Africa*, I, 306.

(5) Ross, *Voyage au pôle Nord*.

jours croient que l'esprit des morts leur survit ; mais les
conceptions admises chez les nègres d'Afrique, les Peaux-
Rouges d'Amérique et les indigènes de la Polynésie, celles
même qui étaient reçues dans les empires à demi civilisés
du Mexique et du Pérou, ne dépassent guère le niveau
d'un animisme incohérent. Les uns supposent que l'esprit,
après avoir erré quelque temps dans le voisinage, finit par
se dissiper et se perdre ; d'autres, qu'il passe en différents
corps de nature quelconque et y mène une existence nouvelle ; d'autres enfin, qu'il persiste sous son apparence
propre, mais va dans un monde spécial où il continue de
vivre quelque temps ; beaucoup admettent même dans
l'homme la coexistence de plusieurs esprits qui, à sa mort,
se séparent et ont des destins divers. Nous ne pouvons
entrer ici dans le détail de ces croyances, qui varient de
tribu à tribu. On ne trouve de théories explicites et coordonnées que dans les groupes ethniques parvenus à un
certain degré de civilisation. C'est là surtout qu'il importe
de les étudier.

2. — Entre tous les peuples de l'ancien monde, les Égyptiens se signalèrent par l'ardeur de leur foi en une existence future. Hérodote dit qu'ils ont enseigné les premiers
l'immortalité et la transmigration des âmes (1), ce qui
n'est exact que relativement aux Grecs. Dès le temps de
l'ancien empire, la mort fut pour les habitants de l'Égypte
l'objet d'une préoccupation constante, le but des plus
grands travaux. La principale fin de la vie était la préparation d'une tombe, qualifiée de « demeuré éternelle », tandis
qu'ils appelaient « hôtelleries·de passage » les habitations

____

(1) *Histoires*, II, 123.

des vivants (1). Néanmoins, la théorie de la vie future n'était pas fixée chez eux, et les idées les plus disparates avaient cours. La foule croyait que les esprits des morts, parcourant des cycles de métamorphoses, allaient animer successivement diverses sortes de corps ; mais les classes supérieures se faisaient de l'autre vie une conception plus haute. Tandis que le corps et son *double* (son ombre, son simulacre) menaient dans la tombe une existence sépulcrale, l'âme, après un jugement où ses fautes et ses mérites étaient strictement pesés, recevait dans un autre monde sa peine ou sa récompense. Les méchants subissaient une expiation temporaire, puis étaient anéantis; les bons, reçus dans les *Demeures célestes*, s'identifiaient avec Osiris et s'abîmaient dans l'être parfait. Mais, quoiqu'un texte trouvé dans les hypogées royaux de Thèbes et traduit par M. Maspéro soit intitulé : *le Livre de savoir ce qu'il y a dans l'autre monde*, les croyances des Égyptiens n'étaient pas arrêtées à cet égard, et chacun s'arrangeait une vie future à son gré (2). Il y avait place dans ces rêves pour tant d'éventualités, de voyages, de transformations et d'occurrences, que, par précaution, un exemplaire du *Livre des Morts* était déposé dans le cercueil du défunt pour lui servir de guide et lui rappeler les formules, prières ou invocations qu'il devait réciter dans les passages dangereux.

Au rebours des Égyptiens, les Chaldéo-Assyriens paraissent n'avoir attaché qu'une médiocre importance aux considérations de vie future. Peu de fragments, parmi les inscriptions et les textes qu'on a déchiffrés, en attestent la

______

(1) Diodore de Sicile, *Biblioth. histor.*, I, 51.
(2) Maspéro, *Histoire des âmes dans l'Égypte ancienne, Revue scientifique*, 9 mars 1879.

croyance. Ils supposaient les esprits des morts réduits à la torpeur d'une vague somnolence dans un monde souterrain analogue à celui des Hébreux et dépeint comme « la demeure des ténèbres... le lieu où l'homme mange la terre... où la poussière reste sans qu'on la dérange (1) ».

Les deux grandes religions de l'Asie, le brahmanisme et le bouddhisme, qui comptent pour sectateurs la moitié du genre humain, donnent à l'être pour but, après des séries de transmigrations, l'absorption ou l'anéantissement. Les *Védas* n'expriment guère que des craintes et des espérances relatives à la vie présente, quoiqu'il y soit fait quelquefois mention du passage des âmes dans d'autres corps ou de leur séjour dans un monde soit supérieur, soit inférieur (2). Les poètes des hymnes védiques demandent le plus souvent, non une béatitude future, mais le bonheur actuel, la prolongation de la vie (3), la force, la santé, une postérité nombreuse, des richesses en bétail, le triomphe sur les ennemis et leur destruction s'ils adorent d'autres dieux. Dans l'opinion des Aryas de l'Inde, les éléments de l'être humain se dissociaient à la mort : le corps retournait à la terre, le souffle au vent, le feu du regard au soleil, et une âme éthérée, recommandée à Agni, au monde des purs (4). La théorie d'une existence future est beaucoup plus développée dans les *Lois* de Manou, qui réglementent la métempsycose comme système de sanctions. Chaque être, au sortir de la vie, est récompensé ou puni suivant qu'il a bien ou mal vécu, puis transmigre dans un autre corps pour y subir une nouvelle

(1) Rawlinson, *les Religions de l'ancien monde*, p. 82 et 83.
(2) *Rig-Véda*, trad. Langlois, t. 1, p. 487 ; t. IV, p. 157.
(3) « O Voruna ! s'écrie l'un d'eux, que je n'entre pas encore dans la maison d'argile ! »
(4) E. Burnouf, *Essai sur le Véda*, p. 432.

épreuve qui le fera monter ou descendre sur une échelle immense de perfection qui va de la plus infime créature à la divinité. Mais nulle part le brahmanisme ne pose le principe d'une immortalité personnelle, et la conscience de l'identité du moi se perd avec la mémoire à chaque transmigration. Les âmes particulières, émanées de Brahma « comme les étincelles émanent d'un brasier », sont pures au moment de la séparation, mais s'avilissent au contact de la matière impure et ont besoin de recouvrer, à force d'épreuves, durant des séries d'existences, car une seule n'y suffirait pas, leur pureté originelle, afin de pouvoir se confondre de nouveau avec l'être absolu, « comme une goutte d'eau dans l'océan ». Les écoles philosophiques de l'Inde s'accordent à tenir la vie pour une déchéance de l'esprit, qui tend à rompre ses chaînes et reviendra s'unir à la pure essence des choses. Apparition éphémère flottant à la surface de l'illusion infinie, sa cessation constitue *la délivrance*, dans un état comparable à un sommeil profond, sans rêve et sans réveil. « Le suprême bonheur est l'absorption dans l'être unique, éternel, l'âme universelle, toujours inerte et incapable de sentiments, qui est la vie pure, puisqu'elle ne vit pas, la pensée pure, puisqu'elle ne pense à rien de particulier, et la joie pure, puisque rien ne la réjouit, ne l'émeut et ne la trouble (1). »

Le bouddhisme, qui fut une réformation du brahmanisme, donne pour idéal à ses sectateurs, après une succession de métamorphoses, la perspective du *nirvâna* (extinction), état qui représente, sinon le néant absolu, du moins une manière d'être qui lui ressemble si fort qu'on a peine à l'en distinguer. Selon la doctrine du Bouddha, la

(1) J. Vinson, *les Religions actuelles*, p. 76.

douleur procède fatalement de l'existence, et l'on n'en peut être délivré que par la réduction à zéro de toutes les fonctions de la vie. Son terme final, c'est la sortie de l'empire des causes et des effets, la vacuité complète comme l'uniforme étendue du ciel vide, le lieu « privé des quatre côtés », où il n'y a plus ni objet ni sujet, où l'immobilité remplace le mouvement, où l'on n'a ni désir, ni joie, ni tristesse, ni pensée, ni vouloir. L'entrée dans le nirvâna équivaut à l'effacement, non de la substance de l'être, qui est éternelle, mais de la personnalité, apparence illusoire, par la perte du sentiment de l'existence, la suppression de toute activité propre et l'indifférence absolue du moi dans l'impassibilité d'un quiétisme sans fin. Suivant l'expression consacrée des bouddhistes, l'âme, enfin libérée de la vie, « s'éteint comme une lampe (1). » Affranchie désormais de l'effort et de la peine, soustraite à toute dépendance de temps et de lieu, à la loi du changement et de l'épreuve, elle redevient indéterminée, immuable, et se trouve ainsi rendue à sa vraie nature, dont l'agitation de la vie l'avait un moment fait sortir.

Aucune des deux religions nationales de la Chine (où le bouddhisme, introduit au 1er siècle de notre ère, domine depuis le xiiie), le *Yü* (confucéisme) et le *Tao* (taoïsme), ne spécule sur la vie future. Le culte des ancêtres, fonds primitif des croyances religieuses du Céleste Empire, n'implique pas, malgré les traditionnelles offrandes d'aliments faites aux morts, une idée bien nette de leur survivance, et se réduit à un sentiment de vénération collec-

______

(1) A la mort du Bouddha, un de ses disciples dit : « Comme l'extinction d'une lampe, ainsi a eu lieu l'affranchissement de son intelligence. » Cette stance est célèbre chez les bouddhistes. (Max Müller, *Essai sur l'histoire des religions*, p. 387.)

tive pour les auteurs de la perpétuité des familles. C'est un animisme vague, expression de la permanence de la vie à travers la suite des générations. « En dehors de l'idée d'une survivance indéfinie et du lien d'affection protectrice qui rattache les aïeux à leurs descendants, l'ancienne religion chinoise n'enseignait rien de précis sur l'état des âmes après la mort et ne connaissait pas de rétribution fondée sur la valeur morale de cette vie (1). » Le confucéisme, institué par Confucius, est moins une religion qu'une doctrine philosophique préconisant le respect du passé et caractérisée par un minutieux ritualisme. Le maître garde une extrême réserve au sujet de la vie future, et, quand il en parle, c'est d'un ton de doute voisin de la négation. Interrogé par son disciple Li-Kou sur ce que devient l'homme après le trépas, Confucius répond : « Quand on ne connaît pas la vie, comment pourrait-on connaître la mort ? (2) » Il ne se préoccupe nullement de la persistance d'un principe animé. Pour lui, « l'homme, comme le ciel, comme la terre, comme tout ce qui est, procède, un et entier, du grand Tao, dont il est seulement la manifestation locale, partielle, accidentelle et limitée. La mort est simplement la cessation du phénomène (3). »

Le taoïsme ou religion des *tao-sse* (docteurs de la raison), était aussi dans le principe une philosophie négative. Lao-Tseu, son fondateur, sorte de Bouddha chinois, aspire à l'effacement de la personnalité dans le Tao, principe actif du monde. Toutes les choses finies dérivent de l'être infini et se résorbent en lui. L'homme doit tendre, par l'apathie et l'extase, à l'éternel repos où l'être et le néant

(1) A. Réville, *Histoire des religions*, t. III, p. 186.
(2) *Lun-Yu* (Discours et entretiens de Confucius), XI, 11.
(3) Vinson, *les Relig. act.*, p. 211, 212.

se confondent (1). Mais ce système de métaphysique abstraite a, comme celui du Bouddha, été grossièrement altéré par l'adhésion des foules, qui, hors d'état de le comprendre, y ont introduit un mélange d'antiques superstitions, de bouddhisme dégénéré et de conceptions empruntées à la métempsycose.

Ainsi partagés entre trois ou quatre religions, au fond indifférents à toutes (2), les Chinois s'occupent très peu de la vie future et beaucoup de la vie présente. Il en est de même des Japonais, en partie bouddhistes, en partie adonnés à des cultes indigènes (*sintoïsme*) où les ancêtres, transformés en génies bienfaisants sous le nom de *Kamis*, sont invoqués chaque jour. Par l'effet de croyances qui ne leur inspirent aucune terreur de l'au delà, ces peuples vivent sans appréhension de la mort et la voient venir ou vont au-devant d'elle avec une impassibilité qui nous étonne. Ils ne la redoutent pas parce qu'elle ne représente pour eux que la certitude de ne plus souffrir.

3. — Le mazdéisme, institué par Zoroastre (Zarathustra) dans la Médie et la Perse anciennes, se fondait sur l'affirmation très nette d'une vie future, sanction de la vie présente, suivant que l'on s'est comporté dans la lutte entre Ormuzd et Ahriman, symbole du combat de la lumière et des ténèbres qui constitue le fond des religions aryennes. Les bons, fidèles à la loi d'Or-

(1) Lao-Tseu, *le Livre de la voie et de la vertu*, trad. Stanislas Julien.

(2) « Les religions sont diverses, la raison est une; nous sommes tous frères. » — Cette formule, qui témoigne de plus de tolérance que de foi, « est, dit un missionnaire, sur les lèvres de tous les Chinois, qui se la renvoient avec une exquise politesse. » (Le Père Huc, *l'Empire chinois*, t. II, ch. VI.)

muzd (*Ahura-mazda*, l'esprit sage), dieu du bien et de la lumière, allaient dans le ciel partager sa gloire avec les Amschaspands et les Izeds, ses bienfaisants collaborateurs. Les mauvais, rejetés dans un ténébreux enfer, y subissaient des tortures infligées par les Dews et les Darwands, génies du mal au service d'Ahriman (*Angro-Maïnyous*, le destructeur). Mais, après un temps d'expiation, les âmes purifiées devaient s'unir à Ormuzd. Le mazdéisme a le premier formulé clairement le dogme de la survivance personnelle, complété par celui de la résurrection des corps, et ces deux croyances, que le judaïsme adopta en partie lors de sa transformation à l'époque des prophètes, ont été transmises par lui au christianisme et à l'islamisme.

Jusque vers les derniers siècles avant notre ère, les juifs avaient une conception si obscure de l'autre vie, qu'on doute s'ils y croyaient. Nulle part, en effet, la *Bible* n'exprime l'idée d'âme spirituelle, et celle d'immortalité lui est étrangère (1). Le *Pentateuque* ne contient aucune allusion à une existence future; il est totalement dépourvu de mythologie funèbre, ne mentionne ni jugement après la mort, ni enfer, ni paradis dans un autre monde; enfin il n'institue ni prières pour les morts ni fêtes commémoratives pour les grands hommes du passé. Les promesses et les menaces que Jéhovah fait à son peuple se réfèrent uniquement aux intérêts de la vie actuelle (2), et

---

(1) Elle n'est indiquée que deux fois, et dans des livres apocryphes (*Sagesse*, i, 15; *Sirach*, xvii, 29). Dans la *Bible*, il est parlé plus de seize cents fois de l'âme ou de l'esprit sans que jamais il soit question de leur nature immortelle. Sur 23,205 versets, l'Ancien Testament n'en contient que quatre qui pourraient impliquer, sans l'exprimer nettement, l'idée d'immortalité, et l'on dispute sur leur interprétation.

(2) *Exode*, xx, 12. — « Suivez la voie que l'Éternel vous a tra-

l'homme que n'atteignent pas ces sanctions n'est récompensé ou puni que dans sa postérité. L'existence absolue, le privilège d'être exempt du déclin et de la mort, n'appartient qu'au *Dieu vivant*, l'*Éternel*, le Seigneur qui *est* et ne partage avec aucune de ses créatures sa durée sans terme. Au point de vue de l'hébraïsme, se croire immortel serait pour l'homme une impiété arrogante, une double injure à la majesté divine et au sens commun. Les Juifs admettaient bien, il est vrai, un séjour d'ombres et de mânes (*refaïm*), le schéol ; mais l'état de sommeil et de torpeur où l'on y était plongé constituait plutôt une survivance nominale qu'une immortalité réelle, car une telle condition d'existence se rapproche moins de la vie que de la mort.

Dans les livres mis à la suite du *Pentateuque*, les indications relatives à la vie future sont vagues et contradictoires. La plupart ont un sens négatif (1), tandis que les passages allégués pour l'affirmative sont rares et peu catégoriques. Le fait même que les commentateurs doivent recourir à des interprétations plus ou moins forcées pour montrer que l'idée de vie future se trouve exprimée dans la *Bible* montre qu'elle ne s'y trouve pas, car, si la croyance avait été explicite et générale, les textes à l'appui ne seraient pas à ce point insuffisants (2). Lors de la captivité de Babylone, le judaïsme fit des emprunts au mazdéisme

rée, afin que vous viviez et que vous soyez heureux. » (*Deutéronome*, v, 23.)

(1) *Job*, viii, 9 ; xiv, 12 ; *Psaumes*, vi, 5 ; xxix, 9 ; lxxxvii, 10-12 ; cxiii, 17 ; cxlv, 4, etc... L'auteur du livre de la *Sagesse* borne la survivance des justes à être glorieux dans le souvenir des hommes, vivant dans la mémoire du Seigneur. (*Sagesse*, II, 6.)

(2) Cahen, *Bible*, trad., t. IV, p. 9, note. — Cette question, très débattue dans les pays protestants, a donné lieu, chez les Anglo-Américains, à un mode de démonstration qui, pour manquer un peu de gravité, n'est pas moins très concluant. « La *Bible*, écri-

et s'imprégna de ses doctrines. A la théorie de l'âme-fantôme, reléguée et endormie dans le Schéol, les novateurs opposèrent celle d'une résurrection corporelle suivie d'un jugement, de peines et de récompenses. Plus tard encore, sous l'influence de l'hellénisme alexandrin, les Juifs adoptèrent une part des doctrines platoniciennes. Toutefois, la première mention formelle d'une vie future dans la *Bible* ne remonte pas plus haut que le livre des *Macchabées* (1), à peine antérieur d'un siècle à notre ère.

A partir du moment où elle fut introduite chez les Hébreux, la notion de survivance devint un sujet de controverse entre leurs sectes. Les pharisiens et les esséniens l'adoptèrent, et c'est d'eux que le christianisme l'a reçue ; mais les saducéens, secte aristocratique et conservatrice, la rejetaient, alléguant le silence de Moïse et déclarant s'en tenir au texte littéral de la loi sans vouloir admettre de commentaires. En conséquence, ils niaient la résurrection (2), l'immortalité de l'âme (3), et ne croyaient qu'à des sanctions temporelles. Cette opinion, conforme à la stricte orthodoxie, choquait si peu qu'elle n'empêchait pas des saducéens de devenir grands prêtres, comme on le voit par les *Actes des Apôtres* (4). Depuis, la synagogue « re-

vait un de ces controversistes, est à la portée de chacun : si elle enseigne quelque part l'immortalité native, qu'on le fasse voir. Nous sommes trois qui avons offert une somme de trente mille francs à quiconque indiquera un seul passage biblique à l'appui de cette thèse. Les journaux ont annoncé ces primes ; personne n'a réclamé le paiement. » (V. Petavel-Olliff, *le Problème de l'immortalité*, t. I, p. 20.)

(1) *Macchabées*, II, 7, 9.

(2) « Les saducéens, qui nient la résurrection... » (*Saint Matthieu*, XXII, 23.)

(3) Josèphe, *Guerre des Juifs*, II, 12.

(4) *Actes des Apôtres*, V, 17. Malgré leur incrédulité sur ces

jetté catégoriquement l'opinion qui fait de l'immortalité une conséquence de la nature de l'âme (1) ». La plupart des rabbins enseignent l'anéantissement final des impénitents, et Maimonide, « le second Moïse » des Juifs, professe que « le méchant sera complètement détruit ». De nos jours, les Juifs éclairés ne croient guère à la vie future. Ils en abandonnent le rêve au vulgaire et la discussion aux interprétateurs du *Talmud*. La plupart céderaient volontiers pour de la richesse en ce monde leur part de béatitude dans l'autre.

Le silence de l'*Ancien Testament* au sujet d'une vie future a singulièrement embarrassé les apologistes du christianisme par la difficulté de concilier deux révélations tenues pour vraies l'une et l'autre, quoique en désaccord flagrant sur un point de cette importance. Pour expliquer l'étrange omission de l'ancienne loi, les théologiens se sont ingéniés à chercher des raisons bizarres. Luther et Calvin prêtent à Dieu le dessein machiavélique d'avoir tenu exprès les juifs dans l'ignorance de la vie future, afin qu'ils se damnassent plus sûrement (2). L'abbé Fleury se contente d'affirmer que les hommes de ce temps n'étaient pas encore capables de porter des vérités si relevées (3), sans dire pourquoi les Hébreux, peuple préféré de Jéhovah, étaient affligés de cette incapacité, alors que des gentils comme les Égyptiens, les Iraniens et les Grecs, ne l'étaient pas.

4. — Chez les Hellènes des temps héroïques, la notion

points essentiels, les saducéens sont moins maltraités par Jésus que les pharisiens.

(1) Hamburger, *Dictionnaire talmudique*.

(2) Luther, *De servo arbitrio;* Calvin, *Institution chrétienne*, II, 10 ; III, 22.

(3) *Mœurs des Israélites*, 20.

de survivance se réduisait à un animisme assez grossier. La mort, qui ôtait aux hommes la réalité de la vie, n'en laissait à leurs ombres qu'un vain simulacre. « Déesse, est-il dit au début de l'*Iliade*, chante la colère d'Achille... qui précipita chez Hadès *les âmes* de nombreux héros, et les livra *eux-mêmes* en proie aux chiens et aux oiseaux (1). » Eux-mêmes, c'est leur corps, principe de leur vigueur et de leurs passions, sans lequel le reste était peu de chose. « Grands Dieux! s'écrie Achille, dans la demeure d'Hadès il subsiste bien de l'homme une âme et un fantôme, mais la vie véritable les a complètement abandonnés (2) ». L'*Odyssée* dépeint les ombres comme des larves languissantes et stupides, en proie à une faim bestiale et ne conservant de la vie que l'instinct de se repaître de sang afin de recouvrer quelques instants la mémoire (3). Hésiode inflige aux morts des divers âges une déchéance analogue à celle qu'ils avaient subie vivants. Il met au rang des dieux les hommes excellents de l'âge d'or, assigne un séjour souterrain de bonheur à ceux de l'âge d'argent, relègue dans l'empire de Pluton les morts de l'âge d'airain, envoie au loin dans les îles Fortunées les héros du cycle troyen, et ôte tout espoir de revivre aux hommes de l'âge de fer qui, descendus chez Hadès, ne continuent de subsister que dans leur postérité (4). En somme, dit le meilleur historien de la philosophie grecque, « l'espérance d'une continuation de la vie après la mort ne se rencontre dans aucun poète grec avant Pindare (5) ».

La conception d'une vie future se développa surtout en

(1) *Iliade*, I, 4, αὐτός opposé à ψυχή.
(2) *Ibid.*, XXIII, 103 et 104.
(3) *Odyssée*, XI.
(4) *Œuvres et Jours*, 109-173; 284 et 285.
(5) Zeller, *la Philosophie des Grecs*, t. I, p. 116.

Grèce à partir du vi^e siècle, par suite de l'importance que prirent alors, d'une part, dans la foule, les mystères orphiques et éleusiniens, de l'autre, dans la classe cultivée, les spéculations de la philosophie. Les plus anciennes écoles, celles d'Elée et d'Ionie, professaient que l'âme est mortelle comme le corps. Avec Phérécyde, son maître, qui passait pour avoir soutenu le premier l'immortalité de l'âme (1), Pythagore crut à la persistance d'un principe animé et lui fit parcourir des cycles de métamorphoses. Néanmoins, à l'époque de Périclès, on s'abstenait, dans les éloges funèbres, de faire allusion à une autre vie (2), et la seule immortalité promise aux héros était, comme pour Tyrtée (3), celle de la gloire. Les poètes de ce temps qui, mieux que les philosophes, expriment l'état mental de la foule, montrent combien était générale l'opinion négative des esprits. Eschyle assimile la mort à la non-existence (4). « Les morts, dit-il, ne peuvent éprouver ni joie ni peine ; c'est donc s'abuser étrangement que de prétendre leur faire du bien ou du mal (5). » Un chœur d'Euripide demande pour Alceste qui se dévoue une place près de Proserpine, « si toutefois il y a encore en ce lieu une place réservée aux bons (6) ». Ailleurs, il ne fait promettre par Diane à Hippolyte, comme récompense de sa vertu, que des honneurs pour sa tombe (7). Enfin, il déclare expressément que « les morts sont insensibles (8) », « à l'abri de tous les

(1) « Pherecydes Syrus primus dixit animas hominum esse sempiternas. » (Cicéron, *Tusculanes*, I, 16.)
(2) Thucydide, II, 36-46.
(3) Tyrtée, *Fragm.*, 9, 31.
(4) *Phrygiens*, fragm. 47 ; *Philoctète*, fragm. 105.
(5) *Philoctète*, fragm. 2.
(6) *Alceste*, 743-746.
(7) *Hippolyte*, 1423-1430.
(8) *Antigone*, fragm. 2.

maux (1) », et que, « privés de sentiment, ils sont comme s'ils n'avaient jamais été (2) », « un pur néant, de la poussière et de l'ombre (3) ».

Ce fut donc une sorte de nouveauté lorsque Socrate et Platon vinrent présenter l'immortalité de l'âme, le premier comme une simple espérance, le second comme une certitude. Les idées de Socrate trahissent beaucoup d'indécision au sujet d'une autre vie. Dans ses entretiens (*mémorables*) recueillis par Xénophon, il ne se prononce pas à cet égard et fonde sa morale sur l'intérêt bien entendu de l'existence présente, sans jamais faire intervenir de sanctions ultérieures. Il évite de traiter la question de survivance, disposé à croire sans examen la tradition des poètes et des sages. S'il se montre plus explicite dans les *Dialogues* de Platon, c'est que celui-ci le prend volontiers pour porte-paroles ; mais il laisse voir à l'occasion les hésitations du maître. « *Est-il certain* que l'âme soit immortelle ? fait-il dire à Socrate dans le *Phédon ; il me paraît qu'on peut* l'assurer *convenablement* et que *la chose vaut qu'on se hasarde* d'y croire. C'est *un beau risque à courir*, une *espérance* dont *il faut s'enchanter* soi-même, » formules dubitatives qui semblent annoncer de loin l'argument du pari de Pascal. La péroraison du discours de Socrate à ses juges, dans l'*Apologie* de Platon, témoigne d'une non moins grande incertitude, car il admet comme une éventualité possible que l'âme meure avec le corps, sans qu'il faille s'en affliger autrement, puisque ce serait la fin de tous les maux : « De deux choses l'une, dit-il : ou la mort est l'entier anéantissement, ou c'est le passage dans un

(1) *Héraclides,* 593.
(2) *Troyennes,* 638.
(3) *Fragm.* 536.

autre lieu. Si tout est détruit, la mort sera une nuit sans rêve et sans conscience de nous-mêmes : nuit éternelle et heureuse. Si elle est un changement de séjour, quel bonheur d'y rencontrer ceux qu'on a connus et de s'entretenir avec les sages ! (1) » Enfin, les derniers mots de Socrate, quand il a bu la ciguë, sont pour demander qu'on sacrifie un coq à Esculape, considérant ainsi la mort comme le remède au mal de la vie (2).

Platon doit être tenu pour le principal initiateur de la doctrine qui affirme la spiritualité et l'immortalité de l'âme. Le premier, il en exposa nettement la théorie et s'efforça de donner des preuves. Il admet la préexistence de l'âme, sans souvenirs précis, mais avec de vagues réminiscences du passé, lui assigne dans l'avenir des cycles de métamorphoses, et veut que sa destinée consiste à s'affranchir, par une série d'épreuves, des liens matériels où une chute mystérieuse l'a fait tomber, pour reconquérir, avec sa spiritualité pure, une vie supérieure (3). A la mort, l'âme du pervers, après avoir expié un temps ses fautes, ira occuper par déchéance quelque organisme inférieur, tel qu'un corps de femme ou celui d'un animal en rapport avec son vice dominant. L'âme du juste, relevée par ses vertus, montera au séjour céleste pour s'y mêler, comme jadis, au chœur des dieux, sauf, quand elle sera lasse de leur félicité trop unie, à redescendre sur terre pour y mener un nouveau cycle d'existences... Mais cet ensemble un peu disparate de croyances n'est nulle part coordonné en système logique. Platon, qui en a dispersé les éléments dans la foule de ses écrits, exprime parfois

(1) *Apologie*, fin. Cf. Xénophon, *Cyropédie*, VII, 7.
(2) *Phédon*, fin.
(3) *Phèdre*.

des doutes sur ce qu'ailleurs il affirme expressément (1), multiplie les conjectures, propose des solutions contradictoires, et sa pensée flotte dans l'indécision sans parvenir à se mettre d'accord avec elle-même.

Malgré le vague des conceptions, le manque d'unité dans l'ensemble et bien des discordances de détail, cette théorie de la vie future, à laquelle Platon prêta son tour d'imagination poétique et les enchantements de son style, se répandit dans le monde grec et, traversant les siècles, a trouvé jusqu'à nous de fervents admirateurs. Pourtant, une réaction contre des doctrines étayées seulement d'arguments métaphysiques ne tarda pas à se produire dans les écoles rivales. Du vivant même de Platon, Aristote, ramenant la philosophie du ciel sur la terre, refusait de croire à la possibilité d'une autre vie. Pour lui, l'âme sentante et passive, principe de l'identité personnelle, est non le corps, mais « quelque chose du corps » qu'on ne peut en disjoindre que par abstraction et qui cesse d'être avec lui. Elle représente l'idée ou la *forme* du corps, la force qui l'anime, son énergie réalisée et en acte, l'équivalent de notre « principe vital (2) ». L'âme est donc immanente à l'organisme, non séparable comme le croyait Platon, et, n'ayant de rapport qu'avec les choses particulières, elle disparaît à la mort, entraînée par le flux de leur contingence. Aristote reconnaît bien dans l'homme un principe supérieur, « l'intellect actif », seul capable de saisir l'universel, indice de sa nature immortelle ; mais ce principe, « qui semble être un autre genre d'âme venu du dehors »,

---

(1) Ainsi, dans le *Timée* (p. 90), il ne promet plus l'immortalité que « dans la mesure où la nature humaine le comporte », sans dire quelle est cette mesure, ce qui remet tout en question.

(2) *De l'Âme.*

ne fait qu'apparaître pendant la vie, et, s'il persiste au delà, c'est pour aller, oublieux de la personnalité perdue, se confondre avec la puissance générale d'activité qui anime la nature (1). Les disciples d'Aristote mirent encore plus de netteté dans leurs négations. L'un d'eux, Dicéarque, avait, au rapport de Cicéron, écrit deux ouvrages, le premier pour nier l'immortalité de l'âme, le second pour prouver que l'âme elle-même n'existait pas (2).

Les autres écoles philosophiques de la Grèce ne furent pas moins hostiles à l'idée de survivance. A côté des sceptiques pyrrhoniens, qui, doutant même des réalités présentes, n'avaient garde d'affirmer des éventualités futures, les cyniques contestaient que rien persistât de l'homme après la mort. A la question : « L'âme est-elle immortelle ? » Démonax répondait : « Oui, comme tout le reste, » et il définissait l'homme libre : « Celui qui ne craint et n'espère rien. » Le Cyrénaïque Hégésias, surnommé *Pisithanate* (conseiller de mort), professant le plus noir pessimisme, soutenait que, comme les peines de la vie en excèdent beaucoup les plaisirs, le bonheur est une chimère ; on ne peut prétendre qu'à la suppression de la souffrance, dont la mort seule affranchit complètement. Il inspirait par ses leçons un tel dégoût de vivre à ses auditeurs que, après une contagion de suicides, Ptolémée Philadelphe fit fermer son école par mesure d'intérêt public. Les deux grandes sectes qui se partagèrent les esprits dans le monde gréco-romain, celles d'Épicure et de Zénon, furent franchement négatives. Les Épicuriens tenaient que l'âme, intimement unie au corps et née avec lui, meurt comme lui par la dispersion de ses éléments.

(1) *De l'Âme*, I, 4.
(2) *Tusculanes*, I, 10 et 31.

Les stoïciens, qui voyaient en elle une parcelle de feu céleste, croyaient qu'elle perd à la mort ou ne garde que peu de temps sa personnalité distincte, retourne à son principe, l'âme universelle, et entre dans des combinaisons nouvelles où toute trace de son état antérieur s'évanouit. L'hymne si beau de Cléanthe ne fait aucune allusion à une existence future. Épictète en écarte aussi l'idée (1). Marc-Aurèle exprime souvent ses doutes à ce sujet et, tout en laissant à chacun la liberté de penser différemment, incline vers la négation (2). Les néoplatoniciens d'Alexandrie assignent aux âmes des destins divers. Suivant Plotin, la plupart revivront sous forme d'hommes ou d'animaux ; quelques-unes, moins imparfaites, seront transformées en étoiles ; les plus pures se confondront avec la divinité par l'extase (3). Les Alexandrins insistèrent principalement sur la double théorie, qui semble empruntée à l'Inde, de l'*émanation* et du *retour*, c'est-à-dire de la production des êtres finis par une séparation de l'être infini, et de leur absorption en lui à la mort par la suppression des limites de l'individualité.

5. — Durant les derniers siècles avant notre ère, période où le génie de l'antiquité classique jeta son plus vif éclat, le travail des esprits, s'exerçant sur l'idée de survivance, fut bien près d'aboutir à une conclusion entièrement négative. L'espoir ou la crainte d'une autre vie ne se conservait que parmi les initiés des mystères, et tant de superstitions se mêlaient à cette mystagogie, que les hommes instruits rejetaient tout. Le vulgaire même n'y voyait qu'un rêve

____

(1) Arrien, *Dissertation sur la vie et la doctrine d'Épictète*, III, 13.
(2) *Pensées*, II, 17 ; IV, 5 ; V, 13 ; VI, 24, etc.
(3) *Ennéades*, III, 4, § 2, 5, 6.

incertain, sans influence sur la conduite de la vie, et dont les timorés ne se préoccupaient qu'aux approches de la mort. Platon parle d'un certain Céphale qui, jeune et bien portant, plaisantait sur les descriptions qu'on faisait de l'autre monde, mais qui, devenu vieux et caduc, commença d'appréhender qu'elles ne fussent véritables (1). Que de Céphales on pourrait compter de tous temps ! Ils sont légion.

Il serait facile de montrer, par d'innombrables extraits des écrivains de cet âge, dans quel discrédit était tombée la croyance à la vie future parmi les esprits les plus distingués qui, presque tous, faisaient profession d'un scepticisme absolu à cet égard. Lucrèce, exposant la doctrine d'Épicure, consacre un chant de son poème à démontrer que l'âme est mortelle comme le corps (2), et son argumentation, si complète qu'on y a peu ajouté depuis, n'a jamais été victorieusement réfutée. Virgile célèbre l'heureux génie qui a su découvrir les raisons des choses et foulé aux pieds, avec l'appréhension de l'inexorable sort, les vaines terreurs du Tartare (3). S'il se complaît ensuite à décrire ce même Tartare et les champs Élysées, séjour des ombres, c'est à titre de lieu commun prêtant à de poétiques tableaux (4). La profession de foi du poète doit plutôt être cherchée dans le discours qu'il fait tenir à Anchise et où l'âme, principe de la vie de l'homme, est présentée comme une émanation de l'esprit universel, une étincelle de feu divin qui, à la mort, se confond avec l'essence éthérée éparse dans la sphère céleste (5). Lucain se fait l'inter-

(1) *République*, I, p. 330.
(2) *De rerum natura*, III.
(3) *Géorgiques*, II, 490-492.
(4) *Énéide*, VI.
(5) *Ibid.*, 724-751.

prête d'idées analogues. Sa croyance est que tout sentiment cesse avec la vie (1). « Chaque jour le soleil renaît, dit mélancoliquement Catulle, mais notre vie n'est qu'une lueur fugitive suivie d'une éternelle nuit (2). » Horace appelle la mort « l'exil éternel (3). »

Les politiques et les moralistes, astreints, semble-t-il, à plus de réserve que les poètes, ne se prononcent pas avec moins de netteté. César proclame en plein sénat que tout finit à la mort, qu'après elle il n'y a ni joie ni peine (4), et cette opinion, qui ne scandalise personne, n'est pas un obstacle à ce qu'il remplisse les fonctions de grand pontife. Cicéron, qui résume à lui seul toute la philosophie latine, exprime plus d'incertitude que de conviction au sujet de la vie future. Lui-même en convient : « Je ne sais comment cela se fait : j'ai lu et relu le *Phédon* de Platon, et toujours en le lisant je suis d'accord avec l'auteur ; mais, dès que je ferme le volume, mes doutes me reprennent, et je me demande si je suis immortel (5). » Quoiqu'il aime, dit-il, à rêver qu'au terme de cette vie les âmes seront pour toujours heureuses, cette conjecture lui paraît si peu vraisemblable qu'il ajoute, réflexion faite : « Renonçons une bonne fois à tout espoir d'immortalité (6). » Dans une lettre où il parle à cœur ouvert, il écrit : « La mort met fin à tout... Quand je ne serai plus, tout sentiment aura péri en moi (7). » Il traite de « fables ineptes » les descriptions des enfers et assure que tout le monde pense de même sur ce point (8).

(1) *Pharsale*, III, 39 et 40.
(2) *Carmina*, v.
(3) *Carmina*, II, iii, 27.
(4) Salluste, *Catilina*, 51.
(5) *Tusculanes*, I, 5.
(6) *Ibid.*, I, 9 ; 11 et 12 ; 17 ; 19 et 20.
(7) *Ad familiares*, VI, 3.
(8) *Tusculanes*, I, 5, 6 ; *De Officiis*, III, 28 ; *Pro Cluentio*, 61.

Pline qualifie « d'illusions puériles » les théories des philosophes sur la persistance de l'âme (1). « Après la mort, dit-il, le corps et l'âme n'ont pas plus de sentiment qu'avant la naissance (2). » Sénèque hésite entre l'espoir d'une vie meilleure et la probabilité plus grande d'un complet anéantissement (3). Parfois il présente la croyance à l'immortalité de l'âme comme un songe agréable dont il lui a été pénible d'être réveillé ; mais plus fréquemment il se déclare pour la négative (4). « La mort, écrit-il à une mère pour la consoler de la perte de son enfant, nous rend au profond et calme sommeil dont nous jouissions avant de venir au monde (5), » — « La mort, dit-il ailleurs, nous consume et ne laisse rien subsister de nous (6). » Dans une des tragédies qui lui sont attribuées, un chœur déclamait en plein théâtre :

Rien n'est après la mort ; la mort même n'est rien (7).

Tacite se demande, en termes dubitatifs, « si les âmes grandes et pieuses (la question ne lui paraît pas devoir être posée pour les autres) vivent encore après la mort ? (8) » Plutarque dit que « mourir, c'est retourner dans le pays naturel (9) », et il montre à un affligé la rentrée dans le néant comme le terme assuré de sa douleur (10). Après

(1) *Hist. nat.*, VII, 56.
(2) *Ibid.*,
(3) *Consolatio ad Polybium.*
(4) *Epist.*, IV, 2 ; XXX, 5 ; LIV, 3, 4 ; LXXXII, 15.
(5) *Consolatio ad Marciam.*
(6) *Epist.*, XXIV.
(7)   Post mortem nihil est, ipsaque mors nihil.

(Troades, II, 372-409)

(8) *Agricola*, 40.
(9) *Consolation à Apollonius.*
(10) *De la Superstition*, 4.

Cicéron et Sénèque, Juvénal affirme qu' « il n'y a pas de petit garçon ni de vieille femme assez sots pour croire ce qu'on raconte d'une autre vie (1) ». Lucien raille les chrétiens, ces « malheureux qui s'imaginent être immortels et comptent vivre éternellement (2) ».

Ainsi les Romains, non plus que les Grecs, ne se préoccupaient guère d'un avenir ultra-vital ; leurs désirs et leurs ambitions se bornaient aux biens du monde réel ; ils ne demandaient pas autre chose aux dieux de la vie, unique objet de leur culte. Hadès et Pluton, Perséphone et Proserpine, qui régnaient sur les ombres, n'étaient que des ombres de divinités, sans autels et sans honneurs. Pour les anciens de l'âge classique, l'idée de la mort se réduisait à la perspective d'errer sous forme d'ombre pâle autour d'une tombe, de descendre à un séjour souterrain ou plus généralement de s'endormir pour toujours. C'est ce qu'expriment, avec une brutale franchise, nombre d'épitaphes latines, où la mort même est chargée d'apprendre aux vivants qu'elle est la fin de tout. Citons-en quelques-unes : « Autrefois, je n'étais pas ; aujourd'hui je ne suis plus ; mais je n'en sais rien et peu m'importe ! » — « Dans l'Hadès, dit une autre, on ne trouve ni barque, ni Charon, ni Éaque, ni Cerbère. Nous tous, que la mort y envoie, nous ne sommes qu'ossements et cendres. » — « Mort pour l'éternité, je ne dirai ni mon nom, ni mon père, ni mes actions. Je suis un peu de cendre, rien de plus, et jamais je ne serai autre chose. Mon sort vous attend (3). »

(1) Cicéron, *Tusculanes*, I, 5 et 6 ; Sénèque, *Epist.*, xxiv ; Juvénal, *Satires*, II, 149-153.
(2) *Mort de Pérégrinus.*
(3) Ausone, *Ep.* 38 ; voir aussi Friedlander, IV, xii, 449.

6. — Au moment où la croyance à une vie ultérieure semblait sur le point d'être abandonnée par tous les esprits cultivés imbus de la civilisation gréco-romaine, elle fut embrassée avec plus d'ardeur que jamais, d'abord par deux sectes juives, puis par le christianisme et, quelques siècles plus tard, par l'islamisme. Cela tient à ce que, au début, ces religions recrutèrent leurs adhérents dans les classes populaires, les plus accessibles aux crédulités aveugles et à l'empire de la tradition (1). Une fois érigée en dogme reçu, l'idée de survivance s'imposa avec une autorité tenue longtemps pour indiscutable. « La religion chrétienne donna à la croyance à l'immortalité de l'âme un élan prodigieux. Ce qui n'était dans les religions antiques qu'une superstition confuse et chez les philosophes qu'un vague espoir ou une opinion douteuse, est devenu dans le christianisme un dogme arrêté, complet, organisé, et une conviction ardente qui fit des martyrs. La grande affaire et même l'unique des 'chrétiens fut le salut (2). »

On se tromperait pourtant à croire que la spiritualité et l'immortalité de l'âme furent admises dès le principe parmi les chrétiens. Ces idées ne sont pas moins étrangères au Nouveau Testament qu'à l'Ancien. « La notion de l'indestructibilité de l'âme, d'une continuité de vie qui lui serait inhérente essentiellement, tout ce que nous appelons

____

(1) « Dieu a choisi ce qu'il y a dans le monde de mal né, de compté pour rien, de néant... » (Saint Paul, *Corinthiens*, I, 1, 16.) Julien constate que pendant deux siècles, à partir d'Auguste, on ne trouve pas un homme au-dessus de la lie du peuple qui se soit fait chrétien, et Libri note ce fait qu'aucun chrétien des premiers siècles n'a laissé un nom dans la science. (*Hist. des sciences mathématiques en Italie*, t. I, p. 63.)

(2) Paul Janet et Séailles, *Histoire de la philosophie*, p. 900.

en philosophie l'immortalité, est en dehors du cercle
d'idées dans lequel se meut la théologie apostolique (1). »
« D'après saint Paul qui, de tous les écrivains du Nouveau
Testament, est le plus explicite, et qui reste bien ici dans
la ligne de l'hébraïsme, l'homme n'est pas naturellement
immortel ; il ne peut l'être que par une effusion nouvelle
de l'esprit divin ; il ne l'est point par nature, il le devient
par la foi. C'est une grâce (2). » Les premiers chrétiens
bornaient à mille ans pour les justes l'espoir d'une vie
future. Les méchants, après leur jugement, devaient être
anéantis (3). La croyance à l'immortalité dérive, non des
évangiles, mais des doctrines qui essayèrent ensuite de
combiner le dogme de la résurrection avec le platonisme
alexandrin. Une religion aussi composite, où se mêlaient
des éléments empruntés au judaïsme, au mazdéisme et à
la philosophie grecque, devait comporter d'abord une
grande latitude d'opinions. La plupart des apologistes du
nouveau culte, transfuges du monde païen, retenaient par
éducation d'esprit quelque chose des doctrines qu'ils
délaissaient. Bien des thèses, qualifiées plus tard d'hérésies, et dont plusieurs ont persisté comme telles, furent
soutenues par des Pères ou des docteurs de l'Église et
tolérées par elle avant les décisions des conciles. L'état
flottant du dogme autorisait des dissidences sur la nature
de l'âme, sur son origine, sur son immortalité, sur ses
destinées futures. Quelques-uns, comme Tertullien, la
croyaient matérielle ainsi que le corps (4); d'autres pen-

(1) Reuss, *Histoire de la théologie chrétienne au siècle apostolique*,
t. II, p. 237.
(2) Aug. Sabatier, *Mémoire sur la notion hébraïque de l'esprit*,
p. 33.
(3) Renan, *l'Antechrist*, p. 364.
(4) Tertullien, *De anima*, v.

saient que, naturellement périssable, elle ne pouvait survivre que par un acte exprès de la volonté divine. Saint
Justin, Tatien, Arnobe, Lactance, etc., n'admettent qu'une
immortalité conditionnelle. La métempsycose trouvait
même encore des adhérents (1). Saint Augustin, dans ses
hypothèses sur l'âme, cherche à concilier Platon et l'Évangile. Origène incline au mysticisme alexandrin et fait
absorber la personnalité dans l'être absolu... L'accord des
vues et l'unité doctrinale ne s'établirent dans l'Église
qu'après de longs débats, à une date beaucoup plus tardive que l'inflexibilité actuelle du dogme ne porterait à le
supposer, et non sans admettre toujours des divergences
très étendues dans le détail.

En outre, un courant de péripatétisme traverse sans
interruption les écoles du moyen âge, où les idées négatives d'Aristote, ce « maître de tout savoir (2) », sont
transmises et propagées par les commentateurs de ses
œuvres. Dès le iii⁰ siècle, Alexandre d'Aphrodise, le plus
célèbre et le plus exact, reprend sa théorie de l'âme, simple
« forme du corps », contingente et mortelle comme lui (3).
Jean Scott (vers 800), enseigne que la vie de l'homme n'est
qu'une parcelle individualisée de la vie universelle et que
la mort fait rentrer les êtres dans le tout « comme un son
qui s'évanouit dans l'air (4) ». Cette réabsorption de l'âme
dans l'unité divine est appelée par lui *theosis* ou déifica-
tion. Au xiii⁰ siècle, Averroès, adoptant la doctrine aristotélique, professe que l'homme participe de l'intelligence
universelle, mais que son âme personnelle est vouée à la

(1) Saint Jérôme, *Lettre à Démétriade.*
(2) « Il maestro di color che sanno. » (Dante, *Inferno*, IV, 44.)
(3) *De la Nature de l'âme.*
(4) *De divisione naturæ.*

mort. Il n'y a de durable que la raison générale dans l'humanité (1). Dès lors, l'infiltration de ces idées répand dans le monde chrétien un ferment d'incrédulité. Duns Scot, le « docteur subtil », reconnaît que l'immortalité de l'âme ne peut pas se démontrer par les seules lumières de la raison ; c'est une vérité révélée qui ne vaut que pour la foi. Joachim de Flore et Jean de Parme tiennent que l'âme raisonnable, impersonnelle de sa nature, manifeste passagèrement sa présence dans les corps, dont elle est indépendante (2). Albert le Grand, discutant la question de savoir si l'âme est immortelle, énumère trente arguments contre et trente-six pour. Cette majorité de six arguments en faveur de l'affirmative lui paraît constituer une démonstration suffisante (3) ; mais ceux qui, après les avoir comptés, auraient aussi voulu les peser, pouvaient conserver quelques doutes. Dans le plus beau siècle de la foi, du vivant de saint Louis, on voit l'autorité ecclésiastique réprouver à Paris des thèses d'un scepticisme audacieux (4), et, sur le trône d'Allemagne, Frédéric II donner l'exemple d'une complète incrédulité (5). Un peu plus tard, Pétrarque écrit qu'à la cour pontificale d'Avignon, « le monde futur, le jugement dernier, les peines de l'enfer, les joies du paradis, sont traités de fables absurdes et puériles (6) ».

(1) Renan, *Averroès et l'averroïsme*, p. 103-107.
(2) *L'Évangile éternel.*
(3) *Somme*, II° partie, xiii, 77 ; *De natura et origine animæ*, I, 2.
(4) Un synode de 1269 condamne cette proposition : « Quod anima, quæ est forma corporalis, corrumpitur corrupto corpore. » Un autre, en 1277 : « Quod resurrectio futura non debet credi a philosopho, quia impossibilis est investigari per rationem. » (Renan, *Averroès*, p. 265-274.) Okkam adhérait à cette dernière thèse.
(5) On a pu lui imputer le livre *De tribus impostoribus.*
(6) *Lettres familières* et *Églogues.*

Les péripatéticiens de la renaissance, Pomponazzi (1), Cesalpini (2), Cardan (3), Cremonini (4), rééditant la théorie d'Aristote, soutinrent que l'âme, en tant que conscience de l'identité personnelle, s'évanouit à la mort. Ces hardis penseurs se mettaient en règle avec l'Église par la distinction subtile des deux ordres de foi et de raison, déclarant admettre pieusement, comme chrétiens, ce que, comme philosophes, ils jugeaient indigne de créance. A Pomponazzi, se couvrant de cette excuse spécieuse, Boccalini répondait qu'on devait l'absoudre en tant que chrétien et le brûler en tant que philosophe. La plaisanterie n'était pas sans danger : Giordano Bruno et Vanini en firent, au siècle suivant, la terrible épreuve; mais, avant la scission de la réforme, l'Église, confiante en sa force et se croyant inébranlable, se montrait parfois indulgente aux témérités de la spéculation. Quoique le concile de Latran (1513) eût condamné ceux qui niaient l'immortalité de l'âme, le cardinal Bembo ne cachait pas ses sympathies pour Pomponat et le protégeait. Léon X, pontife·dilettante, au lieu de mettre un terme à ce débat périlleux pour la foi, prenait plaisir à le voir durer, par amour de l'art (5). Luther lui-même, dans la première ardeur de sa lutte contre la papauté, sembla disposé un moment à se ranger aux doctrines de Pomponat. Sa *Défense des propositions condamnées par la nouvelle Bulle de Léon X* met le dogme de l'immortalité de l'âme au nombre « des fables monstrueuses qui font partie du fumier Romain (6). »

(1) *De immortalitate animœ*, Bologne, 1516.
(2) *Quæstionum peripateticarum libri V*, Florence; 1569.
(3) *Theonoston, seu de immortalitqte animœ*, Lyon, 1663.
(4) *Illustres contemplationes de anima*.
(5) Il faisait réfuter Pomponazzi par l'averroïste Niphus et arrêtait les poursuites de l'inquisition. (Renan, *Averroès*, p. 363.)
(6) *Assertio omnium articulorum per Bullam Leonis X novissimam*

7. — Reprenant à leur tour la discussion du problème, toujours agité, jamais résolu, les philosophes modernes ont moins affermi qu'ébranlé le dogme de la vie future, car, selon une juste remarque de Guizot, la philosophie ne peut guère y toucher, même à bonne intention, sans le compromettre et s'exposer à le ruiner. Tout examen est funeste à la croyance, et qui entreprend de la prouver court le risque de la desservir, parce qu'elle ne se sauve qu'en restant à l'état d'aspiration vague et de pressentiment obscur (1). La foi exige qu'on croie, et se méfie, non sans raison, de ceux qui veulent comprendre. En cherchant à éclairer la question, la plupart des philosophes ont, depuis trois siècles, ou nié la survivance, ou posé à son affirmation des réserves qui en atténuent beaucoup la valeur.

Montaigne, qui se plaît dans l'indécision, évite de se prononcer sur ce point et s'en tient à son « Que sais-je ? » habituel; mais il laisse entrevoir le fond de sa pensée dans l'*Apologie de Raymond Sebond*, où l'âme des animaux est mise de pair avec celle de l'homme (2). Son disciple Charron ose écrire, quoique prêtre : « La religion n'est tenue que par moyens humains et est toute bastie de pièces maladives, et encore que l'immortalité de l'âme soit la chose du monde la plus universellement reçue (j'entends d'une externe et publique profession, non d'une interne, sérieuse et vraye créance), elle est le plus faiblement prouvée, ce qui porte les esprits à douter de beaucoup de choses (3). » Descartes, qui a tant insisté sur la spiri-

damnatorum, 1521, *Op.* Vitebergæ, t. II, fol. 113, verso : « Se esse... regem cæli et Deum terrenum, *animam esse immortalem* et omnia illa infinita portenta in romano sterquilinio decretorum...»
(1) Guizot, *sur l'Immortalité de l'âme.*
(2) *Essais,* II, 12.
(3) *De la Sagesse,* 1ʳᵉ édition, 1601, I, 7.

tualité de l'âme, garde un complet silence sur son immortalité. Tout ce qu'il en dit se borne à ce passage ironique d'une de ses lettres : « Quant à l'état futur de nos âmes, je m'en rapporte à M. Digby (1). » La caution est bonne, on peut s'y fier. Pascal, qui, comme on l'a dit, « se précipite dans la foi tout frémissant de scepticisme (2) », trahit ses doutes par la violence même de son effort pour croire, fait du problème de la survivance l'objet d'un pari, et en demande la solution à un calcul de probabilité (3). Giordano Bruno, précurseur de Spinoza, tient que Dieu, substance unique, anime de sa vie les réalités passagères (4). Pour l'auteur de l'*Éthique*, l'âme humaine, simple mode de la pensée divine, est la manifestation éphémère d'un principe éternel. Nulle part Spinoza n'emploie le mot trompeur d'immortalité. Celui d'éternité, dont il use de préférence, se réfère, non à la personnalité, phénomène transitoire (5), mais à la substance de l'être absolu. Comme Aristote, il admet bien un élément impérissable, l'entendement pur, mais qui ne conserve après la mort aucun souvenir de l'identité du moi (6).

Hobbes et Hume nient expressément l'immortalité. Voltaire renvoie dédaigneusement les questions abstruses sur la nature de l'âme à une métaphysique impuissante, hors d'état de se faire comprendre et de se comprendre elle-même. Ses idées reflètent la mobilité de son esprit. Tantôt il regarde l'âme comme une fonction du corps qui cesse

(1) Auteur d'un *Traité de la nature et des opérations de l'âme*, 1644.
(2) Nisard, *Histoire de la littérature française*, t. II, ch. IV.
(3) *Pensées* (éd. Havet), t. I, p. 149-153.
(4) *Del infinito, universo e mondi*, et *De la causa, principio e uno*.
(5) « Nous n'attribuons à l'âme une durée que pendant la durée du corps. » (*Éthique*, V, 23.)
(6) *Éthique*, V, 40, coroll.

avec lui, et tantôt il reconnaît l'utilité de la croyance à une autre vie pour réprimer les mauvais instincts, mais sans paraître jamais sérieusement convaincu (1). Diderot se refuse à tenir l'âme pour un principe distinct et séparable du corps (2). Au xviiie siècle, l'incrédulité des hautes classes, en fait de survivance, était presque aussi générale qu'à Rome vers la fin de la République ou sous l'Empire. Frédéric II pense sur ce point comme César, Mirabeau comme Cicéron, Montesquieu comme Tacite, et Buffon comme Pline.

Kant, appliquant son criticisme à l'idée d'immortalité, conclut à sa rationalité, mais non à sa réalité. C'est un simple concept de l'entendement qui, logique pour lui, n'a rien de nécessaire en dehors de lui (3). Le panthéisme poétique de Schelling lui fait considérer l'existence personnelle comme une déchéance dont le retour à l'existence absolue serait la réhabilitation. Tandis que l'âme réelle, principe de la vie du corps, périt avec lui, l'âme idéale, relevée de sa chute, va se confondre avec Dieu (4). Hegel n'accorde l'immortalité qu'à l'*Idée*. L'âme individuelle, phénomène contingent, simple facette de l'idée universelle, n'a pas d'existence en soi ni conséquemment de persistance après la mort. Les êtres particuliers, tous finis et défectueux, portent en eux le principe de leur annihilation et doivent se résorber dans l'être absolu (5).

(1) « Je ne sais pas, dit-il, ce que c'est que la vie éternelle, mais celle-ci est une mauvaise plaisanterie. » Il écrit à Mme du Deffand : « La mort est, généralement parlant, préférable à la vie. Le néant a du bon ; d'habiles gens prétendent que nous en tâterons. » (*Lettre* du 24 mai 1764.)
(2) *Le Rêve de d'Alembert ; Entretien entre d'Alembert et Diderot.*
(3) *Critique de la raison pure.*
(4) *Philosophie et religion*, p. 71, 74.
(5) *Phenomenologie des Geistes; Philosophie der Geschichte.*

Pour Schopenhauer, les âmes personnelles sont les manifestations temporaires de la *Volonté*, principe actif des choses, et leur évanouissement réalise pour elles l'équivalent du nirvâna. « Envisageons, dit-il, notre vie comme un épisode qui trouble inutilement le bienheureux repos du néant (1). » En France, Cousin a tour à tour incliné vers une immortalité impersonnelle dans son *Argument du Phédon*, et soutenu la thèse de l'immortalité personnelle dans son livre : *du Vrai, du beau, du bien* (2). Auguste Comte réduit la survivance à la prolongation des résultantes de la vie dans la civilisation, à « l'évocation cérébrale » et au culte honorifique des grands hommes (3). Herbert Spencer écarte toute distinction de substance entre l'esprit et le corps, les confond dans l'unité de l'être vivant, et les soumet à une loi commune d'évolution qui implique un terme (4). Selon M. Renan, « l'âme humaine, substantielle et immortelle, est une hypothèse qui repose sur une idée trop exaltée de l'individualité, »; mais, par contre, « l'impersonnalité de l'intelligence, l'émersion et la réabsorption de l'individu sont une hypothèse qui repose sur une vue trop exaltée de l'ensemble ». Sortir de cette contradiction et marquer le juste point paraît assez malaisé. Pour conclure, l'éminent écrivain loue « la profonde vérité qui servait de base à la théorie aristotélique, à savoir: l'identité du fond permanent des choses, l'éternité de l'océan d'être à la surface duquel se déroulent les lignes toujours ondoyantes et variables de l'individualité (5). »

(1) *Parerga und Paralipomena*, t. II, p. 156.
(2) *Du Vrai, du beau et du bien*, lec. XVI.
(3) *Système de politique positive ; Catéchisme positiviste.*
(4) *Principes de psychologie.*
(5) *Averroès et l'averroïsme*, 1867, p. 108 et 115.

8. — On peut juger par cet exposé combien ont été diverses et peu concordantes les idées émises dans le cours des siècles au sujet d'une vie future. Quoiqu'une question pareille, dont la discussion exigerait quelque compétence, ne soit pas de celles que le suffrage universel, où les incompétents dominent, est apte à trancher, comme d'ordinaire on invoque l'assentiment général en faveur de l'affirmative, il importe de montrer que, au rebours, la grande majorité se trouve du côté de la négative.

Si, en effet, on retranche de cette unanimité prétendue tous ceux qui n'ont eu aucune notion d'une autre vie, c'est-à-dire l'ensemble des populations humaines durant le laps immense de l'âge préhistorique, et même, pendant la phase historique, des peuples nombreux tels que les anciens Juifs, les Chinois, des non civilisés de nos jours, etc. ; si ensuite, parmi ceux qui ont cru à la survivance, on élimine les adeptes des théories qui suppriment à la mort le sentiment de l'identité personnelle, soit qu'il se perde dans des cycles de métamorphoses où les existences se suivent sans se continuer, soit qu'il s'évanouisse par l'absorption dans l'être absolu ou par l'entrée dans l'impassibilité du nirvâna, toutes doctrines qui varient plutôt sur le genre de mort qu'elles n'affirment une persistance effective du moi, — et ce groupe, où figurent les sectateurs de la métempsycose, du brahmanisme et du bouddhisme, comprend à lui seul plus de la moitié du genre humain actuel; — si enfin on tient compte de la multitude des esprits qui ont cru devoir, après examen et réflexion, rejeter la croyance à la vie future, comme les saducéens en Judée, les épicuriens et les stoïciens en Grèce et à Rome, les péripatéticiens de l'antiquité, les averroïstes au moyen âge, et, dans les temps modernes, une foule de philosophes et de savants, — il ne restera plus, pour adhérer à la thèse d'une immortalité réelle, qu'une minorité de croyants, recrutés surtout parmi les sectateurs du parsisme, du néo-judaïsme, du christianisme et de l'islamisme, ainsi que les philosophes de l'école spiritualiste.

Mais, ici encore, que de réductions à opérer ! Parmi tous ceux qu'on range, sans contrôle possible, sous le titre de croyants, combien acceptent les dogmes reçus avec plus de docilité que de conviction et conservent des doutes sans les exprimer ou en convenir? Il y a toujours eu, — en quelle proportion, qui peut le dire ? — des esprits réfractaires à la croyance, là même où elle semble le plus généralement dominer. Et, parmi les croyants sincères, combien ont une foi sans lacunes, conforme sur tous les points? La plupart désirent plus qu'ils ne croient, rêvent plus qu'ils ne savent, cèdent à leur insu aux protestations de la raison, et oublient ou rejettent à l'occasion une bonne part de ce qu'ils admettent en théorie. Leur opinion sur la vie future est moins une certitude que le vague espoir d'une éventualité qui se fonde sur l'ignorance d'un ténébreux avenir. « Les hommes bien souvent, remarque Leibniz, ne sont guère persuadés ; et, quoiqu'ils le disent, une incrédulité occulte règne dans le fond de leur âme... Peu de gens conçoivent que la vie future soit possible, bien loin d'en concevoir la probabilité, pour ne pas dire la certitude (1). » — « Les hommes, dit également Hume, n'osent pas s'avouer à eux-mêmes les doutes qu'ils nourrissent dans leur esprit ; ils croient mériter par une foi implicite : en prenant le ton affirmatif, ils se déguisent leur incrédulité réelle... Mais la nature ne perd point ses droits;

(1) *Nouveaux essais sur l'entendement humain*, II, 21, § 38.

la pâle lueur qui nous éclaire dans ces régions sombres n'égalera jamais la force des impressions que font sur nous l'expérience et le sens commun. Les actions démentent les discours; elles font voir que, dans ces sortes de sujets, notre foi n'est qu'une opération de l'entendement, placée entre la défiance et la conviction, mais plus voisine de la première (1). »

9. — Où est la vérité parmi tant de conjectures diverses et d'allégations contraires? A quoi se résoudre : nier, douter ou croire? Qui ne souhaite sortir d'une aussi pénible incertitude et savoir sûrement s'il doit régler la vie présente en vue d'une immortalité réelle ou renoncer à de chimériques espérances? Pour se décider en connaissance de cause, on voudrait, à défaut de preuves directes, que le sujet ne comporte pas, avoir du moins de solides présomptions. Or on ne peut les demander qu'à la science, qui seule, suivant les expressions de Descartes, « accoutume l'homme à se repaître de vérités et à ne pas se payer de fausses raisons. » D'une part, en effet, ses méthodes rigoureuses offrent, par le soin constant à n'affirmer que des choses manifestes ou clairement prouvées, des garanties qui manquent aux spéculations théologiques ou métaphysiques; de l'autre, ses progrès récents dans l'étude de la nature et de l'homme peuvent aider puissamment à la solution du problème qui nous occupe. L'astronomie, en établissant le vrai système du monde, le rang et la place de la Terre dans l'univers ; la géologie, en révélant le passé de notre globe, ses états successifs, les phases de ses créations soit minérale, soit organique ; les théories de l'évolu-

<hr>

(1) *Histoire naturelle des religions*, XII.

tion et du transformisme, faisant comprendre les développements de la vie et l'origine de l'homme ; l'anatomie et la
physiologie, éclairant la structure du système nerveux et
le mécanisme de ses mystérieuses fonctions ; les lois mieux
connues de la génération et de l'hérédité, reliant les êtres
par séries ; l'histoire, ramenant leurs groupes épars à une
existence commune ; enfin la critique, passant au crible tous
les documents du passé pour fixer la mesure de leur crédi-
bilité... tant de vérités nouvelles et grandes ont modifié le
fond des idées, changé les conditions du débat, et ne per-
mettent plus, en ce qui concerne la vie future, de s'en tenir
aux croyances traditionnelles, si elles n'ont pour elles
qu'un long crédit. Il faut les examiner avec soin en profi-
tant, pour les contrôler, des indications d'une science plus
exacte.

Tel est l'objet de ce travail. Les hommes de foi, justi-
fiant le sarcasme de Hobbes, qui comparait les dogmes de la
théologie à une médecine sous forme de pilules qu'on
avale en se gardant bien de les mâcher, acceptent de confiance les doctrines reçues et professent l'immortalité de
l'âme sans regarder de près aux motifs de croire, sans
vérifier ni même exiger aucune preuve, sans chercher à
déterminer le lieu et les modes de cette existence future,
laissant ainsi toutes choses dans un vague propice à la
rêverie, mais insuffisant pour la raison. Moins faciles à
contenter, les hommes de science veulent voir clairement
les choses. Pour eux, le comprendre est la mesure du
croire, et ils refusent de rien admettre qui soit inconciliable avec la réalité connue. Si donc, analyse faite de ce
que la croyance pose d'hypothèses et implique de conséquences, on ne la trouve ni évidente, ni probable, ni même
possible ; si, en opposition avec les lois les mieux établies,

elle ne pouvait se réaliser que par une suite sans fin de miracles, le plus sage sera de s'en tenir à ce qu'on sait, au lieu de se fier à ce qu'on ignore. Toute solution sera suspecte et devra être écartée, qui, partant d'allégations non prouvées et d'inférences invérifiables, se borne à lier des concepts imaginaires. Celle-là seule mérite créance qui est d'accord avec le système entier des connaissances positives.

CHAPITRE III

EXAMEN DES PREUVES DE LA SURVIVANCE

I. — SPIRITUALITÉ DE L'AME

1. — Toutes les théories de vie future se fondent sur la distinction dans l'homme de deux êtres, le corps et l'âme, qui, présumés de nature contraire et séparés par la mort, seraient réservés à des destins différents.

Le corps, perçu par tous les organes des sens, composé de substances également perceptibles et soumis aux forces qui régissent la matière, est en conséquence dit *matériel*. Tant qu'il vit, des fonctions spéciales déterminent la persistance de sa structure, le cours de son évolution et les modes de son activité. Mais, quand il meurt, sa condition change. La puissance d'activité qui était en lui cesse tout à coup, remplacée par une passivité complète, et, aux fonctions conservatrices de l'organisme succèdent des phénomènes qui tendent à le détruire. Sa forme s'altère, sa substance se dénature. Par suite d'une disgrégation chimique, les composés complexes qu'avait élaborés la vie reviennent à un état de combinaison plus simple, et leurs éléments sont restitués au milieu inorganique sous forme de gaz, de liquides et de poussières. Après un temps susceptible de varier suivant les circonstances, le travail de désorganisation s'achève, et rien ne subsiste de ce qui fut un organisme vivant ou ce qui reste de lui atteste avec une funèbre éloquence la perte irréparable de la vie.

Au rebours du corps, le moi intérieur échappe à la prise des sens externes et n'est perçu que par un sens intime, la conscience. Insaisissable du dehors, cet être, qu'on appelle esprit ou âme, doué en apparence d'un pouvoir autonome d'action, semble soustrait aux lois qui gouvernent le monde physique et tirer son énergie de lui-même sans relever de contingences particulières ni même dépendre essentiellement du corps, dont il se sépare à l'occasion. Lorsque la mort atteint l'organisme, et pendant qu'il se décompose, aucun indice ne permettant de constater ce que devient l'âme, on suppose que, désormais libre de tout lien matériel, elle mène à part une existence indépendante.

Des traits à ce point dissemblables ont fait attribuer aux deux parties de l'être humain une essence et un sort contraires. Au corps matériel et périssable, dont les besoins sont bornés, on oppose l'âme spirituelle et immortelle, dont les aspirations sont infinies. Une distinction aussi tranchée est-elle l'expression exacte de la réalité ? Y a-t-il vraiment en nous deux êtres dont le contraste va jusqu'à l'antinomie, ou un seul être vu sous deux faces connexes ? L'âme est-elle une entité véritable ou une résultante de la vie, un ordre personnifié de ses fonctions ? Cette question a une importance extrême et veut être nettement tranchée, car tout le reste en dépend. Si, en effet, il y a deux natures dans l'homme, l'ignorance où l'on est de l'une d'elles ouvre la porte aux conjectures ; tandis que, si sa nature est simple, la certitude des effets qu'entraîne la mort coupe court à toute hypothèse sur un destin ultérieur.

2. — Interrogeons d'abord l'histoire. Elle nous dira le

sens initial des mots d'*âme* ou d'*esprit* et les changements qu'il a dû subir pour exprimer une spiritualité pure.

Lorsque, en vue d'expliquer le phénomène du rêve, on eut dédoublé l'être humain, la notion de corps, grâce aux multiples données de la perception, parut claire et bien définie ; mais celle d'esprit, qui ne se révélait qu'à la conscience, dans une pénombre indécise, sans moyen de comparaison et de mesure, resta vague, indéterminée, malaisée à concevoir, et devint un objet de spéculation imaginaire. Que pouvait être, dans la pensée des hommes du premier âge ce moi mystérieux qui tantôt occupait le corps et vivait de concert avec lui, tantôt le quittait par intervalles pour aller inaperçu mener ailleurs une existence à lui propre ? On dut se le représenter par analogie sous une forme sensible, car l'idée abstraite d'esprit pur n'aurait pas été concevable alors. On se le figura comme un second exemplaire du corps, reproduisant trait pour trait sa ressemblance ; mais, puisqu'il pouvait se transporter au loin en un instant, il fallut l'affranchir des gênes de la pesanteur, lui attribuer une nature déliée, subtile et légère. On le présuma fait d'une matière atténuée, impalpable et visible seulement par circonstance. Son aspect, pareil à celui des morts qu'on croyait revoir en songe, évoqua l'idée d'un fantôme, simulacre inconsistant du corps et, pour ainsi dire, sa projection colorée. On pensa même en saisir l'apparence réelle dans l'ombre, silhouette fidèle qui accompagne le corps au soleil et disparaît à la nuit. Chez une foule de peuples, les termes d'*ombre* et d'*esprit* ont été synonymes (1).

(1) Le grec σκιά, le latin *umbra*, etc., désignent l'ombre des vivants et ce qui survit des morts. La même confusion de sens se retrouve dans beaucoup de langues. (V. Tylor, *Civilisation primitive*, t. I, p. 498 et 499.)

D'après une croyance assez répandue, les cadavres ne projetaient plus d'ombre, l'esprit les ayant abandonnés, et, dans le *Purgatoire* de Dante, les morts reconnaissent que le poète est vivant à l'ombre qui le suit, tandis qu'ils en sont privés (1). On regarda aussi comme une apparition du moi intérieur les images plus nettes qui, à la surface d'une eau calme, reflétaient à distance le corps et ses mouvements. La production de ces images, inexplicables par les lois ignorées de la réflexion, semblait rendre visible le moi caché (2). Par une extension logique d'idées, tout portrait fut censé de même en être la représentation et s'identifier avec lui, comme en témoigne la tendance si générale à confondre l'image et la personne, principe de toutes les idolâtries. La plupart des non civilisés éprouvent une répugnance extrême à poser devant le dessinateur ou le photographe, persuadés que les portraits n'ont un air de vie qu'aux dépens de l'original, qu'on leur ôte par magie une part de leur âme avec leur ressemblance, et que le détenteur de l'image a prise sur eux.

Ainsi figurée sur le modèle des apparitions des songes, des ombres portées et des images réfléchies, l'âme-fantôme retenait quelque chose de la matérialité du corps. Elle en avait la forme, se laissait voir, pouvait agir, émettre des voix, et possédait même parfois un pouvoir de malfaisance qui la rendait plus redoutable après la mort que pendant la vie. Elle éprouvait encore le besoin d'aliments, courait le risque d'être blessée ou tuée. Sa substance, présumée semi-corporelle, fut assimilée au moins matériel des élé-

(1) *Purgatorio*, III, terz. 9, 10.
(2) Les Fidjiens, qui appellent l'ombre *l'esprit noir*, tiennent l'image réfléchie pour un autre esprit réservé à un sort différent. (Williams, *Fiji and Fijians*, t. I, p. 241.)

ments, l'air, dans lequel l'homme est plongé et qu'il respire incessamment. Une induction facile à concevoir fit identifier l'âme et le souffle respiratoire, dont l'importance, comme fonction vitale, fut bien vite constatée, et dont l'arrêt, le plus apparent des signes de mort, la différenciait du sommeil. L'esprit s'en allait lorsque le souffle cessait. Il était donc ce souffle même, confusion d'idées qu'atteste, dans une multitude de langues, l'identité des mots *souffle* et *esprit* (1). Divers faits prouvent qu'à l'origine le sens n'avait rien de métaphorique. Plusieurs insulaires de la Polynésie cherchaient à clore le nez et la bouche des moribonds afin d'empêcher l'âme de s'échapper, ce qui avait plus sûrement pour effet de hâter la mort en étouffant le malade (2). Les Séminoles de la Floride plaçaient sur le visage de la femme qui mourait en couches l'enfant qu'elle venait de mettre au monde, dans l'idée qu'il retiendrait au ·passage l'âme de sa mère (3). Chez les Romains, un usage analogue, mentionné par Virgile et par Cicéron, astreignait un des proches de l'agonisant à se pencher sur lui pour aspirer son dernier souffle (4).

Cette conception d'une âme aérienne a été très répandue et longtemps persistante. Le nom de *Brahma*, dieu principal des Hindous, signifie à la fois souffle et âme (*brahm*). De même chez les Égyptiens, le nom de *Kneph*, l'esprit divin,

---

(1) *Esprit, spiritus*, de *spirare*, respirer ; *âme*, de *anima*, souffle ; cf. le sanscrit *âtman* et *prâna*, le grec ἄνεμος, vent, πνεῦμα, souffle, ψυχή, âme, de ψύχειν, souffler ; le radical de ἄνεμος et de *anima, animus*, se lie au sanscrit *ana*, respirer. La même confusion de sens existe dans l'hébreu *nephesh* et *ruach*, l'arabe *nefs* et *ruh*, le slave *duch*, l'allemand *geist*, dans une foule de langues américaines, etc.

(2) A. Bertillon, *les Races sauvages*, 241.

(3) Tylor, *Civilisation primitive*, t. I, p. 503.

(4) « Et excipies hanc animam ore pio. » (V. Virgile, *Énéide* IV, 684 ; Cicéron, *Verr.*, V, 452.)

semble se rattacher au mot *nef*, souffle (1). Dans la Genèse, l'esprit de Jéhovah, puissance à demi physique, sort de lui à la manière d'un souffle humain. Au début de la création, il est porté sur les eaux sous forme de vent (2). Lorsque, plus tard, il a façonné avec du limon le corps de l'homme, il lui transmet par insufflation sur le visage une âme qualifiée de « souffle de vie (3) ». Ainsi encore, dans un passage d'Ezéchiel, Jéhovah, voulant ressusciter des morts, leur envoie un souffle de vie (4). Le Saint-Esprit, hypostase divine dans la trinité chrétienne, est un souffle (Πνεῦμα). Jésus le communique aux apôtres sous la forme « d'un grand vent (5) », et nous disons encore d'après lui : « L'esprit *souffle* où il veut (6). »

Selon les *Védas*, l'esprit des morts va se confondre avec les vents et grossir le cortège d'Indra, qui chasse les nuées. Pour Homère, l'âme est un souffle vivifiant, dont, à la mort, la sortie s'effectue par la bouche ou par une blessure ouverte (7). Passant ensuite à l'état d'ombre, elle devient un fantôme « semblable à une vapeur ou à un songe (8) ». Du temps de Platon, la croyance commune faisait se répandre dans l'air l'âme, de nature aérienne. Socrate dit, dans le *Phédon*, que « suivant l'opinion de la plupart des hommes, l'âme, lorsqu'elle s'échappe du corps, se disperse comme une vapeur ou une fumée sans laisser de traces. » S'adressant à des sages, il ajoute :

---

(1) Bunsen, *Egypt's Place*, I, 334.
(2) *Genèse*, I, 2.
(3) « Inspiravit in faciem ejus spiraculum vitœ » (*Genèse*, II, 7.)
(4) *Ezéchiel*, xxxvii, 9 et 10.
(5) *Actes des Apôtres*, II, 3 et 4.
(6) *Saint Jean*, III, 8.
(7) *Iliade*, XVI, 505, 856; XXII, 362.
(8) *Odyssée*, XI, 476.

« Il me semble que vous craignez, comme les enfants, que, quand l'âme sort du corps, elle ne soit emportée par les vents, surtout si on meurt, non par un temps calme, mais par un grand vent. — Sur quoi Cébès souriant : Eh bien, Socrate, prends que nous le craignons ou plutôt que ce n'est pas nous qui le craignons, mais qu'il pourrait bien y avoir en nous un enfant qui le craignît (1). »

L'air, si nécessaire aux êtres vivants, parut à beaucoup de philosophes anciens être le principe de la vie universelle, l'âme même du monde, et la théorie du πνεῦμα, souffle animateur, prit une place importante dans leurs spéculations. Pythagore concevait Dieu comme un air subtil qui communiquait à tout le mouvement et la vie (2). Suivant Héraclite, Démocrite et les stoïciens, l'essence de l'âme, faite des éléments les plus mobiles de la matière, se rapproche de la nature de l'air, source de vie et d'intelligence. Marc-Aurèle rapporte tout à la fonction respiratoire : « La vie de chaque homme n'est pas autre chose que la respiration de l'air. Aspirer l'air une fois et puis le rendre, et c'est ce que nous faisons à chaque instant, voilà en quoi consistera la restitution à la source où tu l'as puisée de cette force respiratoire tout entière que tu as reçue à ta naissance (3). » Galien fait du πνεῦμα la force vitale, sans distinguer s'il est l'organe de l'âme ou l'âme elle-même. Il pense que l'air aspiré se raffine en traversant l'organisme et devient souffle vital dans le cœur, puis souffle psychique dans le cerveau. Tertullien et saint Basile admettent encore que l'âme est un souffle aérien (4). Enfin, nos

(1) *Phédon.*
(2) Cicéron, *De natura deorum*, I, 2.
(3) *Pensées*, vi, 15.
(4) « Flatus » (Tertullien, *De anima*, 56); « Spiritus aerius » (Saint Basile, *De spiritu sancto*, 16).

expressions usuelles d'*expirer*, *rendre l'âme* ou *l'esprit*, se réfèrent toujours à l'émission du dernier souffle.

Ce que l'âme aérienne conservait de semi-matériel s'atténua plus encore lorsque, par suite du progrès des idées, on vint à considérer l'esprit comme un élément igné, une parcelle du feu qui anime la nature. Cette induction résulta de l'observation des effets de la chaleur animale, du refroidissement qu'entraîne la mort et de l'influence des saisons sur l'épanouissement de la vie. Le feu, source de chaleur et de lumière, adoré dans l'Inde et en Perse comme symbole de la puissance divine, devint l'expression de l'activité des êtres, consacrée par la métaphore du « flambeau de la vie ». Dans les *Védas*, Agni personnifie à la fois le feu physique, la chaleur vitale et le principe pensant (1). D'après les légendes des Hellènes, Prométhée avait animé le premier homme, et Hephœstos la première femme, en leur transmettant le feu du ciel. Héraclite tient la chaleur pour un principe universel d'activité qui tour à tour s'allume et s'éteint dans les êtres selon un rythme déterminé (2). « L'âme, dit-il, est une vapeur chaude et sèche, et la plus sèche est la meilleure (3). » Démocrite et Leucippe la croyaient aussi composée d'atomes de feu (4), opinion qu'adoptèrent les deux écoles d'Épicure et de Zénon. Cette théorie tendait à spiritualiser l'âme en substituant à l'idée concrète de substance matérielle l'idée abstraite de force. Peut-être la coutume de brûler les cadavres au lieu de les inhumer contribua-t-elle à cette transformation en induisant à sup-

(1) E. Burnouf, *Science des religions*, 154.
(2) Fragments, 46.
(3) *Ibid.*, 27, 49, 54.
(4) Aristote, *de l'Âme*, I, 2.

poser que l'esprit s'élevait avec la flamme du bûcher pour aller rejoindre son principe, le feu céleste, dans la région de l'*Empyrée*.

Enfin, durant la période qui s'étend de Platon à saint Augustin, l'abstraction métaphysique réussit à formuler l'idée de spiritualité pure. Anaxagore fut l'initiateur de cette dernière évolution. Opposant d'une façon générale l'esprit et la matière, il réduisit la seconde au rôle d'élément passif, sans spontanéité, faisant au contraire du premier, clairvoyant et actif, le moteur universel, la force organisatrice et rectrice. Aristote le loue d'avoir le premier posé cette distinction lumineuse, et le met, pour cette cause, au-dessus de tous les philosophes antérieurs (1). Pourtant, Anaxagore ne concevait l'intelligence (νοῦς) que comme une substance subtile, pénétrant les corps à la manière d'un fluide, sans lui attribuer une personnalité consciente et libre. C'était une essence mal déterminée agissant comme une force de la nature. Après lui, Platon affirma plus nettement, en contraste avec la matérialité du corps, inerte et sans connaissance, la spiritualité de l'âme, active et intelligente. « Le corps, dit-il, est à l'âme ce que le vêtement est à l'homme, le poste au soldat, l'outil à l'artisan, le navire au pilote (2); » comparaisons périlleuses qui conduisaient à admettre la métempsycose, car, de même que l'homme change de vêtements, le soldat de poste, l'artisan d'outil et le pilote de navire, l'âme pouvait changer de corps.

Toutefois Platon n'établit pas encore la notion d'une spiritualité absolue, n'ayant plus rien de commun avec la matière. Outre qu'il distingue plusieurs sortes d'âmes, dont

(1) *Métaphysique*, 1, 3, 984.
(2) *Phédon*.

les inférieures, investies de fonctions animales et plus qu'à demi matérielles, sont mortelles comme le corps, l'âme supérieure elle-même garde dans sa théorie une corporéité vague, puisqu'il lui attribue l'étendue et le mouvement. Les autres écoles philosophiques de la Grèce s'accordèrent à écarter l'idée de spiritualité. Pour Aristote, l'âme personnelle (ψυχή) est, non le corps, mais « quelque chose du corps (1) » qui en constitue le principe vital, la forme, l'unité, la cause et la fin. Propre à l'organisme, elle n'existe qu'en lui, ne peut pas en être séparée et disparaît avec lui. A cette âme corporelle et périssable, il adjoint, il est vrai, une âme immatérielle et immortelle (νοῦς), parcelle détachée de l'intelligence universelle, mais qui, à la mort, lui fait retour sans rien retenir de l'individualité où elle a brillé un moment. Suivant les épicuriens et les stoïciens, il n'y a de substance réelle que celle des corps. Rien n'existe en dehors d'eux. L'âme est simplement un corps de nature plus subtile, mais qui participe toujours de l'essence de la matière. Les néoplatoniciens, refusant de même de séparer par une différence absolue l'esprit et la matière, n'admettaient entre eux qu'une différence quantitative plutôt que qualitative et faisaient procéder la substance spirituelle de la substance matérielle par une série d'atténuations. Galien, indécis entre les thèses contraires de la corporéité et de la spiritualité de l'âme, se résigne à l'incertitude, alléguant qu'une décision sur ce point « n'est pas absolument nécessaire pour l'acquisition de la santé ou de la vertu (2) ». Néanmoins, il incline à croire l'âme une matière caduque, quoique plus raffinée que celle du corps.

(1) Σώματος δέ τι (*De l'Âme*, II, 2).
(2) *De subst. facult. nat.*, *Opera*, t. IV, p. 760 sqq.

Le christianisme naissant n'adopta pas sans hésitation
le principe de la spiritualité de l'âme, que niaient la plupart
des philosophes anciens et qui d'ailleurs n'était exprimé
nulle part dans la *Bible*. Origène en fait la remarque et
s'en autorise pour dire, dans son livre *des Principes*, que,
le mot *immatériel* étant inconnu en hébreu, les esprits
doivent être une sorte de vapeur (*aura*). Il tient que l'âme
est matérielle et figurée (1). Tertullien, Tatien (2), Arnobe (3) se prononcent fortement pour la corporéité de
l'âme. « Elle n'est rien, dit le premier, si elle n'est pas un
corps (4). » — « Il n'y a rien, dit également saint Hilaire,
dans les substances et dans la création, soit sur terre, soit
dans le ciel, et parmi les choses visibles comme parmi les
invisibles. qui ne soit corporel. Même les âmes, aussi bien
après la mort que pendant la vie, conservent quelque
substance corporelle, parce qu'il est nécessaire que tout ce
qui est créé soit dans quelque chose (5). » Une foule de
docteurs, saint Justin, saint Césaire, saint Jeàn Damascène
au viiie siècle (6), partageaient l'opinion de la corporéité
de l'âme. D'autres pensaient avec saint Irénée (7), Lactance (8), etc., que la substance de l'âme, quoique différente de celle du corps, n'est pas incorporelle d'une
manière absolue, mais seulement d'une façon relative, et
que, immatérielle par rapport à l'organisme, elle est
matérielle par rapport à la pure spiritualité de Dieu. Saint

(1) *Contra Celsum*, 2.
(2) *Contre les Hellènes*.
(3) *Adversus gentes*, 2.
(4) *De anima*, 5.
(5) *Canon V, in Matth.*
(6) *De orthodoxa fide*, II, 3, 12.
(7) *Contra hæres.*, II, 19 ; V, 7.
(8) *Homélies*, IV, VIII.

Ambroise veut aussi réserver à la trinité « toute seule » la qualification d'immatérielle (ἀσώματον), « rien dans tous les êtres créés n'étant complètement immatériel (1) ». Ceux même qui, comme saint Athanase, saint Basile, saint Grégoire de Nazianze, saint Cyrille d'Alexandrie, etc., semblent tenir pour la spiritualité de l'âme, ne laissent pas d'exprimer parfois et de prendre à leur compte l'opinion qu'ailleurs ils combattent.

Saint Augustin contribua le plus à faire adopter parmi les chrétiens la croyance à l'immatérialité de l'âme. Plus expressément que Platon, il oppose à la matière, vile et corruptible, l'esprit incorporel et immortel, sans admettre entre eux de degrés ni de propriété commune (2). Néanmoins, le dogme entendu avec cette rigueur mit longtemps à prévaloir, et la distinction dans l'homme de deux natures contraires, associées pendant la vie, ne fut déclarée article de foi que par le quatrième concile de Latran, au xiiie siècle (3).

Enfin Descartes, chef du spiritualisme moderne, lui a donné sa formule définitive en posant avec netteté l'antagonisme de l'esprit et de la matière, de l'âme et du corps, présentés comme des substances étrangères l'une à l'autre et caractérisées, la première par la pensée, la seconde par l'étendue. « Examinant avec attention ce que j'étois, je connus... que j'étois une substance dont toute l'essence ou la nature n'est que de penser, et qui, pour être, n'a besoin d'aucun lieu, ni ne dépend d'aucune chose matérielle, en sorte que ce moi, c'est-à-dire l'âme, par laquelle je suis ce que je suis, est entièrement distincte du corps... et qu'en-

(1) *De Abr.*, II, 8.
(2) *De immortalitate animæ*, IV ; *De quantitate animæ* ; etc.
(3) *Decret.* 1, *De fide catholicâ*.

core qu'il ne fût point, elle ne lairroit pas d'être tout ce qu'elle est (1). »

3. — On voit quelles transformations l'idée d'âme a dû subir pour passer de l'ordre physique à l'ordre métaphysique et d'un spiritisme grossier au spiritualisme le plus absolu. Ce que le moi intérieur avait de semi-corporel à l'origine s'est atténué par degrés et, d'abord fantôme, ombre ou image du corps, puis souffle respiratoire, air subtil, essence éthérée, parcelle de feu, rayon de lumière, s'acheminait à devenir esprit pur. Partant de la notion concrète de corps, la spéculation en a éliminé premièrement la pesanteur et la résistance dans le concept d'âme-fantôme, puis la forme et la visibilité dans celui de substance aérienne ou ignée, pour ne retenir à la fin que l'idée vague d'existence, en y rattachant pour attribut la pensée, et se réduire ainsi à l'ombre d'une ombre. Ce long travail constitue, non une démonstration graduelle, car la dernière inférence n'est pas mieux prouvée que la première, mais une abstraction progressive qui, au lieu de constater un être réel, affirme un être idéal.

Il est à noter d'abord que, si même on accordait, par hypothèse, ce que les spiritualistes prétendent établir, une opposition essentielle de nature entre l'esprit et la matière, la preuve de l'immortalité de l'âme ne résulterait nullement de sa spiritualité, car elle pourrait avoir sa manière spéciale de mourir, comme elle a sa manière de vivre distincte de celle du corps. Si en effet la nature de l'âme « n'est que de penser », penser pour elle c'est être, et elle cesserait d'être en ne pensant plus. Or cela lui arrive

____

(1) *Discours de la méthode*, IV ; *Méditations*, II.

assez souvent, et quelle assurance a-t-on que cet état ne deviendra jamais définitif ? — Mais l'idée même d'un être purement spirituel, loin de correspondre à une réalité objective, n'est qu'une abstraction personnifiée, un concept de l'entendement sans valeur ontologique.

Quand on opère par la pensée, non en fait, la disjonction de deux principes dans l'homme, on ne devrait pas oublier qu'elle est obtenue par un artifice d'analyse et que, le point de départ étant l'unité de l'être vivant, il est irrationnel de conclure à sa dualité. De ce que le corps et l'âme composent ensemble un être donné, il ne s'ensuit pas que, pris chacun à part, le corps et l'âme soient des êtres au même titre, susceptibles de subsister isolément. Ce sont des parties, des aspects d'un être unique et, pour rentrer dans la réalité vraie, au lieu de les laisser dans cet état fictif de division contraire à leur condition naturelle, il faut rétablir, par voie de synthèse, le tout décomposé par voie d'analyse. Agir autrement, c'est commettre une erreur logique et convertir des attributs en entités.

L'unité de l'être humain est seule d'une irrécusable évidence ; sa dualité est au contraire hypothétique et contestable. S'il y avait en nous deux êtres différents, l'un matériel, l'autre spirituel, nous devrions percevoir deux moi distincts et ne jamais les confondre, tandis que nous n'avons, et très clairement, conscience que d'un seul. Le sens commun ne s'y trompe point, et chacun dit, en toute langue : *je* respire, *je* marche, *je* souffre... ou : *je* désire, *je* pense, *je* veux... sans couper en deux sa personne et spécifier en lui deux sortes de *je*. L'homme n'est pas un esprit d'une part, un corps de l'autre ; il est à la fois esprit et corps, et, si la spéculation les sépare, le sens intime les unit et les confond continuellement.

La distinction de deux états de vie, de deux modes d'activité, était sans doute utile à faire, afin de mieux étudier à part des ordres spéciaux de fonctions; mais rien n'autorise à ériger ces diversités en substances et à les déclarer de tous points contraires, car on l'ignore absolument. Tant qu'on ne saura pas ce qu'est en soi une *substance*, — et on ne le saura jamais, le sens du mot l'indique très clairement (1), — il sera vain de dire que le corps et l'âme sont deux substances et que ces substances n'ont rien de commun, puisque la vraie nature du corps et celle qu'on prête aux esprits échappent entièrement à la conception. Il n'y a place ici que pour un aveu d'ignorance (2). Si donc, avec Stuart Mill, on définit le corps la « cause inconnue à laquelle se rapportent nos sensations », et l'esprit « le récipient ou percevant inconnu des sensations », il est manifeste qu'« on ne peut rien affirmer de la nature inconnue de l'un ou de l'autre (3) ». Herbert Spencer juge de même que « la controverse entre les matérialistes et les spiritualistes est une pure guerre de mots, où les partis en lutte sont également absurdes, parce qu'ils croient comprendre ce que nul homme ne peut comprendre (4) ». Pour Kant, l'essence des choses n'est ni esprit ni matière, mais un *substratum* inconnu, principe mystérieux, x impossible à dégager, *noumène* que la pensée ne peut atteindre. Il

---

(1) *Substantia*, de *sub stare* : ce qui est sous les apparences et reste caché, c'est-à-dire, par définition, quelque chose d'insaisissable et de mystérieux.

(2) Fénelon et Bossuet le reconnaissent. La matière, dit le premier, est « un je ne sais quoi qui fond dans mes mains dès que je le presse » ; et le second convient que, « quand nous parlons des esprits, nous n'entendons pas trop ce que nous disons. » (*Sermon sur la mort*, second point.)

(3) *Système de logique*, I, 3, § 8.

(4) *Premiers Principes*, fin.

démontre que vouloir prouver l'existence et la spiritualité
de l'âme, c'est commettre un paralogisme évident et formuler des idées abstraites qui ne se rapportent à aucune
intuition sensible (1).

Ces questions de substance, que tranche si délibérément
la métaphysique, sont déclarées insolubles par la science,
qui ne connaît que des attributs. Obligée d'admettre sous
des apparences changeantes une réalité fixe, elle se contente d'inférer son existence sans chercher à déterminer
sa nature, et moins encore à en distinguer plusieurs sortes.
Comme elle avoue ignorer ce qu'est en soi la matière et ce
que peut être en soi un esprit, elle n'accepte pas la qualification de matérialiste, par laquelle on croit la flétrir,
s'abstient de spéculer à vide sur des concepts imaginaires et
se renferme dans l'étude, seule profitable, des phénomènes
et de leurs lois (2). Les diversités qu'elle constate dans les
choses ne sont que des attributs et des rapports dont elle
s'applique à mettre les lois en lumière; mais la réalité est
une, car il n'y a pas deux manières d'exister, et tout ce qui
est ou pourrait être trouve en elle son unité. La science
tend au monisme, et l'univers lui apparaît comme un système de forces liées par des corrélations fixes.

Puisqu'on ignore si les propriétés de l'esprit et celles de
la matière ne se rattachent pas à une même substance, il
est inutile d'en supposer deux. L'adage d'Okkam enseigne
qu'« il ne faut pas multiplier les êtres sans nécessité »,
et Newton, dans ses *Principes*, le redit en ce qui concerne
les causes. « Je regarde, dit M. Renan, l'hypothèse de
deux substances accolées pour former l'homme comme

(1) *Critique de la raison pure*, trad. Barni, t. II, p. 7.
(2) « Quand j'entre dans mon laboratoire, disait Claude Bernard, je laisse à la porte Monsieur l'Esprit et Madame la Matière. »

une des plus grossières imaginations qu'on se soit faites
en philosophie. Les mots de corps et d'âme restent parfaitement distincts en tant que représentant des ordres de
phénomènes irréductibles ; mais faire cette diversité phénoménale synonyme d'une distinction ontologique, c'est
tomber dans un pesant réalisme et imiter les anciennes
hypothèses des sciences physiques, qui supposaient autant
de causes que de faits divers et expliquaient par des fluides
réels ou substantiels les faits où une science plus avancée
n'a vu que des ordres divers de phénomènes. Certes, il
est bien plus absurde encore de dire avec exclusion :
L'homme est un corps ; le vrai est qu'il y a une substance
unique qui n'est ni corps ni esprit, mais qui se manifeste
par deux ordres de phénomènes qui sont le corps et l'esprit, que ces mots n'ont de sens que par leur opposition,
et que cette opposition n'est que dans les faits (1). »

4. — L'hypothèse de deux principes contraires ne serait
recevable que si elle aidait à mieux comprendre les
choses ; mais, au rebours, elle soulève une multitude de
difficultés, n'en résout aucune et laisse tout incompréhensible. Érigée en distinction absolue, l'opposition de l'âme
et du corps devient une antinomie véritable et fait de leur
union un impénétrable mystère. Si, comme les spiritualistes l'affirment, ces deux parties du moi diffèrent en tout
par essence, comment expliquer et même concevoir leurs
relations, leur accord, le parallélisme de leurs développements ? Quand on sépare de la sorte les deux mondes de
l'étendue et de la pensée, on ne peut plus les mettre en
contact et en rapport, car, sans propriété commune, pas

(1) *L'Avenir de la science*, p. 478.

d'influence réciproque. Il est impossible de comprendre qu'une substance sans étendue, et conséquemment hors de l'étendue, puisse agir dans l'étendue et mouvoir des corps étendus, se localiser dans l'espace et subir des dépendances de milieu qui circonscrivent son activité. Il n'est pas moins malaisé de concevoir qu'un organisme puisse influer sur un pur esprit. « Comprendre comment un corps matériel pourrait, par son mouvement, affecter une chose pensante, devient un problème aussi difficile que celui qui consisterait à frapper un cas nominatif avec un bâton (1). » A raison de la disparité présumée complète de l'âme et du corps, chacun d'eux devrait rester confiné dans sa nature propre, étranger à l'autre et sans action sur lui. Les philosophes ont fait de vains efforts pour combler l'abîme creusé par eux entre la matière et l'esprit. Ni les deux âmes mortelles de Platon, ni les âmes *animale* et *végétative* d'Aristote et de la scolastique, ni les *esprits animaux* de Descartes, ni le *médiateur plastique* de Cudworth, ni l'*organisme subtil* de Leibniz, ni son *harmonie préétablie*, ni l'*influx physique* d'Euler, ni l'*archée* de Van-Helmont, ni les *idées-forces* de M. Fouillée... n'ont rendu plus intelligible la possibilité de relations entre des substances sans analogie, car un intermédiaire quelconque ne pourrait les unir sans participer des deux et poser ainsi pour lui-même le problème qu'il prétend résoudre. Descartes est forcé d'en convenir : « L'esprit humain n'est pas capable de concevoir distinctement et en même temps leur distinction (de l'âme et du corps) et leur union, à cause qu'il faut pour cela les concevoir comme une seule chose, et ensemble les concevoir comme deux, ce qui se

<hr>

(1) Huxley, *Hume*, p. 228.

contrarie (1) ». Mais la contradiction n'existe que pour la métaphysique, comme le signe visible de son erreur. La nature concilie en fait ce qui semble inconciliable à la théorie, et les deux êtres qu'on oppose sont si bien adaptés l'un à l'autre qu'on ne les peut réellement séparer.

Lorsque Descartes, réduisant tout au mécanisme et à la conscience, établit une distinction absolue entre les deux mondes de l'étendue et de la pensée, il met en contraste ce que l'univers a de plus simple et ce qu'il a de plus complexe, sans tenir compte de degrés entre les deux, et il ne voit alors que leurs différences. Mais des sciences depuis constituées, la physique, la chimie, la biologie, ont révélé la complexité graduelle des choses et relié des termes que tout semblait séparer. Les forces susceptibles de produire, outre le mouvement, la chaleur, la lumière, l'électricité, l'affinité, l'organisation et la vie, ne paraissent plus aussi incapables de produire aussi la pensée. Si même on voulait spécifier, sous le nom de nervosité, une force psychique distincte des précédentes, comme elle s'exerce dans le même milieu que les autres et de concert avec elles, elle devrait toujours se rattacher à leur ordre par des lois de corrélation, d'alternance et d'équivalence, de manière à rentrer dans la constante, seule absolue, de l'énergie universelle.

5. — L'unité de l'esprit et du corps apparaît avec évidence quand on considère la mutuelle dépendance de leurs fonctions. On n'a jamais signalé d'esprit sans organisme vivant, ni d'organisme vivant sans principe d'animation. Ce sont là deux termes inséparables, parce que,

(1) *Lettres*, I, 30.

sans eux, il n'y aurait point de vie. Toute définition de
l'esprit est donc défectueuse qui n'ajoute pas ce fait essen-
tiel que ses manifestations sont toujours liées à quelque
chose de matériel, et, de même, toute définition de la
matière qui n'ajoute pas que, dans certaines conditions,
elle est susceptible de manifester un esprit. La vie résulte
de fonctions physiologiques et de fonctions psychiques tel-
lement entre-croisées et solidaires que l'abstraction seule
a le pouvoir de les disjoindre, tandis que, dans la nature,
on ne les voit jamais se produire isolément. Les épicuriens
et les stoïciens tiraient de l'intime alliance du corps et de
de l'âme, de leurs relations nécessaires et de leur action
réciproque, la preuve de leur réelle unité. Les spiritualistes
n'ont pas réussi à réfuter cet argument, et ceux de nos
jours semblent même y renoncer, car ils évitent d'aborder
ce problème épineux plus qu'ils ne s'appliquent à le
résoudre.

Un corps est indispensable à l'esprit qui, sans support
matériel, sans organes des sens pour recevoir l'impression
des choses et sans organes de mouvement pour agir sur
elles, n'aurait aucun moyen de s'exercer. Lorsque les philosophes spéculent sur l'activité de purs esprits, ils ne
peuvent ou ne croient s'entendre qu'en employant des
expressions qui impliquent la matérialité, et, quand ils
disent qu'une âme peut sentir, voir, entendre, concevoir
ou échanger des idées, vouloir, agir, etc., tout cela suppose
un corps. Pour la science, l'accord entre ces deux ordres
de fonctions s'effectue par l'appareil d'innervation qui,
inclus dans l'organisme, nourri par lui, reçoit de lui les
forces qu'il transforme en phénomènes psychiques. A
mesure qu'on avance dans l'étude du système nerveux, on
voit s'opérer en lui l'unification de faits si longtemps pré-

sumés contraires. Un principe domine désormais les recherches de la psychologie positive : chaque état psychique est invariablement lié à un état du système nerveux. Toutes les opérations de l'esprit correspondent à des modifications moléculaires de cet appareil qui, jeté comme un filet sur l'organisme, en pénètre les moindres parties, draine ses énergies latentes et les accumule dans un centre où, coordonnées, elles se résolvent en faits de conscience, par un phénomène comparable à celui qui détermine la transformation de la chaleur obscure en lumière. Chaque manifestation psychique, que ce soit un.e sensation perçue, une émotion sentie, une idée conçue, un acte voulu, entraîne une usure de la substance nerveuse, une décomposition chimique, et, par conséquent, une dépense de force à laquelle l'organisme doit subvenir. Ce travail de l'innervation est si intense et si continu, qu'il suffit que le sang cesse d'affluer au cerveau ou lui arrive moins chargé d'oxygène pour qu'aussitôt l'activité de l'esprit se trouble ou s'arrête. La pensée, ainsi étroitement unie à des transformations de matière et à des dégagements de force, peut-elle être autre chose qu'une forme de l'énergie ?

A raison de ces rapports nécessaires, l'esprit relève du corps et en suit la fortune. Son développement, subordonné à l'ensemble des conditions somatiques, subit l'influence de leurs moindres variations. Il diffère suivant le volume, le poids et la conformation du cerveau; suivant la constitution de l'organisme (taille, tempérament, prédominance de tel ou tel système organique...) ; suivant l'âge (l'esprit, tour à tour infantile, puéril, juvénile, viril et sénile, parcourant les mêmes phases d'évolution que le corps); suivant le sexe (avant, pendant et après l'exercice de la fonction génératrice ou par l'effet des mutilations qui la suppriment) ; suivant l'état de santé ou de maladie et le genre de maladie ; suivant l'influence des climats, des saisons et des intempéries ; suivant le régime (alimentation animale ou végétale, grossière ou raffinée, insuffisante ou en excès, effets des stimulants, des stupéfiants, de l'ivresse...); suivant les habitudes acquises ou l'état passager du corps (fatigue, veille, sommeil...); etc.

Mais, d'autre part, l'activité psychique n'est pas moins indispensable au fonctionnement de la vie dans les organismes complexes, et, selon les exigences de leur type, tous les animaux en sont doués. L'innervation seule pouvait relier des organes spéciaux et assurer par un jeu d'actions réflexes la mise en train, l'ordre et le concert des fonctions. Elle suggère en outre par l'instinct, dirige par l'intelligence et systématise par la raison les actes utiles à la conservation ou au développement de la vie. Le corps dépend ainsi de l'esprit qui le guide, l'éclaire, le mène et fait sa force ou sa faiblesse.

Il y a donc action et réaction d'un système sur l'autre. Les deux séries de faits s'entre-croisent comme la trame d'un tissu et font de l'ensemble un seul tout. Leur accord est dans l'ordre ; il constitue la vie normale. Lorsqu'un désaccord se produit entre eux, le conflit résulte, non de l'antagonisme de natures contraires, mais d'une rupture d'équilibre qui signale un désordre et un péril. En somme, l'esprit n'est que l'expression consciente et comme la musique du corps, formule reproduite par une foule de philosophes anciens (1), qui tenaient l'âme pour un accord

(1) Platon (*Phédon*), Théophraste, Aristoxène, Dicéarque, Straton... Les Tongans disent, non moins poétiquement, que l'âme est au corps ce que le parfum est à la fleur (Mariner, *Tonga-Islands*, t. II, p. 135).

analogue aux sons que rendent les cordes d'une lyre. Il
n'y a pas à chercher ce que devient la mélodie quand l'ins-
trument est brisé.

6. — Ainsi le corps et l'âme, ou plutôt, pour éviter ces
personnifications trompeuses, les fonctions physiologiques
et les fonctions psychiques sont les deux faces d'un tout
qui constitue l'être vivant. « Le premier résultat de la loi
de continuité, selon Herbert Spencer, c'est qu'entre les
faits physiologiques et les fonctions psychologiques il n'y
a point de ligne précise de démarcation, et que toute distinction absolue est illusoire. Sensations, sentiments, instincts, intelligence, tout cela constitue un monde à part,
mais qui sort de la vie animale, qui y plonge ses racines et
en est comme l'efflorescence. Entre la fonction la plus
humble et la pensée la plus haute, il n'y a pas opposition
de nature, mais différence de degré, chacune n'étant
qu'une des innombrables manifestations de la vie (1). »

Au lieu de séparer par abstraction la matière et l'esprit,
de les opposer l'un à l'autre et de rendre leurs rapports
inexplicables, il faut les accepter dans leur unité réelle.
« Les arguments en faveur de deux substances semblent,
dit A. Bain, avoir maintenant perdu toute leur force ; ils
ne sont plus d'accord avec les résultats acquis par la
science et avec la clarté de la pensée. La substance unique,
avec deux ordres de propriétés, deux faces, l'une physique,
l'autre spirituelle, une unité à deux faces, semble plutôt
satisfaire toutes les exigences de la question (2) ». Citons
encore Wundt : « La corrélation absolue entre le physique
et le psychique suggère l'hypothèse suivante : Ce que nous

(1) Ribot, *la Psychologie anglaise contemporaine*, p. 176.
(2) A. Bain, *l'Esprit et le Corps*, p. 202.

appelons l'âme est l'être interne de la même unité que nous envisageons extérieurement comme étant le corps qui lui appartient (1). » Leur dissemblance présumée de nature s'explique par la disparité des modes de perception. Fechner compare l'opposition entre l'esprit et le corps à la différence que présente une sphère creuse qui, vue du dehors, paraît convexe, et, vue du dedans, concave. C'est la même sphère, ses deux aspects sont inséparables, et pourtant il n'est pas possible de les concevoir à la fois (2).

Il faut donc revenir à la notion de l'unité de l'être humain, si mal à propos scindée par les rêveries des sauvages et les abstractions des métaphysiciens. La distinction de deux natures dans l'homme est une inférence que démentent le sens intime et une vue plus exacte de la réalité. A l'idée d'âme spirituelle, incluse dans un corps matériel, doit succéder celle d'âme-fonction, liée à l'activité vitale de l'organisme et expression consciente de la personnalité. Il n'y a pas en nous deux êtres différents, associés on ne·sait comment, ni où, ni quand, ni pourquoi. L'homme est un. Ses deux aspects, que nos analyses distinguent avec raison, mais qu'elles opposent à tort, se confondent dans le moi total unique. Corrélatifs et condition l'un de l'autre, le corps et l'esprit composent « un tout naturel dont toutes les parties ont une parfaite et naturelle communication (3) ». Leur résultante commune constitue l'*individualité*, c'est-à-dire une unité indivisible (*in-dividuus*). Ils suivent des lois pareilles, naissent ensemble, évoluent de concert, et rien n'autorise à suppo-

(1) Wundt, *Psychologie*, t. II, conclusion.
(2) Fechner, *Éléments de psychophysique*, introduction.
(3) Bossuet, *la Connaissance de Dieu et de soi-même*, III, 20.

ser que, n'étant pas un seul instant séparés dans la vie, ils puissent l'être dans la mort.

Enfin, si l'on n'admet dans l'homme qu'un même fond de substance qui se révèle à la perception sous les deux attributs de matérialité et de conscience, comme, par suite du travail de la vie, cette substance se dénature, s'écoule et se renouvelle incessamment, notre personnalité n'est plus substantielle, mais purement phénoménale. Au lieu d'être constituée par une quotité fixe de substance qui lui appartiendrait en propre, elle manifeste seulement les propriétés d'un flux de substance. C'est un centre d'action, conditionnel et contingent, un phénomène qui dure en se prolongeant dans une direction donnée, comme se meut un tourbillon ou s'alimente la flamme, vieux symbole de la vie. Ainsi compris, l'être humain n'a plus de perpétuité nécessaire, car il ne représente que la résultante, forcément transitoire, des modes de groupement et d'activité de l'éternelle et inaliénable substance.

CHAPITRE IV

II. — SIMPLICITÉ DE L'AME

1. — Un autre argument, traditionnel en philosophie et non moins précaire, allègue, comme preuve de l'immortalité de l'âme, le contraste entre la multiplicité divisible des éléments du corps et l'irréductible unité du moi conscient. Alors, dit-on, que l'organisme est un assemblage de parties temporairement liées, mais séparables, et dont la disjonction entraîne tôt ou tard la perte de l'agrégat, l'âme est simple, indécomposable et par conséquent indestructible. Malgré sa rigueur apparente, ce raisonnement, déjà formulé par Platon (1) et depuis sans cesse repris, est plus spécieux que solide et ne résiste pas à la discussion.

Et d'abord, quand même il serait démontré que l'âme présumée est simple, il ne s'ensuivrait pas qu'elle doit être immortelle, car on ignore si sa destruction ne pourrait pas se produire autrement que par une dissociation de parties. Supposé qu'elle ne soit pas une grandeur *extensive*, elle ne cesserait pas d'être une grandeur *intensive*, comportant des degrés de puissance qui la font croître et décroître tour à tour, l'élèvent au-dessus de zéro et l'en rapprochent.

(1) *Phédon.*

Elle serait donc exposée à s'éteindre, soit par alanguisse-
ment continu, comme dans la décrépitude sénile, soit par
évanouissement brusque, comme il arrive dans le sommeil
ou la syncope. Cette objection, que Kant a émise sans en
avoir peut-être mesuré toute la portée, car il ne la présente
qu'en passant (1), suffirait à ruiner l'antique preuve de
l'immortalité de l'âme, déduite de sa simplicité. Mais cette
simplicité même est mal établie, et l'argument qu'on en
tire reste caduc en toutes ses parties.

Le corps, il est vrai, peut subir des mutilations partielles,
et sa substance, qui admet la divisibilité la plus étendue, se
disperse après qu'il a cessé de vivre; mais, tant qu'il vit,
il garde une réelle unité qui résulte de la permanence de
sa forme, de l'accord des organes nécessaires à l'existence
de l'ensemble, et du *consensus* des fonctions concourant
à un but commun. Cette unité de l'organisme, qui persiste
malgré le renouvellement de ses matériaux, tient moins à
leur liaison momentanée qu'à la corrélation de parties dont
un même principe vital règle l'activité. Au delà de limites
assez restreintes, la division du corps serait incompatible
avec le maintien de la vie, puisqu'elle en empêcherait le
fonctionnement. L'intégrité de la forme, caractérisée par
ses organes essentiels, est donc pour les êtres vivants une
condition d'existence, et c'est en cet état que, généralement, la mort les atteint. Elle résulte pour eux, non point
comme on paraît le croire, de la séparation des éléments
du corps, phénomène consécutif de régression chimique
qui pourrait être retardé ou empêché sans que la vie fût
moins irréparablement perdue, mais de l'arrêt définitif des
fonctions indispensables à l'entretien de la vie. Sa vraie

____

(2) *Critique de la raison pure*, trad. Barni, t. II, p. 15 et 16.

cause est la cessation de l'activité des centres nerveux dans les organes qui constituent le « trépied vital », le cerveau, les poumons et le cœur. Il serait donc exact de dire que l'âme périt avant le corps, et nos langues ont un sens très juste de la réalité quand elles font d'*inanimé* le synonyme de *mort*.

D'autre part, la simplicité attribuée à l'âme n'est pas celle d'une substance indécomposable, et, lorsque Leibniz en fait, sous le nom de *monade*, l'équivalent des atomes de la chimie, il n'arrive, selon la remarque de Kant, qu'à représenter l'esprit sous le type de la matière. Le terme d'âme exprime la somme des phénomènes psychiques comme le terme de corps la somme des phénomènes organiques ; mais l'une et l'autre n'ont que l'unité connective d'une somme dont l'importance varie avec ses éléments. Les pythagoriciens définissaient l'âme « un nombre qui se ment (1) ». Spinoza ne voit en elle qu'une collection d'idées, et Condillac une collection de sensations. Pour Hume, elle est un faisceau (*bundle*) de perceptions liées les unes aux autres par certains rapports et qui, soudées bout à bout, forment un tout cohérent (2). Il compare l'esprit à une cité dont les habitants, unis par des relations simultanées et successives, composent un groupe social qui a sa vie propre. On pourrait encore le comparer à un fleuve dont le cours persiste malgré l'écoulement de ses eaux, entité fictive qui se réduit à un mouvement et à un nom, ou bien à l'arc-en-ciel qui reste en place alors que les gouttes de pluie qui le produisent tombent et se renouvellent. « Le mot âme, si excellent pour désigner la vie suprasensible de

____

(1) Plutarque, *Quest. platon.*, VII, 4.
(2) *Traité de la nature humaine*, Œuvres, 1826, t. I, p. 268-331.

l'homme, devient fallacieux et faux si on l'entend d'un fond permanent qui serait le sujet toujours identique des phé-nomènes... L'âme est prise pour un être fixe que l'on ana-lyse comme un corps de la nature ; tandis qu'elle n'est que la résultante toujours variable des faits multiples et com-plexes de la vie (1). » — « Le moi, dit de même M. Taine, l'âme, ce sujet prétendu de la pensée, gardant son unité, son identité sous le flot mouvant des sensations, images, senti-ments, c'est une illusion. Il n'y a rien de réel dans le moi, sauf la file des événements (2). » L'unité du moi s'explique par une continuité de forme et de fonction. C'est l'effet d'une synthèse qui, totalisant dans un organe central les données de l'activité psychique, en fait apparaître la somme comme une réalité simple. Ce qu'on prend pour un sujet stable n'est qu'un phénomène dont la durée se prolonge.

Il convient en outre de noter que cette continuité pré-tendue de la conscience, fondement de l'identité du moi, subit de nombreuses interruptions. L'alternative quoti-dienne du sommeil et de la veille, l'absence de souvenirs pour les premiers temps de la vie, tout ce que la mémoire laisse perdre du passé, son oblitération au déclin de l'âge, séparent par de ténébreuses lacunes les phases de l'exis-tence consciente et introduisent des coupes sombres dans le sentiment de notre identité. A ce point de vue, l'unité du corps comme système organique et la permanence de son fonctionnement sont plus constantes que celles de l'âme, et Bichat a pu se servir de ce caractère d'intermit-tence pour distinguer la vie animale ou psychique de la vie organique ou végétative. Enfin, la conscience de notre identité se ramenant à un fait de mémoire, et la mémoire

(1) Renan, *l'Avenir de la science*, p. 181.
(2) *De l'Intelligence*, préface, et III, 3.

étant un phénomène organique, le principe de l'unité et de la persistance du moi spirituel se trouve fondé sur l'unité et la persistance du moi physique.

2. — Loin que la croyance à la simplicité de l'âme ait été généralement reçue, la plupart des peuples ont admis une pluralité d'âmes, ainsi que cela ressort des modes de représentation de l'activité psychique et des hypothèses sur la vie future.

Les Fidjiens prêtent à l'homme deux sortes d'esprits, dont l'un, « l'esprit noir » ou l'ombre, fidèle compagnon du corps, est enseveli avec lui, tandis que l'autre, « l'esprit léger », analogue à l'image vue par réflexion, hante le voisinage (1). Les Groenlandais pensent aussi avoir deux âmes, l'ombre, qu'ils supposent quitter la nuit, en songe, le corps endormi, et un esprit aérien, le souffle, qui ne s'en sépare et ne l'abandonne qu'à la mort. Les Algonquins croient à la survivance de deux âmes, dont l'une réside près du corps et reçoit des offrandes d'aliments, pendant que l'autre émigre et va dans le pays des ancêtres. Plusieurs insulaires polynésiens distinguent une âme (*soghe*) qui est le principe vital, et une ombre (*luwo*), sorte d'esprit protecteur qui se transporte dans un autre monde en laissant sur la terre un spectre (*noali*). Suivant la croyance des Malgaches, une de leurs âmes (*aïna*) se change en air pur ; une autre (*saïna*) s'évanouit à la mort ; une troisième (*matatoa*) erre sous forme de revenant autour de la tombe (2). Les Dakotas en Amérique, les Siamois, les Khonds en Asie, et nombre de Polynésiens admettent la coexistence de quatre âmes qui, à la mort, vont en divers

(1) Williams, *Fiji and Fijians*, t. I, p. 241.
(2) Ellis, *Madagascar*, t. I, p. 393.

lieux : une reste auprès du corps, comme faisait son ombre ; une autre se dissipe dans l'air, ainsi que le souffle ; une troisième retourne au village et s'y montre aux survivants dans les apparitions des songes ; la dernière va rejoindre au loin les esprits (1). Citons enfin les Karens de la Birmanie, qui, dans leur âme, ou double (*kélah*), distinguent jusqu'à sept entités dont chacune survit à part.

Les Égyptiens spécifiaient plusieurs sortes d'âmes : le double (*ka*), image du corps qui lui tenait compagnie dans la tombe et partageait son existence sépulcrale ; une âme voyageuse (*bi, baï*), figurée sous la forme d'un oiseau, l'épervier sacré, symbole de mobilité, et qui tenait sous sa dépendance l'esprit ou souffle (*niwou*) ; enfin un élément lumineux (*khou*), reconnaissable la nuit à sa lueur pâle et qui participait de la nature du feu céleste. Ces éléments s'enveloppaient l'un l'autre pendant la vie, le lumineux étant contenu dans l'âme, et l'âme dans le corps. Mais la mort rompait leur union. Pendant que le 'corps et son double restaient dans la tombe, l'âme et le lumineux allaient de la terre au ciel (2).

La philosophie grecque consacra d'autres divisions, plutôt psychologiques, du principe animé. Platon particularise trois sortes d'âmes : une âme brutale (τὸ ἐπιθυμητικόν) qui occupe la région du ventre et préside aux appétits matériels, aux désirs grossiers, à l'amour du lucre et des richesses ; une âme affective, le cœur ou courage (θυμός), qui réside dans la poitrine, d'où viennent les passions vaillantes et généreuses ; enfin l'âme raisonnable (νοῦς),

_____

(1) Tylor, *Civilisation primitive*, t. I, p. 503 et 504 ; Girard de Rialle, *Mythologie comparée*, p. 109 et 110.

(2) Maspéro, *Archéologie égyptienne*, p. 108, et *Hist. anc. des peupl. de l'Orient*, p. 40.

de même essence que l'âme du monde et qui a pour siège la tête, dont la forme sphérique, analogue à celle des astres, est un indice de perfection. Les deux premières, inférieures et subalternes, sont mortelles comme le corps. Seule l'âme raisonnable est immortelle par nature. Pourtant Platon admet en elle, avec l'étendue, un principe de composition et de divisibilité (1). Aristote, poussant plus loin l'analyse des fonctions psychiques, ne compte pas moins de cinq sortes d'âmes : 1° l'âme nutritive, qui pourvoit à la nutrition et à la génération ; 2° l'âme sensitive, qui perçoit les impressions des sens ; 3° l'âme motrice, qui détermine les mouvements ; 4° l'âme appétitive, principe de désir et de volonté ; 5° l'âme intellectuelle et raisonnable. Dans celle-ci même, il distingue encore l'intellect passif ou intelligence réceptive, qui périt avec le corps, et l'intellect actif ou intelligence constructive, qui lui survit, mais pour se confondre avec l'intelligence universelle, sans rien retenir de la personnalité disparue (2). Lucrèce, interprétant la doctrine d'Épicure, distingue simplement l'âme organique (*anima*), éparse dans tout le corps qu'elle vivifie, et l'âme pensante (*animus*), localisée dans la poitrine, mais l'une et l'autre périssables (3). Chez les Romains, la croyance populaire dotait l'homme de trois sortes d'âmes : l'ombre, qui restait sur la terre, près de la tombe, les mânes, qui descendaient aux enfers, et un esprit qui allait au ciel (4).

(1) *République*, IV ; *Timée*, 70, 73.
(2) *De l'Ame*, II, 2, 413.
(3) *De rerum natura*, V, 144-148.
(4)   Bis duo sunt homini : manes, caro, spiritus, umbra.
      Quatuor hæc loci bis duo suscipiunt :
   Terra tegit carnem, tumulum circumvolat umbra,
     Manes Orcus habet, spiritus astra petit.

Saint Paul distingue, d'une part, l'âme à laquelle se rattachent·la sensibilité physique, l'instinct et la passion, de l'autre, l'esprit, principe moral et religieux qui donne le sens du divin (1). A son exemple, plusieurs Pères admirent une bipartition en âme animale (*anima*), consubstantielle au corps, et en esprit (*mens*), d'essence incorporelle et divine. Les manichéens, combinant le dualisme des Perses avec les dogmes chrétiens, attribuaient à l'homme deux âmes : l'une bonne, qui le porte au bien, l'autre perverse, qui l'induit à mal faire (2). Mais, en 869, le quatrième concile de Constantinople condamna l'opinion de la pluralité des âmes et déclara que l'homme n'en a qu'une, intellectuelle et raisonnable (3). On continua néanmoins d'en admettre plusieurs autres, et la scolastique professa, d'après Aristote, la distinction de trois âmes : l'une végétative ou organique (*forma corporalis*), l'autre sensitive ou animale (*anima sensativa*), la dernière intellectuelle ou raisonnable (*anima intellectualis*). Enfin la philosophie a maintenu jusqu'à nous, à titre de facultés autonomes, des sections distinctes de l'âme considérées parfois comme des entités spéciales : la sensibilité, la mémoire, l'imagination, l'intelligence, la volonté... dernier vestige des personnifications abstraites de la métaphysique.

3. — De nos jours, la psychologie positive, écartant ces distinctions d'âmes partielles, les relègue parmi les idéalités pures et spécifie simplement des classes de phéno-

____

(1) *Thessal.*, I, v, 23, et *Corinth.*, I, II, 14.
(2) Saint Augustin, *De duabus anim. contra Manich.*, Benea., t. VIII, col. 75-92.
(3) *Decret.* XI.

mènes. L'activité psychique, méthodiquement analysée, comprend en effet plusieurs sortes de fonctions. Une part, prédominante peut-être, de l'innervation est aveugle, inconsciente et confine au pur mécanisme, comme on le voit par les actes réflexes et les instincts, dont l'importance, mieux étudiée, va sans cesse grandissant. C'est de ce fonds obscur qu'émerge la conscience lucide. Mais alors, de deux choses l'une : ou le principe d'animation, s'il est vraiment simple, n'est pas entièrement spirituel, puisque son rôle s'abaisse à régler, par un automatisme inconscient, le jeu des organes, ce qui le fait rentrer dans l'ordre des fonctions physiologiques ; ou il faut distinguer deux âmes, l'une matérielle, l'autre immatérielle, sans qu'on puisse les séparer nettement ; et que devient en ce cas la simplicité du principe animé ?

Étant donné que l'unité du moi conscient résulte de la disposition du système nerveux, dont l'action, diffuse dans l'organisme, se totalise dans un centre, il y aurait à distinguer autant de facteurs psychiques que l'anatomie reconnaît de centres subordonnés. Or ces centres, tantôt isolés sous forme de ganglions dans les organes, tantôt reliés par groupes, comme dans le grand sympathique, alignés en chaîne dans la moelle épinière, agglomérés en amas dans le cerveau, sont très nombreux, et, si l'on considère que chaque cellule nerveuse constitue un centre réduit, leur multitude, qui se compte par millions, paraît presque indéfinie. Et même, comme le système nerveux est moins un créateur qu'un collecteur et un transformateur d'énergie, le principe de vie et d'animation doit, en définitive, provenir de toutes les cellules dont le corps est composé. Simples ou complexes, tous les centres d'action nerveuse, mis en communication par les filets qui les lient, sont d'ordinaire consonants. La conscience exprime leur harmonie. C'est une somme de consciences partielles, hiérarchiquement distribuées, dont la plus claire est le produit de l'activité du cerveau, mais dont les plus élémentaires, trop faibles pour être perçues, semblent résider dans chaque cellule organique vivante. La foule de ces consciences infimes, ténébreuses et passives, repercutée dans un même centre, s'y résout en une conscience totale, lucide et active. Mais cette conscience, qui paraît simple à la perception, est la résultante d'une prodigieuse multiplicité d'éléments. L'être humain résume un ensemble dans son unité. Il est essentiellement collectif, et ce qu'on appelle le *moi* devrait plus justement être dit le *nous*.

Comme elle n'a que la valeur d'une somme, la conscience comporte du plus et du moins et, au lieu de représenter une quantité fixe, varie continuellement. Sa netteté n'est pas égale à tous les âges et dans les diverses conditions de la vie. Elle diffère aux stades successifs de l'évolution (dans le fœtus, le nouveau-né, l'enfant, l'adolescent, l'adulte, le vieillard); à un même stade, suivant les états de veille, de sommeil, d'attention, de rêverie, d'excitation, de langueur, de défaillance, etc. ; elle peut même subir, par suite de lésions ou d'altérations du système nerveux, des mutilations plus étendues que celles du corps (perte de mémoire, de volonté, de raison, de sentiment...); enfin les circonstances et les accidents de la vie lui font éprouver, au cours de son développement, des mutations que reflète la diversité de nos passions, de nos idées et de nos actions.

L'unité même du moi, son indivisibilité, reçues à titre d'axiomes en philosophie, sont loin d'être aussi indiscutables qu'on le prétend. Nous avons souvent conscience de plusieurs moi qui se contredisent et luttent entre eux (1). Il y a le moi passionnel, qui va où l'entraîne le désir et s'éprend d'instinct sans savoir pourquoi ; le moi réfléchi, qui résiste ou cède à regret, mais juge l'autre et l'accuse parfois de folie ; le moi rêveur et idéaliste, qui voudrait ne vivre que dans le bleu ; le moi pratique et positif, qui s'accommode du terre à terre ; le moi moral, qui voit et projette le bien ; le moi faillible qui succombe et fait le mal... *Homo duplex*, disait l'ancienne philosophie ; la nouvelle dirait plus volontiers encore : *Homo multiplex*.

La simplicité présumée du principe d'animation est expérimentalement démentie par les faits singuliers de double conscience ou d'altération de la personnalité. Dans certaines conditions pathologiques, le moi se scinde, et l'on voit apparaître en lui tour à tour plusieurs personnes distinctes qui coexistent dans le même individu. Le sujet semble alors avoir plusieurs âmes qui, bien qu'occupant le même corps, s'ignorent l'une l'autre et mènent par alternance des vies qui s'entrecoupent sans se confondre, chacune d'elles impliquant, lorsque arrive sa phase d'activité, un changement complet de souvenirs, d'aptitudes et de caractère (2). Ces cas bizarres, dont on peut rapprocher les modifications, si fréquentes chez la plupart des hommes, d'affections, de goûts, d'esprit et d'humeur, portent à induire que notre personnalité totale est la synthèse de plusieurs personnalités partielles qui, d'ordinaire, s'accordent tant bien que mal, mais qui, à l'occasion, entrent en conflit ou même se séparent en laissant l'une d'elles prédominer momentanément.

(1) Grand Dieu, quelle guerre cruelle !
     Je sens plusieurs hommes en moi.

s'écrie Racine d'après l'apôtre.

(2) V. A. Binet, *les Altérations de la personnalité.*

4. — Veut-on une preuve directe de la divisibilité de
l'âme ? Elle ressort du fait que, chez les animaux où la cen-
tralisation du système nerveux est très imparfaite, un individu coupé en tronçons se trouve multiplié. Les expériences
de Trembley sur le polype, celles de Bonnet sur la naïade
et le ver de terre, montrent qu'alors chaque fragment
se complète et devient un tout. L'âme du sujet se partage
donc en même temps que son corps. Une scission analogue, mais normale, s'effectue par fissiparité dans le
mode de génération gemmipare, et, d'une manière mieux
spécialisée, dans le mode de génération sexipare.

Considérons ce phénomème, sur lequel, malgré sa haute
importance philosophique, les spiritualistes évitent de fixer
leur attention, parce qu'il porterait le trouble dans leurs
théories préconçues. La formation de l'être humain a pour
point de départ l'union de deux cellules génératrices dépo-
sitaires l'une et l'autre, non seulement d'un principe d'organisation et de vie, mais encore d'un principe d'animation, puisque chacune d'elles transmet à l'être nouveau,
outre un fond de ressemblance physique avec son géné-
rateur, une part de ses aptitudes psychiques. Il y a donc
ici deux âmes en puissance, détachées d'organismes antérieurs, contenues dans des germes rudimentaires, et qui,
fusionnées par imprégnation, n'en forment plus qu'une.
Par une hypothèse où se complaisait l'orgueil masculin
on a longtemps supposé que le père seul transmettait
une âme à l'enfant et que la mère, simple réceptrice, n'y
était pour rien ; mais l'hérédité des aptitudes psychiques,
constatée dans les deux lignes, contredit et ruine cette
conjecture.

Chaque être humain procède ainsi, corps et âme, de
deux générateurs ; et, comme chacun de ceux-ci provient

également de deux autres, la somme des composants s'accroît, suivant une progression rapide, à mesure qu'on recule dans le passé. Dès la troisième génération, on ne compte pas moins de 14 ancêtres. Leur nombre s'élève à 126 pour la sixième, à 8,190 pour la douzième, et atteint, pour la vingt-quatrième, soit un laps d'environ huit siècles, le chiffre invraisemblable de 33,554,430. Quelque réduction que les entre-croisements et les identités partielles de séries doivent faire subir à ces nombres, il ne faut pas moins admettre, même pour une assez courte période, une multitude d'ascendants dont chacun a transmis à sa descendance quelque chose de sa constitution psychique. Que devient, quand on réfléchit à la multiplicité de tant de facteurs, la simplicité des âmes ? Chacune d'elles résume dans son unité complexe les âmes de tous ses aïeux en remontant jusqu'à l'origine du genre humain. Si même, comme la doctrine de l'évolution autorise à le penser, nos aptitudes psychiques dérivent, ainsi que notre type de structure, d'une longue suite d'espèces par degrés transformées, notre âme serait la résultante ultime d'un développement général dans le monde animé, l'effet d'une cause qui aurait agi sur tout un ensemble de faits aussi ancien que la vie.

Il y a donc une filiation pour les âmes, de même que pour les corps, et, preuve manifeste de consubstantialité, leur genèse s'effectue dans le même temps, par le même moyen, dans les mêmes conditions. Ce fait brutal, mais irréfutable, dément à la fois la spiritualité de l'âme, puisque le phénomène est d'ordre physiologique, et sa simplicité, puisqu'il combine une multitude d'éléments héréditaires (1).

____

(1) « Voyez-vous cet œuf ? C'est avec cela qu'on renverse toutes les écoles de théologie et tous les temples de la terre. » (Diderot, *Entretien entre d'Alembert et Diderot.*)

Pour quiconque ne se paie pas de mots, l'être humain existe complet, en puissance, dans l'ovule fécondé. Et que peut être, pris à ce moment, son principe d'animation, sinon une force virtuelle liée à un mode de structure de la substance organique ? L'être évolue ensuite régulièrement, le corps prend peu à peu sa forme spécifique, le système nerveux se constitue, les premières impulsions de la réflexivité se produisent et, par la naissance, l'homme entre enfin dans la vie active.

5. — En refusant d'admettre, comme entachée de matérialisme, l'idée d'une génération des âmes concomitante à celle des corps, les théologiens et les philosophes spiritualistes ont dû, pour en expliquer la provenance, recourir aux hypothèses les plus aventurées. Si, en effet, l'esprit diffère par essence du corps, s'il l'habite passagèrement à titre d'hôte étranger, quelle peut être son origine et d'où vient-il se joindre à lui pour l'animer ? Suivant la doctrine de la métempsycose, les esprits des vivants n'étaient que les esprits des morts en cours de transmigration et renaissant à la vie dans des corps nouveaux. Ceux qui n'admettaient pas pour l'âme de destins antérieurs la firent émaner soit du père, soit de l'âme universelle ou de la divinité, mais restèrent fort en peine de concevoir comment pouvait s'effectuer cette émanation. Quelques-uns supposèrent une génération des âmes sans analogie avec celle des corps. Saint Augustin pense que l'âme du fils procède de celle du père « comme un flambeau s'allume à un flambeau (1) ». Plotin, qui fait de tous les êtres

____

(1) « Tanquam lucerna de lucerna accendatur. » *(Epist.* 190 *Ad Optatum.)*

relatifs un écoulement de l'être absolu, compare cette émanation aux odeurs qu'émettent les corps odorants (1). Mais les comparaisons, si poétiques qu'elles soient, ne sont pas des raisons et ne sauraient tenir lieu de faits. D'autres ont préféré employer les mots d'irradiation, de création, etc., sans s'apercevoir que ces termes vagues n'expliquent rien et ne servent qu'à mal dissimuler une incompréhensibilité complète.

Le moment même où l'esprit entrait dans le corps, pour lui tenir compagnie sa vie durant était malaisé à déterminer. Les stoïciens disaient l'enfant animé, lors de sa naissance, par le fait de l'aspiration de l'air, principe de spiritualité ; mais, en tenant compte des mouvements du fœtus, on fut conduit à le présumer animé dès la phase intra-utérine, sans pouvoir dire à quelle date précise. La question se posa parmi les légistes lorsque, vers l'époque d'Ulpien, on voulut, en vue de prévenir la dépopulation dont l'empire était menacé, réprimer l'avortement jusque-là toléré par les lois ; et, comme il ne pouvait y avoir de meurtre punissable que si l'être était animé, on eut à décider quand l'embryon devenait tel. D'après le *Code de Justinien*, le fœtus est censé pourvu d'une âme le quarantième jour après sa conception. La théologie catholique, adoptant sur ce point la doctrine de saint Augustin, décide que l'âme vient animer l'embryon quand « il est assez formé pour être digne de la recevoir », et ce moment arrive le quarantième jour pour les garçons, mais seulement le quatre-vingtième pour les filles, décision un peu arbitraire où semblent se refléter les vieilles préventions du *Lévitique* (2) et

(1) *Ennéades*, V, 1, 6.

(2) La femme y est déclarée impure pendant sept jours si elle a mis au monde un enfant mâle, et pendant quatorze si elle est accouchée d'une fille. (*Lévitique*, xii, 2, 5.)

contre laquelle les femmes seraient fondées à protester.

Pendant les premiers siècles de notre ère, les docteurs chrétiens se partagèrent en *traducianistes*, qui faisaient émaner l'âme du père, et en *créationistes*, qui la faisaient créer par Dieu. Tertullien, qui croit à la corporéité de l'âme, tient qu'elle est engendrée par le père et physiologiquement (1). Selon le témoignage de saint Jérôme, cette opinion était la plus répandue en Occident au Ve siècle. Les créationistes émettaient des hypothèses diverses : les uns voulaient que les âmes fussent créées toutes ensemble par Dieu et envoyées successivement dans les corps qu'elles devaient occuper ; d'autres, qu'elles vinssent s'y colloquer spontanément ; d'autres enfin qu'elles fussent créées une à une au fur et à mesure des conceptions (2). On conçoit l'embarras d'avoir à se prononcer entre de pareilles conjectures. Saint Augustin trouve des objections à toutes (3). Au XIIIe siècle, le quatrième concile général de Latran décida que chaque âme est créée par un acte spécial de la puissance divine, au moment de son introduction dans le corps (4). Saint Thomas d'Aquin se range à cette explication, devenue article de foi, et cherche à la concilier avec la doctrine aristotélique de la pluralité des âmes. Suivant lui, l'embryon possède naturellement, à partir de la conception, une âme végétative, à laquelle vient se joindre ensuite une âme sensitive, et finalement il reçoit de Dieu, le quarantième jour, une âme intellectuelle qui absorbe les deux autres (5). Ce système, assez com-

---

(1) *De anima*, III, 10.
(2) Saint Augustin, *du Libre Arbitre*, III, 10.
(3) Id., *ibid.*
(4) « Animam creando infundi et infundendo creari. »
(5) *Summa Theologiæ*, pars Iᵃ, quæst. 118, art. 2 ; et *Summa cont. Gent.*, II, 89.

pliqué, a été consacré par le concile de Vienne, en 1311. Leibniz pense encore que les âmes existaient toutes en Adam et que, sensitives au début, elles deviennent raisonnables par une sorte de transcréation particulière (1).

Il est toutefois à noter qu'en faisant ainsi créer l'âme, les créationistes sont loin de fournir une preuve de son immortalité, car son existence dépend alors de la même volonté dont elle la tient, un dieu créateur pouvant toujours rendre au néant ce qu'il lui a pris. Et puis, si on lui attribue la création des âmes sans lui attribuer aussi celle des corps (à laquelle les lois connues de la génération paraissent suffire), n'est-ce pas lui faire jouer un rôle bien étrange que de l'astreindre à guetter sans cesse les germes de vie fœtale pour leur infuser à temps une âme, sans refuser son concours lorsque la conception est illégitime, adultérine ou incestueuse, en veillant en outre à ne pas loger, sauf quelques méprises accidentelles, une âme d'homme dans un corps de femme, une âme de blanc dans le corps d'un nègre, une âme de sauvage dans un corps de civilisé... ou à ne pas commettre de confusion en sens inverse? Toutes ces hypothèses, conçues par un jeu d'imagination, laissent inexpliquées et inexplicables la transmission des aptitudes psychiques des parents aux enfants, leurs traits de ressemblance dans les familles, les groupes ethniques et les races, enfin leur développement graduel par l'effet d'une culture prolongée et des progrès de la civilisation. Il est aujourd'hui manifeste que, dans ces grands phénomènes collectifs, une cause naturelle et générale agit suivant certaines lois. Quoique la science ait encore beaucoup à découvrir en ce qui concerne le détail des effets de l'hérédité,

(1) *Essai de théodicée*, I, 90 et 91 ; *Monadologie*, 74, 75, 82.

son influence n'est pas moins visible pour tout esprit non prévenu, et la filiation des âmes, inséparable de celle des corps, se trouve confirmée par une masse de faits contre l'autorité desquels aucune allégation arbitraire ne peut désormais prévaloir.

CHAPITRE V

EXAMEN DES PREUVES DE LA SURVIVANCE

III. — NÉCESSITÉ DE COMPENSATIONS ET DE SANCTIONS

1. — Un dernier argument, qui est, à vrai dire, une induction plutôt qu'une preuve, se tire de la nécessité de compensations et de sanctions que réclameraient, après la mort, nos appétitions de vie et surtout notre besoin de justice. Examinons-en la valeur.

On présente souvent l'immensité de nos désirs, nos ambitions indéfinies de développement et de durée, comme un instinct, un pressentiment, presque un gage d'immortalité, car la nature, qui nous inspire ces convoitises sans bornes, nous tromperait si elle refusait de les satisfaire ; et, puisqu'elle ne s'y prête en ce monde que dans une mesure plus propre à les irriter qu'à les assouvir, il nous est dû des compensations dans une autre vie où ce que nous souhaitons nous sera donné. On ne l'espère pas seulement comme une faveur, on l'exige comme un droit. « Les êtres doués d'intelligence, dit saint Thomas, désirent naturellement exister toujours, et un désir naturel ne peut pas exister en vain (1). » — « Tout besoin de l'homme, a-t-on dit encore, est une dette de Dieu. »

(1) *Summa Theologiæ*, I, 75, § 6.

Mais peut-être est-ce mal comprendre la nature que de lui imposer des obligations particulières alors que nous ne connaissons d'elle que des lois générales. Si son devoir était de contenter nos désirs, on ne voit pas pourquoi elle y manquerait maintenant et remettrait à plus tard le soin de s'en acquitter. Le peu de compte qu'elle tient de nos vœux, de nos plaintes et de nos prières, en tant que nos sollicitations sont contraires aux nécessités ou même aux accidents de son ordre, ne permet guère d'espérer qu'elle sera plus complaisante dans un avenir inconnu, et nous ne pouvons pas raisonnablement lui demander de changer ses lois pour nous être agréable. Le désir de vivre le mieux et le plus longtemps possible était une condition d'existence, que subissent aussi tous les êtres animés. L'homme devait avoir plus de désirs que de jouissances, plus d'ambition que de force, pour pouvoir exercer pleinement sa capacité d'action et mener jusqu'au bout une existence dont la limite dépend de circonstances variables ; mais cela n'autorise aucune revendication au delà de cette limite et surtout pour l'éternité. Nous avons seulement le tort de rêver plus que la nature des choses ne comporte et de nous promettre ce qu'elle ne peut tenir. Ce n'est donc pas la nature qui nous trompe ; c'est nous qui nous trompons en méconnaissant ses lois. Elle nous tromperait vraiment et d'une odieuse façon si, tout en nous laissant dans l'incertitude sur une existence future, elle en faisait, par le plus abominable des pièges, la sanction éternelle d'une courte vie.

La nécessité de rétributions après la mort est communément invoquée pour réparer les iniquités de ce monde, décerner aux bons les récompenses qu'ils ont méritées sans les obtenir, et infliger aux coupables le châtiment de

fautes restées impunies. Kant, qui trouve légères les
preuves de l'immortalité de l'âme déduites de sa spiritualité et de sa simplicité, accorde plus de poids, sans la juger
décisive, à celle qui se tire du besoin de sanctions, et
Cousin est du même avis (1). L'idée de justice distributive
s'est associée si étroitement à celle de survivance que, pour
beaucoup, le dogme d'une vie future paraît constituer le
plus solide fondement de la morale (2), qui resterait presque
sans appui si on l'ébranlait. On a vu même des incrédules
feindre l'orthodoxie en cette matière, sous prétexte d'intérêt public. Mais prêcher aux simples, comme Voltaire,
l'enfer et le paradis sans y croire (3), ressemble fort à une
tentative d'escroquerie. Heureusement, ni la moralité ni
l'ordre social ne reposent autant qu'on le dit sur cette base
précaire de sanctions problématiques. Ces deux ordres de
concepts n'ont pas été toujours unis ; il est encore aisé
de les disjoindre, et il y aurait avantage à le faire pour
établir sur des principes plus sûrs une théorie scientifique
des devoirs.

2. — Historiquement, l'alliance de la morale et de la
croyance à une autre vie s'est opérée à une date tardive.
« Dans les civilisations inférieures, dit Tylor, la morale et
la religion n'ont aucun rapport ou n'ont tout au plus que
des rapports tout à fait élémentaires (4). » La plupart des

(1) *Du Vrai, du Beau et du Bien*, xvi⁰ leçon.
(2) « La mythologie des enfers, quoique établie sur des fictions, contribue beaucoup à entretenir parmi les hommes la
religion et la justice. » (Diodore, *Biblioth. hist.*, I, 2.)
(3) « Nous avons affaire à force fripons qui ont peu réfléchi,
à une foule de petites gens, brutaux et ivrognes, voleurs. Prê-
chez-leur, si vous voulez, qu'il n'y a pas d'enfer et que l'âme est
mortelle. Pour moi, je leur crierai dans les oreilles qu'ils sont
damnés s'ils me volent. » (*Dictionnaire philosophique*, art. *Enfer*.)
(4) *Civilisation primitive*, t. II, p. 464.

peuples peu civilisés conçoivent la vie future comme le prolongement de la vie actuelle, dans des conditions analogues, sans y attacher aucune idée d'expiation ou de récompense. « Il est rare de trouver, chez les Indiens de l'Amérique du Nord, des idées qui autorisent à penser qu'ils regardent l'état dans la vie future comme une sanction de la vie présente (1). » Chez les Mexicains et les Péruviens, Mictlan et Supaï, dieux des morts, étaient comme l'Hadès des Grecs et le Pluton des Romains, des divinités lugubres mais non méchantes, et, dans leur empire, on menait, sans joie ni peine, une vie plutôt triste qu'afflictive, pareille pour tous.

Lorsqu'une différence de traitement fut assignée aux morts, leur condition dépendit d'abord de causes où la moralité n'entrait pour rien. Comme la vie future était imaginée sur le modèle de la vie présente, on croyait que les privilégiés du sort, qui ont le plus joui des avantages sociaux, seraient encore favorisés dans l'autre monde et que les misérables continueraient d'y traîner leur chaîne. Les Esquimaux envoient en enfer, non les coupables, mais les malheureux, et réservent le paradis aux gens heureux, car le bonheur ici-bas leur paraît être un effet de la faveur céleste, comme le malheur un effet de la malveillance des dieux, dont les sentiments ont chance de ne pas se démentir dans une autre vie (2). Les Tahitiens avaient un paradis et un enfer, mais assignés, « le premier aux chefs et aux hommes importants, l'autre aux gens de

____

(1) Tanner, cité par Lubbock, *Origines de la civilisation*, p. 399.
(2) Lucain exprime la même idée :

Et tantum miseris irasci numina possunt.

(*Pharsale*, III, 449.)

rang inférieur, car ils ne supposent pas que la nature de leurs actions puisse influer en quoi que ce soit sur leur état futur (1) ». La même croyance régnait dans une foule d'îles du Pacifique, à Noukahiva, Hawaï, la Nouvelle-Zélande, etc. Chez les Tongans, des chiens et des cétacés conduisaient les morts de marque dans le paradis de Bolotoo, tandis que les morts vulgaires étaient dévorés par la géante Baïné. Au Mexique, les Tlascalans croyaient que l'âme des nobles et des prêtres allait animer des oiseaux superbes, au brillant plumage et au chant harmonieux, mais que l'âme des gens du peuple passait dans le corps de belettes, d'écureuils, de scarabées et d'autres animaux d'ordre inférieur (2). La rémunération d'outre-tombe n'avait pas non plus de rôle marqué dans la religion péruvienne. Les motifs d'émigration vers un monde supérieur ou inférieur dépendaient surtout de la naissance et du rang (3). Les Incas seuls étaient reçus dans la maison du Soleil, leur père. Les nobles et les prêtres allaient dans une sorte de paradis, tandis que les plébéiens tombaient dans une région infernale et ténébreuse, ou si, par exception, ils étaient admis dans le séjour des élus, c'était pour y servir leurs maîtres, comme en cette vie. « Les habitants de Sumatra, dit l'historien de cette île, croient vaguement à la vie future, mais ils attribuent l'immortalité au riche plutôt qu'à l'homme vertueux. Je me rappelle qu'un habitant de ces îles me dit un jour avec beaucoup de simplicité : Les hommes riches et puissants vont seuls au ciel ; comment les pauvres pourraient-ils y entrer (4) ? »

____

(1) Cook, _Troisième Voyage autour du monde_, t. II, p. 239.
(2) Clavigero, _Messico_, t. II, p. 5.
(3) A. Réville, _Hist. des religions_, t. II, p. 373.
(4) Marsden, _History of Sumatra_, p. 289.

Des croyances analogues, où ne se mêlait aucune idée de justice, dominaient encore, chez les Grecs, du temps de Pindare, pour qui la félicité après la mort est un privilège de nature ou l'effet de la bienveillance des dieux. Il l'accorde à la gloire, à la puissance et à la richesse plus qu'à la vertu. Longtemps il avait été reçu que les morts auraient dans l'autre monde une situation pareille à celle dont le sort les avait investis dans celui-ci, que les chefs seraient appelés à commander, les puissants honorés, les humbles avilis et les esclaves voués à la servitude. Mais, lorsque la démocratie en progrès disputa le pouvoir aux classes aristocratiques, elle voulut avoir aussi part au bonheur céleste, et la même révolution qui assurait aux foules des droits politiques leur ouvrit l'accès des paradis jusque-là réservés aux grands. Jésus, hardi novateur, exclut les riches du ciel et le promet aux pauvres, comme dédommagement de leur longue infortune, sans tenir aucun compte du bien que les premiers ont pu faire ni du mal dont les seconds ne sont pas exempts. « Souvenez-vous, est-il dit au riche (1) rejeté dans la Géhenne, que vous avez reçu vos biens en cette vie et que Lazare n'y a eu que des maux : *c'est pourquoi* il est maintenant dans la consolation et vous dans la peine (2). » Ailleurs, Jésus déclare que, dans le Royaume de Dieu, « les premiers seront les derniers, et les derniers les premiers (3) », mesure de compensation

(1) Et non, comme on dit communément, au mauvais riche.
(2) *Saint Luc*, xvi, 25.
(3) *Saint Matthieu*, xix, 30 ; xx, 16 ; v, 5 ; xix, 24... Cette doctrine du salut des misérables portait dans la primitive Église le nom d'*ébionisme* (de *ebionim*, pauvres). Les ébionites tenaient Satan, roi du monde, pour le dispensateur des richesses, et participer à ses faveurs équivalait à s'exclure du paradis.
Rabelais fait une application bouffonne de la doctrine de Jésus dans sa description de l'autre monde, où les plus illustres

plus que de justice, qui substituerait simplement une iniquité à une autre et l'aggraverait infiniment en la rendant
éternelle. Ce renversement espéré des rôles, qui assurait
au christianisme l'adhésion des déshérités, fut une des
principales causes de son triomphe.

3. — On voit poindre l'idée de rétribution morale, sous
une forme rudimentaire, dans les croyances qui font assigner des sanctions inverses aux qualités utiles et aux
défauts nuisibles à la tribu. Les Esquimaux et les Indiens
du Canada, qui tiraient toutes leurs ressources de la chasse,
envoyaient après la mort les chasseurs habiles dans un
séjour d'abondance, tandis que les maladroits étaient
voués à une existence de privations et de tourments (1).
D'une manière plus générale, on a béatifié le courage, la
première des vertus dans les temps barbares. Chez les
Caraïbes, les vaillants devaient avoir pour esclaves les
Arawacs, leurs ennemis, au lieu que les lâches passaient
au service de ceux-ci, dans un pays désolé (2). Au Mexique
et au Pérou, un paradis était la récompense des braves,
un enfer le châtiment des lâches. Tel était encore l'idéal
de la justice future chez les Scandinaves. La religion
d'Odin n'admettait à jouir des plaisirs de la *Walhalla* (lit-
téralement *Salle des tués*) que les héros morts à la guerre.
Tout autre genre de trépas était réputé honteux et entraînait la relégation dans les ténèbres du *Hel*. Aussi le guerrier scandinave qui n'avait pas l'heur de périr noblement
dans un combat se faisait-il donner sur son lit de mort un

personnages de l'histoire sont voués aux plus bas métiers (*Pan-
tagruel*, II. 30).
(1) Charlevoix, *Nouvelle France*, t. VI, p. 77.
(2) Rochefort, *Iles Antilles*, p. 430.

coup de lance, « la marque d'Odin », afin de pouvoir
paraître ensanglanté à la porte de la Walhalla. Quelque
chose de l'antique théori qui décernai ' paradis aux
braves se retrouverait dans la croyance des croisés et des
musulmans qu'il suffit d'avoir combattu les infidèles pour
gagner le ciel. — On cite au rebours quelques peuples
d'humeur pacifique qui ont banni de leur paradis les
hommes de violence et de meurtre tués dans les combats,
n'y voulant recevoir que les gens débonnaires qui mouraient de leur « belle mort ». Les Indiens de Californie
disent que Niparaya, le Grand Esprit, déteste la guerre et
ne veut admettre aucun guerrier dans son paradis. Les
Hurons colloquaient à part les âmes querelleuses des
batailleurs, afin que les âmes tranquilles de la tribu ne
fussent pas troublées par elles (1).

L'absence presque complète de sanctions après la mort
chez les Aryas de l'Inde védique, chez les Grecs du temps
d'Homère et chez les Hébreux avant l'époque de la captivité montre que, jusque dans un état assez avancé de civilisation, la morale a pu ne rien emprunter aux rêves de
survivance. Leur alliance exigeait en effet des religions
développées, imprégnées d'un esprit de moralité, et un
régime social où, la force brutale étant refrénée en partie
par des lois, un peu de justice déjà réalisée en fit désirer
davantage. Mais l'idée d'immortalité, en se combinant
avec celle de rétribution, devait prendre une importance
extrême, car elle tendait à faire de la vie présente la préparation à une existence future réservée à un bonheur
ou à des tourments sans fin.

Les *Védas* s'occupent peu de morale et n'attachent à

____

(1) Tylor, *Civilisation primitive*, t. II, p. 112 et 113.

leurs prescriptions rituelles que des peines et des récompenses d'ordre positif. Plus tard, le brahmanisme organisa les transmigrations de la métempsycose comme moyen de sanctions. Les bons, appelés à renaître dans une caste supérieure, devenaient brahmanes, sages, saints... Les méchants étaient ravalés à la condition de femme, de paria, de lépreux, de bête... Manou condamne les malfaiteurs à subir des transformations en rapport avec leurs méfaits. Ainsi l'assassin renaîtra fauve ; le voleur, crocodile s'il a volé une vache, vautour s'il a dérobé de la viande, rat s'il a pillé du grain, singe s'il a maraudé des fruits... La doctrine du *Karma* (conséquence des actes) considère tous les maux infligés en cette vie comme l'expiation de fautes commises dans une autre, et la suite des existences comme une série d'épreuves où tour à tour on s'élève ou l'on s'abaisse sur l'échelle des êtres suivant que l'on est méritant ou coupable. L'univers entier représente ainsi une sorte de purgatoire où chacun se classe suivant ses œuvres et qui réalise la loi morale.

Aucune idée de justice distributive ne s'unit aux conceptions homériques sur la vie future. Les héros ne doivent qu'à l'alliance ou à la faveur des dieux l'accès du séjour céleste. Ménélas et Rhadamanthe y sont admis, l'un comme gendre, l'autre comme fils de Zeus (1). La foule des morts, sans distinction de mérite, va peupler le sombre Hadès et, réduite à un semblant de vie, subit un traitement uniforme. Le Tartare, occupé d'abord par des demi-dieux vaincus dans leur lutte contre les Olympiens, reçoit ensuite les coupables de crimes envers les dieux qui, indifférents aux actions privées des hommes, punissent non la

(1) *Odyssée*, IV, 561 sqq.

loi morale violée, mais leurs offenses personnelles et particulièrement les infractions aux serments où ils ont été pris à témoin. Homère fait, dans un seul vers, infliger un châtiment aux parjures par deux divinités qu'il ne nomme pas (1). Les anciens eux-mêmes convenaient que leurs dieux auraient été mal qualifiés pour se poser en justiciers et en vengeurs de la morale, car ils ne prêchaient guère d'exemple et, de quelque crime qu'un mortel fût accusé devant eux, il aurait pu leur reprocher d'en avoir commis de pareils (2).

La croyance à une vie future conçue comme sanction de la vie présente paraît avoir pénétré lentement chez les Grecs. Elle se répandit à partir du vie siècle, sous l'influence de la religion des mystères, qui enseignait que les bons seraient récompensés, les mauvais punis. Pindare exprime assez vaguement l'idée de rétribution. Il fait punir sous terre les fautes commises, et couler sans alarmes une vie facile à ceux qui sont restés fidèles à leurs serments (3). Les écoles de Pythagore et de Platon firent entrer plus largement les considérations morales dans leurs conceptions de vie future. Enfin, pour Virgile, une loi de justice décide entièrement de la condition des morts. Il voue aux supplices du Tartare les meurtriers, les adultères, les mauvais riches, les traîtres à leur patrie, et appelle au partage des béatitudes élyséennes tous ceux qui ont passé en faisant le bien (4).

---

(1) *Iliade*, III, 278. — Les serments qu'on exige encore aujourd'hui sont toujours censés avoir pour effet de lier celui qui les prête à l'égard des dieux et de l'exposer à leur vindicte en cas d'infraction.
(2) Platon, *République*, II, 17.
(3) *Olympiques*, II, 68 sqq.
(4) *Énéide*, VI, 608-624, 664.

Chez les Juifs de l'ancienne loi, bien que la morale fût édictée au nom de Jéhovah, elle n'empruntait aucun secours à l'idée, alors absente, d'existence future. Le *vieux Testament* ne parle ni de peines ni de récompenses après la mort, et ne décrit ni enfer ni paradis. Ce « Peuple de Dieu », dont les chrétiens se réclament et chez lequel ils vont chercher des règles de conduite ou des sujets d'édification, n'a connu, comme les populations de la Chine, qu'une morale sanctionnée par les seuls intérêts de la vie présente.

Dès une haute antiquité, les Égyptiens avaient associé l'idée de rétribution morale à celle de vie future. Suivant leurs croyances, les âmes, descendues dans l'Amenti, étaient conduites dans la « Salle de vérité » pour y être jugées par Osiris et ses quarante-deux assesseurs, « Seigneurs de la vérité ». Anubis, le « directeur du poids », tenait les balances où les bonnes œuvres du mort étaient pesées, et Thot, des tablettes à la main, enregistrait le résultat. Si le mal l'emportait, l'âme était rejetée dans les cercles infernaux et condamnée à parcourir un cycle de transmigrations. Avait-elle le poids sincère, elle entrait dans le « bateau du Soleil », que de bons génies dirigeaient vers les « Réservoirs de la paix », au pays fortuné d'Aalou. Les tableaux de scènes funèbres représentent souvent ce sujet du pèsement des âmes (*psychostasie*), où se réglait le compte de chaque vie. On y voit l'âme du défunt placée dans un des plateaux de la balance d'airain, tandis que, dans l'autre, une plume d'autruche symbolise la justice. Mais le bienveillant Horus, fils d'Osiris, venant au secours du mort, appuie un doigt furtif sur le plateau qui le supporte et le fait incliner dans le sens de l'indulgence.

Une séparation plus nette encore fut établie par le mazdéisme entre les bons, serviteurs d'Ormuzd, conviés au partage de sa félicité dans un séjour de lumière, et les méchants, complices d'Ahriman, qui allaient expier leurs fautes dans son ténébreux empire. Fondée sur le principe du dualisme, la religion des anciens Perses mettait entre les actions des hommes, ainsi qu'entre leurs sanctions après la mort, le même contraste qu'entre le jour et la nuit.

Du mazdéisme, la théorie des rétributions a passé d'abord dans le judaïsme, puis dans le christianisme, où elle a pris un développement immense, enfin dans l'islamisme. Stuart Mill fait observer que ces religions, qui ajournaient à un autre monde les effets de la justice divine, devaient l'emporter sur celles qui se bornaient à promettre des sanctions temporelles, parce qu'il n'était pas aussi facile d'en constater le défaut (1).

4. — Tous les moralistes qui ont voulu instituer une morale rationnelle se sont abstenus de recourir à des sanctions futures, sentant d'instinct combien cette base est conjecturale et précaire. En Chine, Confucius et Lao-Tseu ont tracé des règles de conduite sans évoquer aucune idée de rétribution après la mort. De même Socrate, dans ses entretiens recueillis par Xénophon, évite de faire intervenir en morale l'hypothèse de survivance et n'allègue que l'intérêt bien entendu de la vie présente. Aristote, qui nie l'immortalité personnelle, n'expose pas moins, dans sa *Morale à Nicomaque*, une théorie de devoirs élevée et très pure. Cicéron, après avoir qualifié les descriptions des enfers de « fables ineptes (2), d'imaginations de poètes et

(1) *Essais sur la religion*, p. 82.'
(2) « Nisi forte ineptiis ac fabulis ducimur, ut existimemus illum apud inferos impiorum supplicia perferre... Quæ, si falsa sunt, id quod omnes intelligunt... » (*Pro Cluentio*, 61.)

de peintres (1) », et déclaré que nul n'est assez sot pour y croire (2), établit sur un fondement positif son beau traité du *De officiis*. Sénèque, non moins grand moraliste, rejette entièrement l'idée de peines futures : « Persuade-toi bien que celui qui n'est plus n'a pas à souffrir, que toutes ces terreurs des enfers ne sont que fables ; qu'il n'y a pour les morts ni ténèbres, ni cachots, ni torrents de feu, ni fleuve d'oubli, ni tribunaux, ni accusation et point de nouveaux tyrans (3). » Le même esprit négatif à l'égard de la vie future se concilie chez Plutarque (4), Épictète (5) et Marc-Aurèle (6) avec le plus noble sentiment du devoir. Les stoïciens, dont le nom est resté synonyme d'austérité morale, écartaient avec dédain ce qu'on racontait des enfers. « Non, disait Chrysippe, ce n'est pas un bon moyen de détourner les hommes de l'injustice que la crainte des dieux, » et il comparait la description de leurs vengeances dont on cherche à effrayer les méchants, aux contes sur Acco et Alphitto (croquemitaines des anciens) par lesquels les femmes veulent empêcher les enfants de mal faire (7). « Ces fables, disait également Averroès, ne servent qu'à fausser l'esprit du peuple et surtout des enfants, sans aucun avantage pour les améliorer. Je connais des hommes parfaitement moraux qui rejettent toutes ces fictions et ne le cèdent point en vertu à ceux qui les admettent (8). » Spinoza ne demande au surnaturel aucun secours et consulte seulement la raison

(1) *Tusculanes*, I, 5, 6.
(2) *De officiis*, III, 28.
(3) *Consolatio ad Marciam*, 19 ; *De beneficiis*, VII, 1.
(4) *De la Superstition*, 4 ; *de la Vie obscure*, 7.
(5) Arrien, *Dissertation*, III, 13 et 15.
(6) *Pensées*, II, 17.
(7) Baguet, *De Chrysippi vita et reliquiis*, 1822.
(8) Renan, *Averroès*, p. 157.

pour constituer son *Éthique*. Enfin Kant élimine aussi avec soin de sa sévère morale toute inférence de rétribution future et n'édicte le devoir qu'au nom de « l'impératif catégorique ».

Il est donc possible et il serait souhaitable d'instituer une morale positive, scientifique et universelle, abstraction faite de toute croyance religieuse et de conjectures sur une autre vie. Une critique rigoureuse pourrait aisément démontrer que ces fictions nuisent plus qu'elles ne servent à la moralité véritable, parce qu'elles l'égarent dans de fausses voies. Si, en effet, l'espoir d'une félicité future peut à l'occasion soutenir la vertu chancelante et lui offrir quelque reconfort dans ses épreuves, il la trompe sur le but réel de la vie et l'empêche de chercher un remède à ses maux. D'autre part, si la peur de l'enfer peut retenir quelques pervers hésitants, elle torture inutilement les scrupuleux timorés. Les méchants se moquent de la menace ou la bravent ; les généreux et les forts n'ont pas besoin de telles lisières.

Des sanctions problématiques quant à leur réalité, ajournées quant à leur échéance dans un avenir indéterminé, enfin toujours révocables, ne sauraient exercer sur nos décisions une influence bien grande, alors que les mobiles qui nous sollicitent sont au contraire manifestes, actuels, pressants, parfois presque irrésistibles. Aussi ceux mêmes qui mettent le moins en doute les rétributions promises ne leur subordonnent-ils pas, comme l'exigerait la raison, les intérêts de la vie présente. La réalité, qui sans cesse les étreint, leur fait oublier le rêve auquel ils ne pensent que par instants, et la plupart des croyants vivent en ce monde comme s'ils ne comptaient guère sur l'autre. Sauf en ce qui concerne les observances du culte, leur conduite, dans le détail quotidien de l'existence ne diffère pas sensiblement de celle des incroyants. Quoique peu portées aux pratiques de piété, les populations sceptiques de la France et de l'Allemagne sont au moins égales, sinon supérieures, aux populations dévotes de l'Italie et de l'Espagne, parce que la croyance est une chose et la moralité une autre. L'insuffisance des sanctions futures ressort en outre de ce fait que, même durant les âges de foi très vive, on ne s'est pas reposé sur elles du soin d'empêcher le mal, et le législateur, mieux écouté que les sermonnaires, a dû édicter des peines applicables dès cette vie. Indice non moins significatif : la rigueur, jadis draconienne, des lois pénales a pu, malgré le déclin de la foi, s'atténuer à mesure que les mœurs devenaient plus douces, preuve que la moralité ne dépend pas autant qu'on le dit des croyances religieuses.

La morale peut donc, sans déchoir ni rien perdre de sa force impérative, se renfermer dans les limites de la vie actuelle. Ses prescriptions gagneraient même en autorité si on ne leur rattachait que des sanctions précises, indubitables, et tel devra être un jour le caractère de la morale parvenue à l'état de science, lorsque, comme l'hygiène qui en fait partie, elle aura réussi à s'établir sur un fondement positif et à formuler des règles fixes en se référant aux conséquences logiques, indéfectibles de nos actions. En tant que lois, en effet, les lois morales doivent être non moins strictes que les autres et produire en cette vie leurs résultats nécessaires, car il n'y a point d'exemple d'une cause qui agisse dans le monde réel et dont les effets soient suspendus pour ne se révéler que dans un monde imaginaire, puisque le lien de cause à effet se trouvant alors brisé, il n'y aurait plus de l'un à l'autre cette connexion régulière qui constitue la loi. Une théorie rationnelle de la morale exige que le châtiment soit si étroitement rattaché à l'infraction, comme la récompense au mérite, qu'on ne puisse en aucun cas les séparer. Son principe général serait l'adage sanscrit : « L'action, bonne ou mauvaise, une fois faite, son fruit doit nécessairement être mangé. »

5. — Les religions méconnaissent ce caractère de la loi morale quand elles font, soit obtenir par des rites propitiatoires la jouissance de biens non mérités, soit éviter par des rites expiatoires le juste châtiment de fautes commises. D'insignifiantes pratiques de dévotion prévalent ainsi sur les plus hautes vertus. « Souvent il résulte de l'extrême importance attachée à l'accomplissement du rite cette conséquence très démoralisante que l'observateur ponctuel du rite passe pour plus rapproché de Dieu ou de l'idéal de la vie normale, malgré les terribles violations de la loi morale dont il a pu se rendre coupable, que l'homme de bien qui a négligé ou refusé de se soumettre aux obligations rituelles. Le rite peut ainsi devenir l'anesthésique de la conscience (1). » Le pouvoir que s'arroge le dogmatisme religieux de dispenser les faveurs divines, de remettre les péchés, « de lier et de délier sur la terre comme dans le ciel (2) », d'assurer le paradis et de garantir de l'enfer, est le bouleversement de toutes les lois morales, remplacées par le convenu du rite, l'arbitraire de ses interprètes et le caprice des dieux.

Dans les hymnes du *Rig-Véda*, un sort heureux est demandé, non comme rémunération d'une bonne vie, mais

(1) A. Réville, *Prolégomènes de l'histoire des religions*, p. 286.
(2) *Saint Matthieu*, xvi, 19 ; xviii, 18.

comme prix des observances du culte. Pourvu que le sacrifice fume sur les autels et que la liqueur de *Soma* les arrose copieusement, les dieux sont satisfaits et, sans s'inquiéter de l'état de conscience de leurs adorateurs, ils n'ont rien à leur refuser. « Ceux qui sont pieux et qui offrent des sacrifices jouissent d'une demeure dans le ciel d'Indra (1), » mais « Indra précipite dans la fosse ceux qui n'offrent pas de sacrifices (2) ». — « Quelques péchés, dit Manou, qu'un homme ait pu commettre par pensées, par paroles et par actions, il les consume promptement s'il devient riche en dévotion. » Pour l'Hindou de nos jours, l'expiation des fautes se réduit à des pratiques cérémonielles, et le salut s'obtient par des ablutions ou des sacrifices, surtout par des offrandes aux brahmanes. Le bouddhisme dégénéré établit les mérites et les démérites des fidèles par un compte de doit et avoir où chaque obligation rituelle accomplie est comptée en bons points (3).

En Grèce, l'initiation aux mystères de la Bonne Déesse procurait, mieux qu'une conduite sans reproche, la prospérité en cette vie et le bonheur dans l'autre. « Bienheureux, dit l'*Hymne à Déméter*, les mortels qui ont vu ces choses! Celui qui n'a pas reçu l'initiation n'aura pas après la mort une aussi belle destinée dans le royaume des ténèbres (4). » De même Pindare : « Celui qui n'a pas été initié croupit dans le bourbier d'Hadès, tandis que l'homme purifié par l'initiation habite avec les dieux après sa mort (5). » — « Eh quoi! s'écriait Diogène, est-ce que Patæcion le voleur,

---

(1) Wilson, *Rig-Véda*, II, 42.
(2) *Rig-Véda*, Mandala I, sukta 121, § 13.
(3) Tylor, *Civilisation primitive*, II, 126 et 127.
(4) *In Cererem*, 481 sqq.
(5) Fragm. 102, éd. de Bœckh; Sophocle, fragm. 348, éd. de Bœckh.

qui a été initié, jouira d'un sort meilleur après sa mort qu'Épaminondas l'honnête homme, qui n'a pas été initié? (1) » Platon constate que les initiés ne valaient pas mieux que les autres et que les purifications des mystères ne servaient qu'à fortifier les coupables dans l'injustice, parce qu'ils se croyaient absous de leurs fautes et en sûreté (2). Ce système du salut par le rite sans les œuvres aboutit à d'étranges aberrations. Calderon montre, dans son plus beau drame, un chef de brigands chargé de toutes sortes de crimes et néanmoins sauvé par miracle, pour cela seul d'avoir été dévot à la croix (3). Une légende hindoue fait pareillement emporter par Siva le bandit Valmik dans le paradis de Kailas pour avoir souvent crié! *Mar! Mar!* (tue! tue !), ce mot renversé reproduisant le nom de *Rama,* une des incarnations de Vichnou. Il serait sans doute commode de gagner le ciel à si peu de frais. Mais la vie n'a pas de ces coupables complaisances; elle nous vend plus chèrement les joies de la conscience satisfaite ; il faut les avoir méritées pour les obtenir.

Le formalisme religieux tend donc à dénaturer l'idéal de la perfection morale en substituant aux vrais devoirs des actes de piété sans valeur par eux-mêmes, et en mettant la sainteté ailleurs que dans la bonne conduite de la vie. Pesées dans cette balance à faux poids, les minuties du rite paraissent plus méritoires qu'une constante vertu. Conformément à cette dévotion, que Montesquieu définit : « La croyance qu'on vaut mieux qu'un autre, » les gens simplement pieux sont sujets à s'estimer eux-mêmes plus qu'ils

(1) Diogène de Laërte, VII, 29.
(2) *République,* II, 6. — « L'offre d'un pardon facile a toujours été le principal moyen de succès des religions. » (Renan, *les Évangiles,* ch. xiii).
(3) *La Devocion a la cruz.*

ne font les gens de bien. Le salut est surtout pour eux une
question de foi et de ritualisme. C'est pourquoi tant de religions, trop convaincues de leur excellence, proclament que :
« Hors d'elles, pas de salut. » L'islamisme promet le paradis aux *croyants*, quelles que soient leurs fautes, et damne
les infidèles, si grands que soient leurs mérites (1). Pour
les chrétiens, l'incroyance est ce « péché contre le Saint-
Esprit », le moins pardonnable de tous et qui, au dire de
Jésus, « n'aura de rémission ni en ce monde ni dans
l'autre (2) ». La doctrine du salut par la foi, que saint Paul
a soutenue (3) et qu'ont adoptée Luther et Calvin, est exclusive de toute morale, puisque la foi n'est pas une œuvre et
que les œuvres ne servent de rien. Là où l'orthodoxie tient
lieu de vertu, la moralité n'est qu'un mot dépourvu de sens
à remplacer par celui de crédulité. Luther professe hardi-
ment que la vie la plus criminelle n'empêche pas d'être
sauvé si l'on a une foi vive, et il ose s'écrier : *Pecca for-
titer, crede fortius!* (4) odieuses maximes qui, en assurant
à des sectaires aveugles l'impunité du mal, décourageraient
de bien faire ceux dont la raison se refuse à fermer les
yeux.

6. — Au point de vue de l'équité, les sanctions instituées

(1) Le *Coran* menace bien de supplices infernaux les musulmans qui violent la loi morale; mais, selon les docteurs de l'Islam, ils seront pardonnés grâce à l'intercession de Mahomet.
D'autre part, quoique le prophète n'interdise pas l'entrée du paradis aux adhérents des autres cultes, pourvu qu'ils aient été
hommes de bien, les théologiens orthodoxes tiennent que tous
les infidèles seront damnés. (Sales, *Observations historiques et critiques sur le mahométisme.*)

(2) *Saint Matthieu*, xii, 31 et 32.

(3) *Romains*, iii, 28.

(4) *Lettre à Mélanchton*, et *De captivitate Babylonica Ecclesiæ*, éd.
d'Iéna, t. II, p. 284.

dans la vie future sont difficiles à justifier. Il est à noter d'abord qu'elles impliquent la pleine responsabilité de l'agent pour ce qu'il paraît avoir fait de bien ou de mal, tandis que la loi du déterminisme ne laisse à son initiative qu'une part singulièrement restreinte d'autonomie. Quand on réfléchit à l'influence qu'exercent sur nous l'hérédité, l'éducation, le milieu, l'exemple et les circonstances, on doit reconnaître que notre moralité est une résultante collective plus qu'une œuvre personnelle et qu'il nous resterait peu de chose, décompte fait de tant d'immixtions et de solidarités. Pour qui scrute à fond les conditions de l'activité humaine, des peines et des récompenses assignées à un seul sont une injustice flagrante, et la liberté ne paraît plus être qu'une illusion métaphysique.

En outre, il n'y a point d'homme qui soit tout bon ou tout méchant, à qui l'on puisse appliquer des sanctions exclusives et sans mesure. L'humanité se compose en général d'êtres moyens chez qui le bien, et le mal, les défauts et les qualités se mêlent en diverses proportions. La loi d'équité voudrait qu'il fût tenu compte des deux, et se trouverait également violée si l'homme allait en paradis sans avoir expié ses fautes, ou en enfer sans recevoir la récompense de ses bonnes actions. Les théologiens soutiennent qu'un seul acte louable ou un repentir *in extremis* suffit à rendre digne d'une éternité de bonheur, et qu'une seule infraction, qualifiée de péché mortel, voue à des supplices sans fin l'homme jusque-là le plus méritant. L'Évangile décerne la même récompense aux ouvriers de la onzième heure et à ceux qui, à l'œuvre dès le matin, ont porté tout le poids du jour (1). Par contre, ceux qui, ayant

(1) *Saint Matthieu*, xx, 1-16.

bien commencé leur tâche, l'abandonnent sur le tard, restent privés de salaire et perdent le fruit de leurs sueurs (1). Ce sont là de vrais dénis de justice. Il est sans doute malaisé de faire une attribution exacte quand le même homme, ce qui est la condition commune, devrait être à la fois puni et récompensé. On a bien imaginé des *purgatoires* où s'expient les fautes rémissibles, mais on a omis d'instituer des paradis temporaires où les réprouvés auraient goûté quelque joie pour ce qu'ils ont pu faire de bien. Resterait toujours la difficulté d'établir une balance équitable entre des sanctions dont les unes sont passagères et les autres destinées à durer éternellement. Pour sortir d'embarras, les manichéens et les bouddhistes chinois ont attribué à l'homme deux âmes, l'une perverse, l'autre bonne, qui à la mort iraient, la première subir le châtiment de ses fautes, la seconde recevoir dans le ciel la récompense de ses vertus. Cela facilite une plus juste répartition des sanctions et permet d'éviter le tout ou rien de la damnation ou du salut, inique dans les deux cas; mais on ne se représente pas bien l'état de conscience d'un mort dont une des âmes brûle en enfer pendant que l'autre jouit de la gloire du paradis.

L'iniquité de sanctions absolues devient surtout révoltante avec le dogme de la prédestination que consacrent à l'envi le fanatisme chrétien et le fatalisme musulman. Saint Paul en avait déposé le germe dans sa théorie de la grâce, où la faveur tient lieu de mérite, et d'après laquelle Dieu accorde à qui lui plaît, refuse aux autres le pouvoir de bien faire, façonnant à son gré, comme le potier avec l'argile dont il est maître, ici un vase d'honneur, là un

----

(1) *Saint Luc*, ix, 62; xiv, 28, 33.

vase d'ignominie (1). Cette doctrine, largement développée par saint Augustin (2), aboutit à la prédestination, dont Luther (3) et Calvin (4) se sont faits les défenseurs opiniâtres. D'après ce dogme atroce, chaque homme, par décret antérieur à son existence, est voué, quoi qu'il fasse, à la damnation ou au salut, la béatitude des uns et l'affliction des autres n'étant, comme pour les anciens, qu'un effet du caprice des dieux. L'opinion, fréquemment exprimée par Jésus, sur le petit nombre des élus (5), « consterne le cœur humain », au dire de Fénelon (6). Ici se dressent les formidables objections de Pomponazzi, que nulle théologie n'a réfutées : Pourquoi Dieu, libre de créer un monde où il n'y aurait que des gens de bien, a-t-il préféré en faire un pour une majorité de méchants ? Pourquoi, étant tout-puissant et ayant prévu de toute éternité les fautes des hommes, ne les délivre-t-il pas de leurs imperfections ? Pourquoi, en omettant cela, Dieu ne pèche-t-il pas, tandis que cette omission constitue un péché pour l'homme ?...

Une éternité soit de bonheur soit de tourments n'est en rapport ni avec nos vertus si imparfaites, ni avec nos fautes plus ou moins excusables. Il paraît excessif et par conséquent injuste de faire expier des plaisirs qui durent si peu par des peines qui ne finiront jamais. Kant juge puérile la croyance à un enfer éternel (7). Sans se piquer d'une

(1) *Romains*, ix, 10-22.
(2) *De gratia et libero arbitrio ; De corruptione et gratia.*
(3) *De captivitate Babylonica Ecclesiæ*, éd. d'Iéna, t. II, p. 284; *De servo arbitrio.*
(4) *Institution chrétienne*, III, 22.
(5) *Saint Matthieu*, vii, 13 et 14; xx, 16; xxii, 14; *Saint Luc*, xiii, 23 et 24...
(6) *De la Prédestination et de la grâce.*
(7) *La Religion dans les limites de la raison*, trad. Trullard, pp. 101-108.

équité souveraine, nos lois savent mieux proportionner les répressions aux délits et confient parfois à la clémence le soin d'atténuer leur rigueur. Des maximes d'une sagesse tout humaine, qui tendent à substituer au principe de vindicte des sentiments de miséricorde et de pitié, mettraient sur ce point la prétendue justice divine en état d'humiliante infériorité. « Pardonner vaut mieux que punir, » disait Pittacus (1). De même Platon : « Il ne faut faire de mal à personne, pas même au méchant (2). » Lao-Tseu veut que « le sage venge ses injures par des bienfaits (3) ». Le dogme de l'éternité des peines fait de ce dieu, au nom duquel on demande le pardon des offenses, un tyran vindicatif et cruel qui se plaît à voir souffrir, inflige à des misérables des tourments sans fin dont ils ne retirent aucun profit d'amendement, et ressemble à un homme méchant avec la puissance en plus, c'est-à-dire à l'esprit même du mal. A ces rêves de bourreaux en délire, la raison oppose la doctrine des sages qui font de la clémence et de la bonté la meilleure part de la justice. « La justice suprême est amour, » dit admirablement Aristote. Quelques philosophes de nos jours, mus par un sentiment de mansuétude, ont admis dans la vie future des rémunérations pour le bien en écartant toute idée de sanctions afflictives (4). Ils conservent le paradis et suppriment l'enfer. Mais ce projet de réforme qui, semble-t-il, aurait dû plaire à tout le monde, n'a pas obtenu l'approbation qu'il mé-

(1) Diogène de Laërte, *Pittacus.*
(2) *République*, I, 9.
(3) *Traité des récompenses et des peines*, trad. Stan. Julien, p. 232.
(4) Jouffroy, *Cours de droit naturel*, XXX; Bersot, *de la Providence*, IX. M. Jules Simon *(la Religion naturelle)* croit à la béatitude des justes sans rien dire de pénalités futures.

ritait, tant les hommes sont peu portés vers les sentiments de douceur et d'indulgence.

7. — Enfin, des moralistes austères réprouvent l'attribution même de peines et de récompenses accessoires à titre de sanctions. Lorsque, en effet, on cherche par de tels moyens à stimuler ou à réprimer la moralité humaine, on s'expose à la fausser plus qu'à la servir, parce qu'on s'adresse à la sensibilité et non plus seulement à la conscience. On n'institue ainsi que la morale de l'intérêt, subordonnée à des mobiles inférieurs, tandis que la vertu véritable consiste à faire prédominer la seule considération du devoir. La qualité de l'acte moral, c'est d'être conforme à une loi de raison, et le mérite de l'accomplir décroît dans la mesure où l'on spécule sur les conséquences, car, à se régler sur des avantages, la vertu dégénère en calcul intelligent, et le bien n'est plus pour elle qu'un placement lucratif. La moralité vraie, désintéressée de sa nature, ne vise qu'à la satisfaction intime d'avoir observé la loi. « La récompense des bonnes actions, c'est de les avoir faites, et aucun prix digne de la vertu ne se trouve hors d'elle-même (1). » Qui en cherche un autre et consulte son intérêt peut être habile, mais cesse d'être méritant, puisqu'il ferait le mal de préférence s'il y trouvait plus de profit. Pareillement, celui qui ne s'abstient d'une faute que de peur d'être puni faillirait s'il n'était pas retenu ; il s'avoue criminel de désir et d'intention. Qui n'évite de pécher que par crainte de l'enfer et ne fait le bien qu'en vue de gagner le paradis, occupe le plus bas degré de la moralité humaine. Démocrite voulait

(1) Sénèque, *de la Clémence*, I, 1.

déjà qu'on fît le bien par conviction, sans contrainte comme sans espoir de récompense, et qu'on s'abstînt du mal non par appréhension d'une peine, mais par sentiment du devoir (1). « Parmi les fictions dangereuses, disait Averroès, il faut compter celles qui tendent à faire envisager la vertu comme un moyen d'arriver au bonheur. Dès lors la vertu n'est plus rien, puisqu'on ne s'abstient de la volupté que dans l'espoir d'en être dédommagé au centuple (2). » Joinville rapporte le conte de la bonne femme qui, tenant d'une main une cruche d'eau, de l'autre une torche allumée, voulait, disait-elle, éteindre l'enfer et brûler le ciel, afin qu'on fît le bien pour lui-même, sans calcul et sans crainte (3). Durant sa phase quiétiste, Fénelon demandait aussi qu'on se contentât d'aimer Dieu, sans attendre de récompense ni redouter de châtiment, sans se préoccuper de ce qui peut advenir et en renonçant d'intention à tout, « même au salut éternel (4) ». Kant établit sa morale sur le principe de l'obligation stricte et du désintéressement absolu : « La plus grande perfection pour l'homme est de remplir son devoir par devoir. »

Dans le même ordre d'idées, on argue souvent du contraste dont le monde offre le commun spectacle, entre la vertu malheureuse et le vice triomphant, entre le méchant à qui « tout succède » (Bossuet) et le juste persécuté, souffrant pour la justice. La distribution des biens et des maux de la vie, faite par le hasard aveugle, sans considération de mérite ou d'indignité, semble violer l'instinct de justice qui voudrait, dit encore Bossuet, « la vertu toujours

<hr>

(1) Fragm., 117, 135, 160.
(2) Renan, *Averroès*, p. 156.
(3) *Mémoires*, éd. Didot, 1855, p. 134.
(4) *Explication des maximes des saints sur la vie intérieure.*

avec le bonheur et le vice toujours avec la souffrance ». Lorsque le contraire arrive, on est tenté d'accuser les dieux (1). On exige du moins que leur providence, reconnue fautive en ce monde, accorde de légitimes réparations dans un autre. Mais c'est faire de la justice divine un médiocre éloge que de dire qu'elle est injuste ici-bas, sauf à l'être moins ailleurs, tandis qu'elle serait, semble-t-il, tenue de se montrer juste partout et toujours. Et puis, comme c'est encore elle qui sera chargée de remédier aux erreurs qu'on lui reproche, sera-t-elle moins faillible en les redressant qu'elle ne l'a été en les commettant ? De deux choses l'une, remarque Hume : ou il y a de la justice en ce monde, et alors elle doit suffire; ou il n'y en a pas, et quelle raison a-t-on d'en espérer davantage dans une autre vie (2)?

Mais il faut plutôt croire nos appréciations erronées que les lois morales en défaut. Quand on récrimine contre les iniquités du sort, on confond deux choses qui sont et doivent rester distinctes, le bonheur et la vertu, le vice et l'infortune. « Le prix de la vertu, dit Spinoza, c'est la vertu même. » Elle a pour récompense le contentement de soi, la satisfaction du devoir accompli, la fierté de la perfection accrue. Cette récompense, rien ne peut l'en priver ni la lui ravir quand elle sent l'avoir méritée. C'est la seule qui ne dépende pas des accidents de fortune, ne trompe jamais et ne se corrompe pas dans nos mains, celle, par conséquent, qu'il convient d'estimer le plus. Le châtiment

(1) « Le bonheur de Sylla fut un crime des dieux, » dit Sénèque (*Consolatio ad Marciam*, 12). La prospérité des pervers et l'affliction de l'homme de bien sont appelées par Bourdaloue « le scandale de la Providence ».
(2) *Recherches sur l'entendement humain*, XI.

de l'acte mauvais est le remords qui suit la faute, l'humiliation de la conscience qui se désapprouve et se sent déchue. Lorsque cette peine n'est pas sentie ou paraît l'être trop faiblement, c'est qu'il y a un cas d'atrophie, de cécité ou d'imbécillité morale, et l'on peut douter que l'agent à qui manque la claire notion du devoir soit vraiment coupable. Nous trouvons ainsi en nous-même la plus équitable, la plus infaillible, la mieux appropriée des sanctions. La conscience est à elle-même son témoin et son juge, son rémunérateur ou son bourreau. Chacun se fait ici-bas le paradis ou l'enfer qu'il a mérité (1). Il n'est pas besoin d'en rêver d'autre. L'ordre règne dans le monde moral, et toute justice est rendue dès cette vie. « La justice, dit un fragment d'Euripide, n'est pas dans le ciel ; elle est quelque part ici près : ouvrez seulement les yeux (2). »

Le bonheur et le malheur, au contraire, sont les effets indirects de causes essentiellement contingentes. Nous ne contribuons à acquérir les biens ou à éviter les maux de la vie que dans une mesure restreinte d'activité, de prudence et de sagesse. Pour tout le reste, ils relèvent de chances dont l'alea pèse indistinctement sur les bons et sur les méchants, car la raison ne peut concevoir aucune relation fixe entre les éventualités du monde physique et les faits du monde moral. Une justice supérieure ne saurait être tenue de réparer dans une autre vie ce que ces accidents paraissent avoir d'immérité, car elle le serait plus encore de les prévenir dans celle-ci. Mais qui ne voit que cela n'est pas compatible avec les exigences d'un ordre qui cède à des nécessités générales sans pouvoir se plier à des convenances particulières, parce que la régula-

(1) Lucrèce, III, 961 sqq.
(2) *La Captive*, dans Stobée, *Eclogæ*, I, 4.

rité de son cours serait incessamment troublée s'il devait se subordonner à la conduite versatile des hommes? Supposez un état de choses où les phénomènes, au lieu de se produire suivant des lois fixes, seraient à tout moment suspendus ou modifiés pour suivre la règle variable des rémunérations personnelles, où ni la pierre qui tombe ne devrait blesser l'honnête homme qui passe, ni la grêle ravager son champ, ni l'incendie brûler sa maison, ni une maladie encourue l'atteindre, ni un faux ami le trahir, ni une spéculation téméraire le ruiner, ni la mort frapper ceux qu'il aime ; où, au rebours, de tels accidents, non motivés par des causes naturelles, viendraient assaillir en foule ceux qui font le mal : vous aurez un monde absolument déréglé, où l'ordre que nous voyons, incapable de s'établir ou de durer, serait continuellement bouleversé par des anomalies et des à-coups en rapport avec les phases d'une moralité changeante. Le pouvoir qu'aurait ainsi l'homme de diriger à son gré le cours des choses le mettrait au-dessus de leurs lois et le rendrait maître de l'univers, privilège d'autant plus exorbitant que sa vertu serait moindre, confondue avec son intérêt. Le monde a ses lois ; nous avons les nôtres, il convient de nous y tenir.

Laissons donc la vie de l'homme exposée, comme celle de tous les autres êtres, aux chances fortuites qu'entraîne l'universelle contingence, puisque notre initiative, armée pour la lutte, trouve son champ d'action dans ces éventualités. Laissons même à la vertu ses épreuves qui la consacrent et l'achèvent. Elle ne pourrait être toujours heureuse sans cesser d'être méritoire, et perdre en élévation ce qu'elle gagnerait en béatitude. Pour qu'elle goûte pleinement le bonheur dont elle est digne, il lui suffit de mettre les jouissances morales au-dessus de toutes les autres, comme valeur et comme indéfectibilité. Ce que notre sagesse, « toujours courte par quelque endroit », imagine pour corriger les iniquités apparentes du monde, ne ferait qu'instituer un désordre pire, de nouvelles et plus criantes injustices.

CHAPITRE VI

1. — Quand il fut admis que, par opposition au corps périssable, l'esprit continuait de subsister après la mort, on eut à déterminer quelles sortes d'esprits jouiraient de cet avantage. Alors se posèrent deux problèmes qu'il fallut résoudre : 1° Tous les êtres humains, indistinctement, seraient-ils appelés à revivre, ou, s'il y avait un choix, quels seraient les privilégiés? 2° Les êtres autres que l'homme, mais également censés pourvus d'un esprit, quoique de rang inférieur, bénéficieraient-ils d'un droit inhérent à la nature même des esprits? Les réponses à ces questions ont été diverses,car, si l'on considérait la qualité ou la dignité des âmes, on était conduit à établir entre elles des catégories et à instituer par exclusion des privilèges, tandis qu'en se référant à leur essence commune, on devait les toutes gratifier du pouvoir de survivance. La plupart des religions et des philosophies ont, à ce double point de vue, émis des idées et proposé des hypothèses qu'il importe d'examiner.

2. — Même en ce qui concerne les êtres humains, la question du droit à la vie future était embarrassante à trancher. Tous ceux qui ont fait partie de notre espèce seront-ils appelés à jouir d'une existence immortelle, sans

excepter ceux qui paraissent le moins dignes d'une pareille faveur, comme les plus brutes des sauvages, si peu élevés au-dessus des animaux, les monstres qui déshonorent la raison, les fous qui l'ont perdue, les idiots qui n'en ont aucune lueur, les enfants morts en bas âge, ceux même qui n'ont pas vu la lumière, les germes indiscernables qui n'ont eu la vie qu'en puissance ? Si oui, quel affligeant pêle-mêle ! Si non, où placer une limite de séparation et comment opérer le triage ? Chaque système de croyances a posé à la généralité du principe des restrictions non moins difficiles à justifier qu'à éviter.

Plusieurs n'ont pas hésité à exclure de parti pris la moitié du genre humain. Comme les religions et les philosophies sont l'œuvre des hommes, plus aptes que les femmes à la spéculation, ils ont abusé de cet avantage pour ne leur accorder qu'une âme inférieure, ou même leur dénier le droit d'en posséder une. Des théologiens discourtois, s'autorisant des récits de la *Genèse*, prétendent que la femme n'a pas, ainsi que l'homme, été faite à la ressemblance de Dieu et pourvue par lui d'une âme, car, tandis que Jéhovah façonne Adam « à son image » et prend soin de lui insuffler une âme (1), il n'est pas dit qu'Ève ait reçu sur sa face le souffle divin, et le silence du texte prête à des inductions désobligeantes. Ils allèguent encore que l'homme a été créé en premier lieu et pour lui-même, alors que la femme n'a été créée qu'en second, pour l'homme et par occasion ; enfin, qu'elle a été la plus prompte à désobéir et à pécher, preuve d'imperfection et d'infirmité. Saint Paul fait rudement sentir aux femmes l'humilité que doit leur inspirer une condition si subal-

(1) *Genèse*, I, 26 ; II, 7, 21 et 22.

terne (1), et Bossuet, pour rabattre leur superbe, rappelle avec hauteur qu'elles proviennent simplement « d'un os surnuméraire » de l'homme (2).

Des philosophes, non moins infatués de leur transcendance, insistent sur l'inégalité des aptitudes de la femme, sur son penchant à se tenir dans la basse région de l'émotion et du désir, sur son impuissance à exceller dans le domaine de l'invention, de l'art, de la science et de l'abstraction métaphysique, pour lui refuser la partie élevée, seule immortelle, de l'âme dont l'homme a été favorisé. Platon n'ose décider si la femme est une créature raisonnable ou une bête brute, et ne lui concède qu'une âme animale, où la passion ($\theta \upsilon \mu \acute{o} \varsigma$) domine sur l'esprit pur ($\nu o \widetilde{\upsilon} \varsigma$). Aristote, moins dénigrant, se contente d'appeler la femme « un homme manqué (3) ». Conformément à ces préventions, le père a longtemps passé pour être l'unique auteur de l'âme de l'enfant ; la mère, par indigence de nature, n'était pour rien dans son animation et ne fournissait que la substance du corps. L'islamisme, religion faite exclusivement pour les hommes, ne se préoccupe guère du sort des femmes dans l'autre vie. Bien que le *Coran* ne leur interdise pas expressément l'entrée du paradis, la tradition ne leur y ménage aucune place, et le prophète, les laissant fort démunies, leur substitue, pour le plaisir des élus, des vierges célestes, les Houris. Le christianisme lui-même paraît avoir hésité un moment à reconnaître l'égalité des femmes. En 585, le second concile de Mâcon agita l'impertinente question de savoir si elles ont une âme et font partie de l'espèce

____

(1) *Corinthiens*, I, xi, 7, 9.
(2) *Élévations sur les mystères.*
(3) « Mulier est vir occasionatus. » (*De generat. animal.*, III.)

humaine. Le débat fut, il est vrai, tranché par l'affirmative, non toutefois d'après des considérations de nature,.
mais pour cet unique motif que, Jésus étant, quoique né
d'une vierge, qualifié de « Fils de l'homme » dans l'*Évangile* (1), la femme devait être tenue pour un homme (2). Il
n'y a que les théologiens pour trouver de ces arguments
topiques et triomphants.

3. — Les femmes n'ont pas été seules victimes de ces
outrageants dénis de justice. La propension à transporter
dans la vie future les inégalités de rang et de droits du
monde réel a fait établir aussi des catégories parmi les
hommes et attribuer par privilège l'immortalité aux puissants. Nombre de peuples ont cru que les grands en jouiraient à l'exclusion des petits. Suivant les idées reçues à la
Nouvelle-Zélande, les chefs seuls étaient appelés à revivre;
les gens du peuple mouraient tout entiers (3). Aux îles
Tonga, les hommes tatoués, c'est-à-dire de naissance
noble, allaient de droit en paradis ; ceux du commun
(*tooas*) périssaient sans retour ; quant à la classe intermédiaire, il y avait doute, et les avis étaient partagés (4). Les
Algonquins croyaient que les chefs et les sorciers, peints
et parés de plumes, iraient fumer, chanter et danser avec
leurs ancêtres, pendant que les gens du peuple pourri-
raient dans leur tombeau (5).

Homère et Hésiode semblent aussi ne croire qu'à la sur-

(1) Cette qualification n'est pas répétée moins de quatre-vingt-
trois fois dans les *Évangiles*, et toujours dans les discours de Jésus.
(Renan, *Vie de Jésus*, p. 133, note.)
(2) Grégoire de Tours, *Histoire ecclésiastique des Francs*, VIII, 20.
(3) West, *Cruise's Journal*, p. 282.
(4) Mariner, *Tonga Islands*, t. II, p. 136.
(5) John Smith, *Histoire de la Virginie*, 1624.

vivance des héros. La foule des morts vulgaires est perdue dans les ténèbres de l'Hadès comme, vivante, dans son obscurité. Pindare n'a encore aucun souci des humbles. Pour lui, l'accès des Champs Elysées est réservé, d'abord à ceux que la parenté ou la faveur des dieux associe à leur félicité, puis aux victorieux et aux riches. Les gens du peuple disparaissent comme des ombres vaines, à moins qu'une initiation propitiatoire ne les rapproche des dieux qu'ils ont honorés. Cicéron, qui pourtant n'est pas bien convaincu de la survivance des morts, a, dans le *Songe de Scipion*, « l'air de se figurer le ciel comme un sénat d'en haut où siègent, sur des chaises curules, des consulaires éternels (1) »; mais le vulgaire n'est pas convié à ces éclatantes destinées. Malgré la révolution tentée par Jésus à cet égard, l'antique préjugé qui subordonnait au rang social la condition de la vie future n'a pas laissé de reparaître par intervalles. Un fabliau de Rutebeuf, après avoir allégué comme une chose notoire que les vilains sont, en tant que tels, exclus du paradis, mais reçus en enfer, raconte de quelle façon incongrue l'un d'eux réussit à se faire mettre dehors (2). En plein xviiie siècle, un philosophe anglais, Chubb, pouvait encore soutenir que les personnages notables auraient seuls le privilège de revivre et que les simples mortels seraient anéantis à la mort, sans que Dieu daignât les récompenser ou les punir. « Autant vaudrait, ajoute-t-il, s'imaginer qu'un jour Dieu jugera tous les animaux (3). »

Des esprits à tendance aristocratique, pleins de dédain pour ce qui ne s'élève pas à leur niveau, feraient volontiers

(1) Havet, *l'Hellénisme*, t. II, p. 130.
(2) *L'Indigestion du vilain*.
(3) Chubb, *Posthumous Works*, t. I, pp. 326, 355, 400.

de l'immortalité le prix d'un concours et veulent ne la décerner qu'aux plus dignes, c'est-à-dire à une élite choisie, au premier rang de laquelle ils se placent naturellement. Platon réserve à un très petit nombre l'immortalité consciente et dit que ces élus seront ceux dont la vie s'écoule dans l'étude de la philosophie (1). Le stoïcien Chrysippe n'accordait également qu'aux âmes des sages le privilège de survivre (2). Chez les Juifs, les uns ne croyaient qu'à la résurrection des fidèles (3), les autres pensaient qu'elle aurait lieu pour tous les hommes (4). Jésus lui-même varie sur ce point, car tantôt il semble ne promettre la vie future qu'aux justes (5), et tantôt il l'inflige aussi aux pervers pour leur châtiment (6). Plusieurs docteurs chrétiens, Tatien, Arnobe... font de la survivance une question d'orthodoxie et soutiennent que les croyants en auront seuls le bénéfice, mais que les gentils, semblables par le manque de foi aux animaux, dont ils ne diffèrent que par le langage, simple accident, subiront comme eux une mort totale. Pour Lactance, l'immortalité est « le salaire et la récompense de la vertu, non un apanage de notre nature (7) ». Les gnostiques, exagérant une distinction déjà posée par saint Paul (8), assignaient une âme mortelle à la tourbe des hommes chez qui domine le principe matériel et qu'ils appelaient *hyliques* (de ὕλη, matière); une âme susceptible soit de devenir immortelle avec bonheur relatif, soit d'ar-

---

(1) *Phédon*, p. 69 ; *Gorgias*, p. 474.
(2) Diogène de Laërte, *Zénon*.
(3) *Macchabées*, II, vii, 14.
(4) *Daniel*, xii, 2.
(5) *Saint Luc*, xiv, 14 ; saint Paul, *Corinthiens*, I, xx, 23.
(6) *Saint Matthieu*, xxv, 32.
(7) *Instit. div.*, VII, 5.
(8) *Corinthiens*, I, ii, 14.

river par le péché à l'anéantissement, à ceux chez qui prévaut le principe spirituel (*psychiques*, de ψυχή, âme); enfin une âme sûrement immortelle avec béatitude parfaite à ceux qu'anime l'Esprit Saint (*pneumatiques*, de πνεῦμα).

Des protestants de nos jours, à qui répugnent également l'idée d'une damnation éternelle et celle du salut universel, inclinent à admettre comme moyen terme une immortalité conditionnelle. D'après cette théorie, connue sous le nom de *conditionnalisme*, l'homme, mortel par nature, serait un candidat à l'immortalité, qu'il doit conquérir en la méritant. Les meilleurs seuls auraient chance de revivre ; tous les autres seraient justement anéantis (1). Toutefois, ce système de sélection, appliqué aux âmes, n'est pas sans soulever des difficultés. La raison exigerait d'abord que le programme et les conditions de l'épreuve fussent clairement indiqués, portés à la connaissance de tous, et que le résultat promis fût garanti avec tant de certitude qu'on ne pût le mettre en doute. Il serait en outre malaisé de marquer le point précis où la réussite se changerait en insuccès, car entre le dernier des reçus et le premier des refusés la différence de mérite pourrait être bien minime pour une différence aussi grande de traitement. Enfin il y aurait à décider ce que deviendraient tous ceux (et ils constituent la majorité) qui meurent avant d'avoir subi l'épreuve entière et qui devraient revivre ailleurs pour la tenter de nouveau, ce qui ramène à la métempsycose.

D'éminents penseurs de nos jours, qui ne souffriraient point d'être confondus avec la vile plèbe, sont revenus aux préventions et aux privilèges d'autrefois. Gœthe se fait une conception très aristocratique de l'immortalité. Elle n'ap-

----

(1) V. Petavel-Olliff, *le Problème de l'immortalité.*

partiendrait, croit-il, qu'aux « grandes entéléchies », aux types glorieux qui représentent le mieux l'espèce humaine dans l'histoire. Éliminant en bloc les âmes vulgaires adonnées à de basses occupations, il n'admet à vivre toujours que les personnalités puissantes à qui une haute supériorité dans l'art, la science ou l'action mérite d'être associées à la félicité des dieux créateurs (1). Suivant Hegel, les âmes communes, manifestation éphémère de l'Idée universelle, s'évanouissent à la mort. Seuls les adorateurs de l'Idée participent à sa durée en s'élevant par le transcendantalisme à la conscience de leur identité avec l'être éternel. Schelling ne tient pour digne de vivre sans fin que l'homme complet et civilisé, le blanc. Il ignore quelle sorte d'immortalité pourrait mériter un roi de Dahomey, nègre stupide et sanguinaire qui n'obéit qu'à l'instinct brutal (2). « Je ne vois pas de raison, dit de même M. Renan, pour qu'un Papou soit immortel (3). » Auguste Comte réduit la survivance personnelle au souvenir que laissent d'eux les hommes célèbres et au culte honorifique dont ils sont l'objet (4). Faute de renommée plus que de mérite, les anonymes de la foule tombent dans un néant d'oubli.

Mais, si grande que soit la distance qui sépare le génie du vulgaire, l'homme illustre de l'homme obscur, le métaphysicien de l'artisan, l'orthodoxe du mécréant, le blanc du nègre et M. Renan d'un Papou, comme on passe des uns aux autres par une suite de degrés ou plutôt par une pente continue, il n'est pas facile de tracer, entre les

(1) Conversation avec Falk, dans *Conversations avec Eckermann*, trad. Délerot, t. II, p. 347.
(2) *Mythologie*, t. I, leç. 21.
(3) *Dialogues philosophiques*, p. 293.
(4) *Système de politique positive ou traité de sociologie instituant la religion de l'humanité.*

immortels et les mortels, une ligne précise de démarcation. Établir, en ce qui concerne la vie éternelle, des catégories et des castes entre les êtres humains, c'est perpétuer et aggraver dans un autre monde les iniquités de celui-ci. D'autre part, il faut aussi convenir qu'admettre sans distinction à revivre tous ceux qui ont vécu, c'est aboutir, par respect pour l'égalité, à une conclusion choquante pour la raison. La nature, ne pouvant ni réserver sans injustice l'immortalité à quelques-uns, ni en gratifier sans indignité la foule, se montre équitable et sage en la refusant à tous.

4. — Au problème de la survivance de l'homme s'en rattachait un autre non moins épineux, celui de la survivance des animaux. Il n'est pas possible, en effet, de les disjoindre, et la même solution s'impose aux deux. Les philosophes ont beaucoup varié sur cette question de l'âme des bêtes, faite pour embarrasser tous les systèmes. Quelques-uns, comme Descartes et Malebranche, ont, malgré l'évidence, voulu réduire les animaux à l'état de simples machines, et nié qu'ils puissent sentir ou concevoir des idées. Mais l'opinion la plus générale, qui constitue presque une vérité d'intuition, est qu'ils sont animés ainsi que l'homme, et ce nom même d'*animaux*, que nos langues leur donnent, en témoigne clairement. Beaucoup de philosophes anciens, Anaxagore, Pythagore, Platon... reconnaissaient aux animaux une âme de même essence que celle de l'homme, sauf qu'ils ne peuvent pas exprimer leurs idées par le langage (1). Pour Aristote, la différence de ces deux sortes d'âmes tient moins à leur nature qu'à la

(1) Plutarque, *De placitis philos.*, V, 20.

disposition des organes (1). La théorie des transmigrations impliquait une conclusion pareille. Les stoïciens regardaient toutes les âmes, animales ou humaines, comme également émanées de l'âme universelle (2). Virgile attribue aux abeilles une parcelle de l'esprit divin (3), et l'on a dit dans le même sens, d'une façon générale : *Deus est anima brutorum.* Un des premiers apologistes du christianisme, Arnobe, ne juge pas les animaux inférieurs à l'homme en raison (4), et Plutarque a composé un traité pour prouver que les bêtes raisonnent comme nous (5). Quelques-uns même, opposant l'infaillibilité de l'instinct aux égarements de la raison, déclarent les brutes plus raisonnables que l'homme. Un érudit du XVIe siècle, Rorarius, a soutenu cette thèse peu flatteuse (7). La zoolâtrie, si répandue chez une foule de peuples, reconnaît à certaines espèces, honorées d'un culte religieux, une prééminence de force, de courage, de sagacité ou de sagesse.

Les indications plus précises de la science et les études de psychologie comparée confirment ces notions intuitives et tendent à identifier les âmes de tous les êtres animés en ne laissant subsister entre elles que des différences de degré. Si, en effet, l'existence d'un esprit est prouvée par la production de phénomènes psychiques, les animaux doivent en être doués au même titre que nous, puisqu'ils sont conscients, perçoivent, sentent, désirent, comprennent et veulent. Ils ont comme nous la pensée, le langage, la mémoire, l'éducabilité, et leur contester une âme serait

(1) *Animaux*, IV, 9.
(2) Diogène de Laërte, *Zénon.*
(3) « Partem divinæ mentis. » (*Géorg.*, IV, 220.)
(4) *Adversus gentes*, II.
(5) *Bruta animalia ratione uti.*
(7) *Quod animalia bruta ratione utantur melius homine*, 1547.

méconnaître toutes les lois de l'analogie. L'activité psychique est même plus intense et plus manifeste chez les animaux supérieurs adultes que chez l'homme durant sa première enfance ou sa décrépitude sénile. Dans tout le règne animé, on constate l'identité de substance, de structure et de fonctionnement du système nerveux, et le développement des facultés, dans l'ensemble des espèces, ne varie qu'en plus ou en moins. Enfin, la théorie du transformisme fait sortir par évolution l'humanité du monde animal, dont elle est le type éminent, au double point de vue de l'organisation et des aptitudes psychiques.

Mais, si la nature est au fond pareille, la destinée après la mort doit l'être aussi. Aucune distinction vraiment spécifique ne pouvant être posée entre l'âme des animaux et l'âme de l'homme, la même loi régit l'une et l'autre. Tout ce qu'on allègue pour prétendre que la première est semi-matérielle et périssable milite contre la seconde, et les raisons invoquées pour prouver l'immortalité de la seconde obligent de l'attribuer également à la première. Quoi qu'on décide de nous, nos frères inférieurs auront le même destin. Ainsi en juge l'auteur de l'*Ecclésiaste* : « Les hommes meurent comme les bêtes, et leur sort est égal. Comme l'homme meurt, les bêtes meurent aussi. Les uns et les autres respirent de même, et l'homme n'a rien de plus que la bête. — Tout est vain, et tout tend en un même lieu. Ils sont tous tirés de la terre, et ils retourneront tous dans la terre. — Qui connaît si l'âme des enfants des hommes monte en haut et si l'âme des bêtes descend en bas ? (1) » Le missionnaire Moffat raconte qu'un Bechuana lui dit un jour, en lui montrant son chien :

____

(1) *Ecclésiaste*, III, 19-21.

« Quelle est la différence entre moi et cette créature ? Vous prétendez que je suis immortel; pourquoi mon bœuf et mon chien ne le seraient-ils pas ? Ils meurent et voyez-vous quelque chose de leurs âmes ? Quelle différence y a-t-il entre l'homme et l'animal ? Aucune, si ce n'est que l'homme est un plus grand fourbe (1). »

Il faut donc partager avec les bêtes nos droits à une vie future ou y renoncer avec elles. Les exclure par prévention serait commettre une iniquité manifeste. Où placer d'ailleurs la frontière si l'homme n'est qu'un animal perfectionné ? A partir de quelle échelon aurait-il été promu immortel alors que l'anthropoïde son père était encore mortel ? La métempsycose incarnait tour à tour les mêmes âmes dans l'homme et les animaux. Scot Erigène, au IXe siècle, soutenait l'immatérialité et l'immortalité de l'âme des bêtes (2). Maimonide et nombre de législateurs anciens leur ont attribué une sorte de libre arbitre et de la responsabilité morale (3), ce qui, suivant qu'elles ont mérité ou failli, entraînerait comme pour l'homme des rétributions après la mort. Adam Clarke, considérant que les animaux ont le même lot de souffrance que l'homme sans avoir péché (Malebranche disait : « mangé du foin défendu »), pense qu'ils devront être dédommagés dans un autre monde de n'avoir pas joui sur terre du bonheur auquel ils ont aussi droit (4).

Tous les peuples qui espéraient mener ailleurs une seconde existence ont cru que les animaux reviendraient également à la vie, car ils ne l'auraient pas comprise sans

----

(1) Moffat, *Vingt-Trois Ans de séjour dans le sud de l'Afrique.*
(2) *De divisione naturæ*, III, 41.
(3) Maimonide. *More Nevochim, Doctor perplexorum*, II, 17.
(4) Clarke, *Commentary.*

eux. Les chasseurs comptaient retrouver leurs proies accou-
tumées. Homère montre Orion, armé d'une massue, pour-.
chassant, au pays des ombres, les mêmes fauves que jadis
dans les montagnes (1). Dans ses rêves d'outre-tombe, l'âme
de l'Algonquin poursuit des âmes de castors et de daims ;
celle du Kamtchadale dirige son traîneau attelé d'âmes de
chiens ; le Zoulou trait l'âme de ses vaches et les mène
paître... Chez des peuples plus avancés en civilisation,
l'usage d'ensevelir avec les morts des animaux domestiques atteste qu'on croyait ceux-ci capables de rendre
à leurs maîtres, là où ils allaient ensemble, les mêmes
services que de leur vivant. Il suffirait du lien d'affection qui nous unit à des bêtes aimées pour nous
rendre leur présence nécessaire, car notre félicité ne
serait pas complète si nous en étions séparés (2). La curiosité de l'esprit les réclame encore comme sujet d'étude, et
Agassiz déclare que le paradis où les animaux manque-
raient n'en serait pas un pour le naturaliste (3). Le christianisme a placé dans le ciel des animaux symboliques et
vénérés. L'islamisme, qui hésite à ouvrir aux femmes les
portes du paradis, y admet diverses bêtes mentionnées par
le *Coran*, le bélier d'Abraham, la baleine qui avala Jonas,
la fourmi citée en exemple à Salomon, le chien des sept
Dormans et jusqu'au perroquet de la reine de Saba (4)...

(1) *Odyssée*, XI, 572.
(2) Une légende du *Mahâbhârata* fait se présenter à la porte du
paradis une famille accompagnée de son chien. L'ange préposé
à la garde de l'entrée consent bien à recevoir les gens, mais
refuse de laisser passer la bête. Après d'inutiles instances, ses
maîtres, ne voulant pas abandonner leur fidèle compagnon,
s'éloignent à regret avec lui ; mais alors l'ange touché leur dit
d'entrer tous.
(3) *De l'Espèce et de la classification*, I, 17.
(4) *Coran*, XVIII, XXVI, etc.

Toutefois, si l'on accorde à quelques espèces préférées le privilège de survivre, la logique exige qu'on l'étende, non plus seulement à celles qui nous sont utiles ou agréables, mais encore à toutes celles qui ont vécu, car l'ordre de la nature est régi par des lois générales, et elle ne nous a pas commis le soin de décerner, au gré de nos fantaisies, des brevets d'immortalité. Nous serions donc exposés à voir revivre avec nous, outre le petit nombre d'espèces qui nous sont précieuses, la multitude des inutiles ou même des ennemies, les fauves qui nous assaillent, les déprédateurs qui nous pillent, les insectes qui nous harcellent, et la vermine qui nous mange, et les microbes qui nous infestent... sans plus avoir le moyen de détruire des adversaires immortels (1). Enfin, le retour simultané à la vie, dans un étrange pêle-mêle, des créations successives qui ont occupé le globe, des faunes chaotiques et monstrueuses dont la paléontologie reconstitue les débris, ne tarderait pas à faire de l'autre monde, vite encombré, une sorte de musée en désordre.

5. — Une fois engagé dans la voie de l'animisme, on ne sait où s'arrêter. Après le règne des animaux, on considéra comme animé celui des plantes, qui lui est uni par tant de rapports. Organisés et vivants, parcourant de la naissance à la mort un cycle pareil d'évolution, les végétaux parurent posséder aussi une âme qui présidait à leurs fonctions. Beaucoup de peuples ont partagé cette croyance et la phy-

---

(1) Luther prétend, dans ses *Propos de table*, qu'il y aura dans l'autre monde des fourmis, des punaises et toutes sortes de bêtes infectes, mais qu'elles exhaleront alors des odeurs exquises : « Ibi formicæ, cyniphes et omnia fœtida, et male olentia animalia, meræ delitiæ erunt et optimum odorem spirabunt. » (*In Sermonibus convivialibus*, titulo *De vita beata*, p. 454.)

tolâtrie est une des formes les plus communes du féti-
chisme primitif. La métempsycose admettait une migra-
tion des âmes dans les plantes. D'après la légende bouddhique, Gautama (le Bouddha) avait, dans le cours de ses
métamorphoses, été quarante-trois fois le génie d'un arbre,
et des bouddhistes hétérodoxes s'abstiennent encore de
manger des herbages verts, pour ne pas troubler leurs
âmes, peut-être apparentées. Les Egyptiens et les Gaulois
considéraient aussi les plantes comme des formes de passage pour les âmes. En Grèce, le chêne de Dodone était
habité par une divinité et rendait des oracles. L'hymne
homérique à Aphrodite parle de nymphes (*Dryades, Hama-
dryades*) logées dans des arbres, et dont l'esprit, quand ils
périssent, quitte le séjour des vivants (1). La fable montrait Daphné changée en laurier, les sœurs de Phaéton en
arbres (2)... Une tradition faisait même sortir les premiers
hommes du tronc éclaté des chênes (3). Quelque chose
de ces antiques croyances a persisté jusque dans les fictions de Dante et du Tasse (4). Des philosophes ont accré-
dité par leurs systèmes la théorie de l'âme des plantes.
Empédocle, Anaxagore et Démocrite leur attribuaient des
désirs et de l'intelligence (5). Platon reconnaît en elles
une sensibilité obscure, et Aristote les doue d'un esprit,
principe de leur vie mystérieuse. Cette conception de
l'âme végétative, adoptée par la scolastique au moyen
âge, a été reprise par des physiologistes de nos jours. Si,
en effet, à toute manifestation de la vie doivent correspondre des phénomènes psychiques dont la mesure est

(1) *Hymne à Aphrodite*, IV, 257, sqq.
(2) Ovide, *Métamorphoses*, I, 452 ; II, 345 ; XI, 67.
(3) Virgile, *Énéide*, VIII, 314.
(4) *Inferno*, XIII ; *Gerusalemme liberata*, XIII.
(5) Pseudo-Aristote, *De Pl.*, I, 1.

celle du degré d'organisation, si chaque cellule vivante est animée (1), on ne peut guère contester aux plantes une sorte d'âme captive qui, faute de sens externes, n'aurait pas d'ouverture sur le dehors, mais pourrait avoir conscience de leurs états intérieurs.

Quelque humble et bornée que soit cette âme des végétaux, dès qu'elle se rattache par son essence à celle des animaux et à celle même de l'homme, elle doit, au même titre de monade psychique, subsister encore après la mort de l'organisme qui la contenait. « Aucun de ceux qui soutiennent la doctrine de l'immortalité naturelle de l'âme, dit l'archevêque Whately... n'est en état d'échapper à cette difficulté que tous leurs arguments tendent avec la même certitude et la même force à prouver l'immortalité, non, seulement pour les brutes, mais même pour les plantes (2). » Des ombres de végétaux devront ainsi croître dans le monde où iront vivre les ombres des hommes. On tient généralement que les morts ne cessent pas d'aimer les plantes qu'ils avaient aimées vivants; on pare de fleurs leurs cercueils, on en dépose sur leurs tombes, on en cultive à l'entour, on orne d'arbres les cimetières. Lorsque les poètes veulent faire des séjours élyséens des descriptions qui ne soient pas trop abstraites et les rendre plus attrayantes, ils ont soin d'y mettre les plantes chères à l'homme, celles qui produisent les plus belles fleurs ou les meilleurs fruits, donnent une ombre agréable et charment le mieux les regards. Les paradis ont généralement été conçus et dépeints comme des jardins délicieux (3). La

(1) Haeckel, *Essais de psychologie cellulaire.*
(2) R. Whately, *Essais sur quelques particularités de la religion chrétienne,* I, *Révélation d'une vie future,* p. 67.
(3) Le mot de *paradis* dérive du persan *pardès,* jardin.

Genèse avait placé dans l'Éden terrestre *l'arbre de vie*, dont les fruits rendaient immortels ceux qui en mangeaient, et *l'arbre de la science du bien et du mal*, qui rendait égal aux dieux en connaissance, mais condamnait à mourir (1). Le *Talmud* a replanté, au milieu de l'Éden céleste, l'arbre de vie qui le couvre entièrement de son ombre. Mahomet fait croître dans son paradis le *Tuba*, arbre du bonheur qui porte des fruits exquis. Les champs Élysées de Virgile se composent de riants bosquets (2). Enfin le paradis occidental (*Ni-pan*) des bouddhistes chinois est aussi tout paysager.

6. — Comme la théorie de l'animisme conduisait à douer d'un esprit même les objets dits inanimés, le problème de la survivance se posait aussi pour eux. Toutes les populations fétichistes ont pratiqué le culte des pierres (bétyles, aérolithes...). Les Grecs anciens divinisaient des blocs informes ; les musulmans vénèrent la pierre noire de la Kaaba, et les chrétiens eux-mêmes témoignent un respect idolâtrique à des simulacres de dieux ou de saints, à des sources, à des lieux sacrés, etc. Chez les peuples primitifs, pour qui l'ombre projetée au soleil et l'image réflétée sur l'eau étaient des apparences d'esprits, la production des mêmes effets par les corps bruts devait porter à les croire également animés. La métempsycose étendit jusqu'à eux la possibilité de transmigrations éventuelles. Une légende hellénique faisait provenir les êtres humains des pierres jetées derrière eux, après le déluge, par Deuca-

(1) *Genèse*, III, 22 et II, 17.
(2)   Devenere locos lætos et amœna vireta
      Fortunatorum nemorum sedesque beatas.
                    (*Énéide*, VI, 638 et 639.)

lion et Pyrrha. Les spiritistes de nos jours ont renouvelé les superstitions des sauvages, en logeant les esprits des morts dans des tables tournantes ou parlantes.

Nombre de peuples, ne sachant où poser avec netteté une limite entre l'animé et l'inanimé, ont vu partout un principe d'animation. Thalès attribue à l'*aimant* et à l'ambre une âme, cause de l'attraction qu'ils exercent sur les corps légers, et Joubert donne la lumière pour âme au diamant (1). Virgile croit un esprit répandu dans la masse entière des choses (2). Son mot si souvent cité (inexactement il est vrai, ou du moins détourné de son véritable sens, mais rendu par là infiniment plus poétique) : *Sunt lacrymæ rerum* (3), leur accorde même le don des larmes. Carlyle leur prête un cœur (*the heart of things*), et Lamartine suppose entre elles et nous de mutuelles sympathies :

> Objets inanimés, avez-vous donc une âme
> Qui s'attache à notre âme et la force d'aimer ? (4)

Enfin, d'éminents naturalistes (5) pensent que les corps bruts ne constituent pas un monde à part dans la nature, un règne essentiellement distinct du règne organique, mais que la force cristallogénique se lie à la force organogénique par un principe commun, qui tendrait à modeler et à maintenir en tout-clos un ensemble de parties conforme à un type spécial de structure. On pourrait alors considérer l'être inorganique comme doué d'une vitalité obscure et latente, très active néanmoins sous son appa-

(1) *Pensées.*
(2) *Enéide*, VI, 726 et 727.
(3) *Ibid.*, I, 462.
(4) *Harmonies poétiques*, III, 2.
(5) Holger, Ehrenberg, Liebig...

rente inertie, et d'où résulteraient ses mouvements moléculaires internes, ainsi que le pouvoir de résistance ou de réaction qui assure sa persistance à travers les agitations du milieu. Il ne serait donc pas dépourvu d'une sorte d'âme, incluse, ténébreuse, inférieure à celle des êtres vivants, mais au fond de même nature et, conséquemment, appelée aussi à survivre.

L'existence des animaux et des plantes serait d'ailleurs malaisée à concevoir sans une terre qui les porte, un air qu'ils respirent, une eau qui les humecte, des substances propres à les alimenter, et l'on se trouve amené à reconstituer, dans les rêves de vie future, le monde des corps bruts pour ne pas rendre incompréhensible le monde des êtres vivants.

C'est pourquoi la plupart des peuples ont cru à la présence, au pays des ombres, des objets de toute espèce qu'ils déposaient dans les tombes, avec la pensée que l'esprit de ces choses irait avec le défunt et servirait comme ici-bas à son usage. On tient qu'alors « l'âme de l'homme est suivie de l'âme de son chien de chasse et de celle de son cheval de guerre, et emporte l'âme de son arc ou de sa hache avec l'âme de sa marmite (1) ». Selon la croyance des Égyptiens, « les objets ont une âme, un *double* comme les hommes ou les animaux, et ce double, une fois passé dans l'autre monde, y jouit des mêmes propriétés que dans celui-ci. Le double d'une chaise ou d'un lit est vraiment une chaise ou un lit pour le double d'un homme (2) ». La vie d'outre-tombe ne disposait que

(1) Girard de Rialle, *Mythologie comparée*, p. 121. — D'après le P. Lejeune (*Nouvelle France*, p. 59), les Algonquins croyaient que les âmes des haches et des chaudrons traversaient la mer pour se rendre au *grand village*.

(2) Maspéro, *Lectures historiques*, p. 155.

de ces ombres de choses. Là où l'on fait aux morts des offrandes d'aliments, il est reçu qu'ils se repaissent seulement de l'esprit des mets, et les vivants reviennent le lendemain en consommer la substance réelle.

Souvent, pour plus de précaution, l'on avait soin de briser, lors de l'ensevelissement, les pièces du mobilier funéraire, ce qui équivalait à les tuer, afin que, mises dans le même état que le mort, elles pussent l'accompagner sans retard. On obtenait également ce résultat en les brûlant sur le bûcher funèbre, comme faisaient les Gaulois et les Grecs. Dans Hérodote, Mélissa, femme de Périandre, revient se plaindre à son mari « d'être nue et d'avoir froid chez les ombres, parce que les vêtements mis en terre avec elle, n'ayant pas été brûlés, ne lui servent de rien (1) ».

7. — Ainsi la théorie de l'animisme aboutit à faire revivre en esprit tous les êtres de la nature, car un monde où il n'y aurait ni corps bruts, ni plantes, ni animaux, ne paraîtrait guère habitable, et même on ne pourrait s'en former aucune idée. Mais, outre que ce monde imaginaire, composé d'âmes de choses, serait un simple décalque du nôtre et lui ressemblerait trop pour que ce fût la peine d'en changer, on n'en aurait plus que le fantôme en place de la réalité, et ces vaines apparences, dont le mirage s'évanouit à la réflexion, rappellent le plaisant royaume des ombres, crayonné par Nicolas Perrault :

> Tout près de l'ombre d'un rocher,
> J'aperçus l'ombre d'un cocher
> Qui, tenant l'ombre d'une brosse,
> Nettoyait l'ombre d'un carrosse...

(1) *Histoires*, V, 92. V. aussi *Iliade*, XXII, 512.

CHAPITRE VII

1. — La croyance une fois reçue que l'esprit continuait
de vivre quand le corps avait péri, on eut à se demander
quelle serait son existence dans une condition si nouvelle.
Tant qu'on se représenta l'âme sous forme d'ombre ou de
fantôme analogue aux apparitions des songes, sa nature
aérienne ou vaporeuse, encore à demi matérielle, permit de
lui attribuer sans trop de peine une sorte de vie spectrale
où elle conservait en partie, avec une corporéité vague, les
besoins et les plaisirs de la vie réelle. Mais, lorsqu'une abstraction progressive eut de plus en plus différencié l'âme
du corps, lorsque cette âme, idéalisée et transfigurée, devint souffle invisible, parcelle de feu, essence éthérée,
esprit pur, le manque de matérialité se fit sentir comme
une gêne pour concevoir clairement sa manière d'exister,
ses modes d'activité. Il était difficile de comprendre comment, séparée du corps, elle continuerait d'être ce qu'elle
était quand elle lui était unie, et pourrait sans lui ce qu'elle
ne pouvait qu'avec lui. « Que sera, demande Pline, la substance de l'âme ainsi isolée ? Quelle en sera la matière ? Où
sera la pensée ? Comment verra-t-elle, entendra-t-elle,
touchera-t-elle ? A quoi servira-t-elle ? Ou quel bien y a-t-il

sans ces fonctions? (1) » La vie n'est rien sans organes,
sans une forme qui l'arrête et la détermine. Celle d'un pur
esprit ne se conçoit pas. Pourrait-il voir sans yeux, entendre
sans oreilles, agir sans muscles, aimer sans cœur, penser
sans tête ? Il est manifeste qu'avec la faculté de sentir et
de percevoir, il perdrait la variété des impressions qui font
la douceur de vivre, et la nature extérieure n'existerait plus
pour lui. Réduite désormais à son être intérieur et comme
emprisonnée dans son moi, sans modification d'aucune
sorte, sans moyen de subir l'action des choses et d'agir sur
elles, étrangère à toute réalité sensible, étrangère même
aux autres âmes, puisqu'elles ne communiquent entre elles
que par l'intermédiaire des corps, l'âme tomberait dans un
état de langueur bien proche de l'anéantissement.

Croyants ou rationalistes, les penseurs s'accordent à
reconnaître que l'âme, purement spirituelle, perdrait tout
à n'avoir plus de corps. Saint Thomas convient que, sans
organes, toute activité lui serait impossible (2). Pour Spinoza, « l'âme ne peut rien imaginer, ni se souvenir d'aucune chose passée, qu'à condition que le corps continue
d'exister (3) ». « Il est absolument impossible, dit Kant, de
savoir si, après la mort de l'homme, lorsque le corps est
décomposé, l'âme, malgré la permanence de sa substance,
peut continuer de vivre, c'est-à-dire de penser et de vouloir ; c'est-à-dire si elle est encore un esprit ; » et il ajoute :
« Vouloir mettre par la pensée hors du corps l'âme qui
l'anime, c'est ressembler à quelqu'un qui prétendrait se
voir dans une glace les yeux fermés (4). » Citons enfin M. Re-

(1) *Hist. nat.*, VII, 56.
(2) *De anima*, XIV.
(3) *Éthique*, V, prop. 21.
(4) *Prolégomènes à toute métaphysique future*, pp. 396 et 397.

nan : « L'âme sans corps est une chimère, puisque rien ne nous a jamais révélé un pareil mode d'exister (1). »

La difficulté ou mieux l'impossiblité de concevoir la vie psychique sans support organique devait contraindre à rétablir, dans l'existence future, l'état naturel des choses et à restituer à l'esprit, afin de le tirer de peine, le corps dont il se trouvait dépouillé. L'unique expédient pour sortir de l'embarras où l'on s'était mis en les séparant consistait à les réunir de nouveau par un lien de convention. Force fut donc de rendre à l'âme un équivalent du corps qu'elle avait perdu, si l'on ne voulait se résoudre à la voir s'évanouir dans le vide de l'abstraction métaphysique. Trois moyens seulement s'offraient, et l'on a eu recours à tous : loger l'âme par intrusion dans un corps déjà occupé ; ou le colloquer à demeure dans un corps nouveau naissant à la vie ; ou enfin faire revivre celui que la mort avait détruit ; c'est-à-dire la possession, la métempsycose et la résurrection. Examinons-les rapidement.

2. — Durant la phase de l'animisme où chaque chose était censée avoir son esprit, la curiosité s'éveilla de savoir ce que devenaient ceux dont les corps avaient péri, et l'on dut supposer d'abord qu'ils erraient invisibles dans le monde. Partout les esprits des morts, réputés bienfaisants ou nuisibles comme ils l'avaient été vivants, furent invoqués ou redoutés. Ils devinrent lares, mânes, pénates, génies tutélaires dans la famille, héros éponymes, divinités protectrices dans la cité, démons, larves, lémures, vampires, goules, fées, lutins, follets, nains, elfes, nixes, ondines, farfadets, gnomes, etc., dans le monde extérieur. Les récits qui les faisaient vivre ont tenu une grande place dans les

____

(1) *Dialogues philosophiques*, p. 135.

contes populaires de tous les pays et de tous les temps. Il
s'est même rencontré des philosophes, tels que Hobbes et
Schopenhauer (1), qui, tout en niant la survivance, n'ont
pas laissé de croire à l'existence des revenants. Le spiritisme contemporain est le retour par atavisme à d'antiques
superstitions.

Beaucoup de ces esprits sans corps, répandus à profusion dans la nature, étaient désireux de recouvrer une vie
complète et sans cesse à l'affût pour s'emparer d'un nouveau gîte. Ils se glissaient par surprise à l'occasion dans le
corps de quelque vivant dont l'âme était momentanément
absente et prenaient sa place, ou la lui disputaient de vive
force en s'installant à ses côtés. Mais la présence d'un intrus faisant double emploi n'allait pas sans provoquer un
conflit, des troubles et des désordres. On expliqua de la
sorte, par une possession accidentelle, la folie (2), le délire,
l'ivresse (3), l'hypocondrie, l'exaltation (4), les convul-
sions, l'épilepsie (5), la chorée, le somnambulisme, la fureur, l'inspiration, le prophétisme, l'enthousiasme (6), l'extase, etc., en un mot tous les états singuliers où l'homme
qu'on pouvait croire envahi par un esprit étranger, différait

(1) *Essai sur les apparitions d'esprits*, dans *Parerga und Paralipomena*, 1851, t. I, pp. 215-296.

(2) Le nom de *mania*, que les Grecs et les Romains donnaient à
la folie, provient d'un radical *man* (latin *manes*) qui servait à
désigner l'âme des morts. Les Latins appelaient l'insensé *larva-
tus, larvarum plenus*.

(3) Lorsqu'un Peau-Rouge a commis quelque chose de mal en
état d'ivresse, il dit : « Ce n'est pas moi, c'est l'esprit de la liqueur qui a tout fait. » (A. Réville, *Hist. des religions*, t. I, p. 219.)
Alexandre attribue de même à Bacchus qu'il a offensé l'accès de
fureur qui lui a fait tuer Clitus. (Plutarque, *Vie d'Alexandre.*)

(4) Le mot *énergumène* signifie *possédé.*

(5) De ἐπίληψις, possession.

(6) Ἐνθουσιασμός, de ἐν θεός, un dieu est en nous.

de sa condition habituelle et semblait ne plus s'appartenir.
L'émission de cris ou de paroles bizarres, parfois incompré-
hensibles, le bouleversement des traits, l'égarement des
yeux, les gestes désordonnés du patient, qu'on voyait se
tordre ou se blesser de ses propres mains, tout suggérait
l'idée de possession, et, pour le possédé lui-même, l'esprit
qui le tourmentait semblait prendre figure dans les hideuses
visions du cauchemar.

De simples mouvements du corps, involontaires et inex-
pliqués parce qu'ils paraissaient sans cause et sans but, le
tremblement, le hoquet... furent imputés à des esprits qui
faisaient agir les gens malgré eux. Partout l'éternuement
a été attribué à l'expulsion brusque d'un esprit entré subrep-
ticement dans le corps, mais qui lâchait aisément prise, et
les formules propitiatoires par lesquelles, chez tous les
peuples du monde, on a eu coutume de saluer la petite
secousse qui signale son départ, attestent qu'on y voyait une
sorte de délivrance (1). Le bâillement même fut considéré
comme dangereux, parce qu'un esprit aux aguets pouvait
profiter de l'occasion d'un accès ouvert pour pénétrer dans
le corps. Les musulmans ont pour maxime qu'il faut
éviter avec grand soin de bâiller, car le diable est toujours
disposé à sauter dans la bouche du bâilleur. On doit alors
s'appliquer le revers de la main gauche sur les lèvres en

---

(1) Homère mentionne l'heureux éternuement de Télémaque
(*Odyssée*, XVII, 541); Xénophon en cite un comme présage favo-
rable (*Anabase*, III, 2-9); Pétrone fait dire : « Salve ! » à qui éternue (*Satyricon*, 98) ; Pline discute la question : « Cur sternuta-
mentis salutamus ? » (*Hist. nat.*, XXVIII, 5.) Mêmes usages dans
l'Inde : « Vie ! » dit-on à celui qui éternue, et il répond : « Avec
vous. » Les Juifs souhaitent alors « Bonne vie ! » et les musulmans disent : « Gloire à Allah ! » (V. Tylor, *Civilisation primitive*, t. 1, p. 118.)

disant : « Je me réfugie auprès d'Allah pour échapper à Satan le maudit (1). »

D'une manière générale, toutes les maladies internes, dont la cause était ignorée, furent expliquées par l'influence d'esprits méchants. Les peuples non civilisés ne conçoivent guère la mort comme la limite naturelle d'une évolution finie; ils croient que la vie se prolongerait sans terme si elle n'était pas arrêtée par un accident ou des maléfices. Ce second péril est continuel, puisque les esprits pullulent dans le monde et que la plupart, membres de tribus étrangères, sont hostiles et malfaisants. Leur multitude compose une armée mystérieuse, toujours prête à nuire et dont il faut se défendre. La médecine des sauvages, que pratiquent des sorciers, chamanes et féticheurs, a uniquement pour but de conjurer le mal (2), c'est-à-dire de déloger les mauvais esprits qui ont pris possession du malade. Le traitement consiste en frictions énergiques pour chasser l'intrus, succions pour l'appeler au dehors, fumigations pour l'incommoder, transpirations forcées pour l'entraîner avec la sueur, trépanations pour lui ouvrir une issue, en bruits, menaces, gestes, imprécations pour l'effrayer, ou incantations, charmes, formules magiques pour invoquer l'assistance d'esprits favorables qui, opposés à l'autre, le contraignent à déguerpir.

Des croyances analogues, universellement répandues parmi les populations sauvages ou barbares, se sont maintenues longtemps chez les peuples civilisés et y règnent encore en partie. Dans l'opinion des Égyptiens, toute maladie était l'œuvre d'un esprit. En conséquence, l'art des médecins visait, d'abord à reconnaître sa nature, puis

(1) Maury, *Histoire de la magie*, p. 302.
(2) Nous disons encore « conjurer une maladie ».

à l'expulser au moyen de conjurations et d'amulettes (1).
Dans l'Inde, les *Védas* parlent de démons méchants
(*Rakchasas*), ennemis de l'homme et qui occasionnent ses
maladies (2). L'*Atharva-Véda* nous a transmis un recueil
de formules propres à mettre en fuite ces esprits malfaisants. Les Chaldéo-Assyriens vivaient dans l'appréhension
constante de pernicieux génies et cherchaient à vaincre
leur influence, cause de tout mal, à force de talismans et
d'incantations (3). En Perse, la *magie*, sorte de liturgie
dont les *mages* étaient les ministres, avait pour objet d'invoquer le secours des esprits du bien et d'écarter ou de
désarmer ceux du mal. C'était un rituel d'évocations et
d'enchantements. Pour Homère, un homme en proie à un
mal violent est tourmenté par quelque démon cruel (4),
et Platon fait dire à Socrate que ceux qui nient la possession démoniaque sont eux-mêmes démoniaques (5).

Au premier siècle de notre ère, les Juifs étaient dans un
état mental pareil. La *Bible* attribuait à de malins esprits
la folie de Saül et la maladie de Sarah (6). L'*Évangile*
impute aux démons et fait guérir par exorcisme toutes les
maladies étranges et inexpliquées (7). C'est même là une
des principales occupations de Jésus et le grand signe de
sa mission (8). Il converse avec les démons qui affligent
les possédés, leur demande leur nom, leur nombre, l'é-

(1) Maspéro, *Lectures historiques*, p. 125.
(2) *Rig-Véda*, trad. Langlois, t. III, p. 181.
(3) Fr. Lenormant, *la Magie chez les Chaldéens*, ch. 1er.
(4) Στυγερὸς δέ οὁ ἔχραε δαίμων (*Odyssée*, V, 396 ; X, 64).
(5) Δαιμονῶν ἔφη (*Phédon, Timée*).
(6) *Rois*, 1, xvi, 14, 23 ; *Tobie*, iii, 8 ; xii, 4.
(7) *Saint Matthieu*, viii, 16 ; 28-30 ; x, 32, 33 ; xii, 22-24 ; 27, 28 ;
xvii, 14, 17 ; etc.
(8) « Jésus allait prêchant dans les synagogues et chassant
les démons. » (*Saint Marc*, 1, 39.)

poque et le motif de leur entrée, puis les chasse et les
envoie au désert ou dans d'autres corps (1). Les apôtres
sont, comme Jésus, de puissants exorcistes (2), et l'Église
a hérité de leurs privilèges. Saint Paul dit qu'il faut se
défendre des « esprits de malice répandus dans l'air (3) ».
Les Pères des premiers siècles, Origène, Tertullien, saint
Justin, Lactance, saint Cyprien, etc., croient le monde
rempli de démons, dont ils exposent doctement la nature
et les fonctions. Ils décrivent en détail les symptômes et
les effets de la possession ainsi que les manières d'exor-
ciser (4). Le christianisme a entretenu par tradition la
crainte des sortilèges diaboliques et les pratiques propres
à en garantir. Durant tout le moyen âge, les imaginations furent obsédées de la terreur de démons, d'esprits
méchants, de diables figurés ou peints. La bulle (5) par
laquelle, en 1484, Innocent VIII déchaîna pour plusieurs
siècles la persécution contre les sorciers, les accuse de
toutes sortes de maléfices : de « faire périr et détruire le
fruit dans le sein des femmes, la ventrée des animaux, les
produits de la terre, les hommes et les femmes, le bétail, etc. ; d'affliger et tourmenter de douleurs et de maux
ces mêmes hommes, femmes, bétail et troupeaux... » En
France, Charles VI devenu fou passa pour être envahi

(1) Plusieurs esprits peuvent parfois prendre possession d'un
même sujet. Jésus en expulse sept du corps de Marie-Madeleine
(*saint Marc*, xvi, 9 ; *saint Luc*, viii, 2). Ailleurs, ils sont *légion* et,
chassés d'un possédé, occupent et mènent perdre un troupeau
de 2,000 porcs (*saint Marc*, v, 9-13).

(2) *Actes des Apôtres*, v, 16 ; ix, 32, 35 ; xix, 12-16, etc.

(3) *Ephésiens*, vi, 12.

(4) Tertullien, *Apolog.*, 23 ; saint Justin, *Dialog.* ; saint Cyprien,
Ad Demetriam...

(5) Bulle *Summis desiderantes affectibus*. V. aussi le terrible
Malleus maleficarum, manuel des juges en sorcellerie, de Sprin-
ger.

par un démon, et Juvénal des Ursins raconte la scène d'exorcisme où un prêtre s'efforça d'envoyer le mauvais esprit dans le corps de douze misérables tenus enchaînés pour le recevoir à sa sortie (1). Luther voit le diable partout, dans la grêle, les incendies, les clameurs qui troublent ses sermons, et il rapporte qu'un jour, visité par lui dans son cabinet de travail, il lui jeta son écritoire à la tête.

Nous nous croyons plus sages; toutefois, ces idées d'obsession ou de possession et les appréhensions qu'elles causent se retrouvent encore, non seulement chez des peuples à demi civilisés comme les Arabes, les Hindous, les Chinois et les Japonais, mais aussi en Europe même, dans une foule de superstitions populaires (2) et surtout de pratiques religieuses ou d'expédients dévots. Dom Calmet affirme l'existence des démons de la manière la plus formelle et montre que cette croyance fait partie de la dogmatique orthodoxe. C'est article de foi. On n'est pas chrétien si l'on n'y croit pas (3). Pie IX, donnant son approbation spéciale au livre de l'abbé Gaume *l'Eau bénite au XIXᵉ siècle*, déclare que, de nos jours, « les millions de démons qui nous entourent sont plus entreprenants que jamais », et un éloquent prédicateur, le P. de Ravignan, les juge d'autant plus dangereux qu'on y croit moins, ce qui serait fort inquiétant. « Leur chef-d'œuvre, dit-il, c'est

(1) *Histoire de Charles VI*, année 1403.

(2) Croyance aux sorciers, aux jeteurs de sorts, bijoux italiens contre le mauvais œil, amulettes, talismans, porte-bonheur, etc.

(3) Dom Calmet, *Traité sur les apparitions des Esprits*, t. 1, ch. xlvi et xlviii. Suivant le P. Lafitau, mettre en doute l'influence des démons, « c'est s'aveugler au milieu de la lumière, renverser l'Ancien et le Nouveau Testament, contredire toute l'antiquité, l'histoire sacrée et la profane », etc. (*Mœurs des sauvages américains*, t. 1, p. 374.)

de s'être fait nier par ce siècle. » Pour conjurer tant de périls, les fidèles s'exorcisent à tout propos, sans même avoir, le plus souvent, bien conscience de ce qu'ils font. L'eau bénite, le signe de croix, qui possèdent la propriété de mettre les démons en fuite, de guérir les maladies, d'écarter les maléfices et de neutraliser les charmes (1), sont communément usités comme de légers exorcismes préservateurs. On asperge les morts d'eau bénite pour éloigner les démons et les empêcher de s'emparer d'eux. Les prières de l'Église, dans la bénédiction des demeures, disent : « Mets en fuite, Seigneur, tous les esprits malins, tous les fantômes, tout esprit frappeur (*spiritum percutientem*), et defends-leur l'accès de cette maison... » Le baptême lui-même est un véritable exorcisme, et Bossuet n'hésite pas à le qualifier ainsi (2). « Sors, est-il dit au démon, de ce cœur, de cette tête, de ces membres... sors, fuis, écoule-toi comme l'eau... » Si l'on rapproche de ces pratiques l'usage de porter des croix, des médailles, des scapulaires, d'invoquer les saints, de vénérer leurs reliques, de faire des vœux, de réciter des neuvaines, d'aller en pèlerinage pour obtenir des guérisons miraculeuses, on voit quelle place occupent encore les croyances à des esprits malfaisants ou bienfaisants. C'est le fond populaire de toutes les religions.

Hippocrate pourtant, il y a vingt-quatre siècles, avait établi la médecine sur une base scientifique en disant : « Il n'existe pas de maladies divines ; toutes ont une cause naturelle, et, sans cause naturelle, aucune ne se produit (3). »

(1) V. l'abbé Gaume, *l'Eau bénite.*
(2) Il parle de « l'exorcisme des eaux baptismales » (*Sermon sur les démons*).
(3) *Des Airs, des Eaux et des Lieux*, 21, 22 ; et *de la Maladie sacrée.*

3. — Les esprits en quête d'un gîte ne se contentaient pas d'occuper passagèrement, par ruse ou par force, un corps dont ils devaient disputer la possession au titulaire en exercice ; ils pouvaient aussi se loger à demeure dans quelque corps de formation récente, non encore pourvu d'une âme, et mener avec lui une existence normale, ce qui les faisait passer de l'état de vagabondage à une installation fixe.

L'idée d'une création spéciale des âmes n'a été conçue que très tard, et il dut paraître d'abord naturel de supposer que celles des êtres appelés à la vie par le cours des générations étaient les esprits de morts disparus qui recommençaient à vivre dans de nouveaux corps. Les Groenlandais croient que les âmes des parents ou des ancêtres animent leurs descendants, et ils expliquent ainsi les ressemblances ataviques. Chez nous-mêmes, le petit nom des enfants, emprunté d'ordinaire à quelque membre de la famille, semble rappeler l'idée de ces transmigrations. Les Algonquins (1) et les Mongols (2) avaient coutume de déposer les cadavres des enfants sur le bord des chemins les plus fréquentés, dans la pensée que la jeune ombre trouverait occasion de se réincarner dans le sein d'une des femmes qui passaient. Victor Hugo fait de même revenir l'âme d'un enfant mort dans un petit frère (3).

L'hypothèse des transmigrations d'âmes dut aussi être suggérée par l'idée qu'on pouvait se faire des effets de la nutrition, et beaucoup de peuples sauvages ont cru qu'en mangeant leurs proies ils s'en assimilaient aussi les âmes. C'est même là une des causes qui ont fait instituer

(1) Charlevoix, *Nouvelle France*, t. VI, 75.
(2) Timkowski, dans *Histoire univers. des voyages*, t. XXXIII, p. 337.
(3) *Contemplations*, *le Revenant*.

l'anthropophagie. On s'appropriait ainsi toutes les qualités des ennemis vaincus. A Taïti, où l'âme était censée résider dans les yeux, le privilège de les manger était une prérogative royale (1). Enfin, la même induction de métamorphose devait résulter du spectacle général de la nature, du renouvellement continuel des êtres par la substitution d'une forme à l'autre, de l'inanimé à l'animé, de la vie à la mort et de la mort à la vie.

Suivant le dogme de la métempsycose, les âmes des morts, mues par une force irrésistible, s'incarnaient dans le corps dont leur existence précédente les avait rendues dignes. Inconsistantes et fluides, elles pouvaient s'insinuer dans une nouvelle forme, s'y mouler et s'y adapter. De grandes religions et des systèmes de philosophie ont admis des transmigrations au cours desquelles le même esprit animait successivement des formes diverses, humaines, animales, végétales ou inorganiques. Ces croyances, communes parmi les nègres d'Afrique, étaient très répandues chez les peuples du nouveau monde. Au Mexique, les élus, après avoir quelque temps vécu dans un séjour de bonheur, étaient changés en oiseaux et en nuages (2) pendant que les gens du commun revêtaient des formes inférieures. Les Égyptiens tenaient que les alternatives de vie et de mort se suivaient sans fin pour les êtres comme, dans la nature, le jour et la nuit, naissance et mort d'Osiris. L'existence actuelle, simple anneau dans une chaîne de transformations, n'était qu'un des stades de cet éternel devenir (3).

(1) Le nom d'*Aïmata*, que portait la reine Pomaré, avait la signification de *manger l'œil*.
(2) Prescott, *Histoire de la conquête du Mexique*, t. I, p. 45.
(3) Maspéro, *Histoire ancienne des peuples de l'Orient*, p. 39.

Dans l'Inde, la métempsycose, dont le *Rig-Véda* ne fait aucune mention, mais qui devint le dogme fondamental du brahmanisme et du bouddhisme, règlemente les incarnations successives comme sanction des existences passées et préparation aux existences futures. Les êtres forment ainsi une immense échelle où leurs âmes, différant en degré plus qu'en espèce, s'élèvent et s'abaissent tour à tour. Cette échelle va des dieux et des saints aux ascètes, aux brahmanes, aux rois, aux hommes de diverses conditions, puis aux plus nobles des animaux (éléphants, chevaux...), à des bêtes sauvages de plus en plus dégradées (serpents, vers, insectes), enfin aux plantes et aux corps bruts. Parmi les cinq cent cinquante incarnations (*Jakatas*) qu'avait traversées Gautama avant de devenir Bouddha, la légende le fait passer par les formes de roi, d'esclave, de singe, d'éléphant, de corbeau, de grenouille, d'arbre, etc., et l'on conserve dans les pagodes de ses reliques sous ces différents états. « Comme l'on quitte des vêtements usés pour en prendre de nouveaux, dit Krichna, ainsi l'âme quitte le corps pour revêtir de nouveaux corps (1). » De là provient le respect religieux des Hindous pour tout être animé. Dans le plus chétif animal, ils craindraient de molester un de leurs ancêtres ou de leurs proches.

Chez les Grecs, la doctrine de la métempsycose, transmise par les mystères orphiques, fut adoptée dans plusieurs écoles de philosophie. Phérécyde la professait, et Pythagore, son disciple, fonda sur elle son système de vie future. Empédocle (2) et Pindare (3) l'admettent dans une

(1) *Bhagávad-Gîta*, trad. Burnouf.
(2) *De la Nature*, 447 et suiv.
(3) *Olympiques*, II, 68 ; *Thrènes*, fragm. 4, 110.

certaine mesure. Platon, empruntant cette croyance au pythagorisme et à l'orphisme, lui accorde une grande place dans ses spéculations. L'âme, dit-il, enchaînée au corps en punition de fautes antérieures, doit animer successivement diverses formes et arriver par une série d'épreuves à sa réhabilitation. Elle va, selon qu'elle a mérité, occuper le corps d'un philosophe, d'un amoureux, d'une femme ou d'un animal. Il nous montre Orphée transformé en cygne, Ajax en lion, Agamemnon en aigle, Thersite en singe. Les méchants se métamorphosent en bêtes farouches et cruelles ; les justes, en animaux doux, apprivoisés et domestiques ; l'âme la plus légère devient oiseau ; la plus ignorante, huître... (1) Ces transformations se poursuivent jusqu'à ce que l'âme, épurée et digne d'un sort plus heureux, revienne à l'existence incorporelle dans un monde supérieur.

La croyance à la métempsycose était générale parmi les Gaulois. Elle pénétra même chez les Juifs (2), et les Kabbalistes l'adoptèrent sous le nom de *gilgul* ou « roulement des âmes ». On en trouve quelques traces chez les chrétiens des premiers siècles (3). Plusieurs sectes, les valentiniens, les marcionites, les gnostiques, l'admettaient à titre d'éventualité possible. Origène et les manichéens expliquaient les misères de cette vie par le mal commis dans des existences antérieures dont elles étaient l'expiation (4). Au moyen âge, un épisode de l'*Edda* (5) montre

(1) *Phédon, Timée, République*, X.
(2) *Sagesse*, VIII, 19 et 20 ; *saint Jean*, IX, 1, 2 ; *saint Matthieu*, XI, 14 ; XVI, 14 ; XVIII, 10.
(3) Saint Jérôme, *Lettre à Démétriade*.
(4) Saint Augustin, *Contra Faust.* ; *De hæres.* ; *De quantitate animæ*.
(5) *Voluspa*.

que les Scandinaves croyaient encore à des transformations après la mort. Dans l'Europe moderne, il ne reste
guère de la métempsycose que les contes populaires de
loups-garous. Néanmoins, depuis un siècle, divers auteurs,
Lessing (1), Charles Fourier (2), Pierre Leroux (3), Jean
Reynaud (4), Louis Figuier (5)... ont repris l'hypothèse
des transmigrations et cherché à la rajeunir par de nouvelles conjectures, mais plutôt comme thème à rêveries
que comme dogme formel et précis. Enfin, Victor Hugo
consacre une longue pièce de vers à exposer un système d'universelle métempsycose où les âmes vont de la
pierre à l'ange en traversant toutes les formes brutes,
végétales ou animales (6).

Aisée à concevoir pour des esprits peu éclairés, puisqu'elle réduisait les changements d'existence à des substitutions de corps, la théorie de la métempsycose était moins
propre à satisfaire la pensée dans un âge de critique et de
réflexion. Elle avait d'abord le défaut d'être purement
imaginaire et de ne s'appuyer sur aucun indice de fait,
pas même sur le moindre souvenir du passé (7). En outre,
puisque la mémoire se perd à chaque transformation, la
suite de ces existences ne constitue pas une immortalité
véritable, et l'on a moins un même être dont le moi se pro-

----

(1) *L'Éducation du genre humain*, fin.
(2) *Théorie de l'unité universelle.*
(3) *De l'Humanité, de son principe et de son avenir.*
(4) *Terre et Ciel.*
(5) *Le Lendemain de la mort ou la Vie future selon la science.* L'auteur fait traverser à l'âme toutes sortes de formes animales
avant de se transfigurer en pur esprit dans les astres (p. 316).
(6) *Contemplations, Ce que dit la bouche d'ombre.*
(7) Seul, Pythagore prétendait se souvenir de ses existences
antérieures, mais sans remonter au delà du siège de Troie (Diogène de Laërte, VIII, 4 et 5).

longe et dure que des êtres distincts qui se succèdent sans se continuer. Les naturalistes pensent que, chez les insectes à métamorphoses, quoique le principe d'individuation et même la substance du corps restent identiques, le sentiment de cette identité ne persiste pas quand l'état change, parce que l'organisme, subissant alors une refonte totale, et le système nerveux se trouvant disposé sur un nouveau plan, la conscience que l'être a de lui-même doit différer avec ses sensations, ses besoins, ses instincts et son genre de vie. La chenille, la chrysalide et le papillon représentent moins un seul être parcourant des phases d'évolution que trois êtres attachés bout à bout comme l'enfant à sa mère. A plus forte raison, l'âme que la métempsycose ferait entrer dans un corps étranger ne pourrait rien retenir de ses existences écoulées et s'engagerait à chaque métamorphose dans une existence à part. En fait, l'uniformité constante avec laquelle se comportent, chacun suivant sa nature, les êtres de toute espèce, sans que rien trahisse jamais en eux quelque réminiscence d'états antérieurs, témoigne d'un complet oubli ; et que signifierait une immortalité sans mémoire si chaque renaissance était l'équivalent d'une mort ? Enfin, la métempsycose devait inspirer plus d'appréhension que d'espoir, car la relégation de l'âme humaine dans des formes inférieures était une déchéance manifeste, et la crainte de métamorphoses abhorrées a fait souhaiter, comme délivrance finale, l'absorption du moi dans l'être absolu ou son évanouissement dans l'inconscience du *nirvâna*. La récompense suprême promise à l'homme juste, véridique et résigné fut celle-ci : « Tu ne renaîtras plus ! »

Aussi, ce système de croyances, commun aux races

sauvages et parvenu à son plus large développement dans les religions d'Asie, n'a-t-il pas pu se maintenir, à partir d'un certain degré de civilisation, parce qu'il n'offrait que des perspectives insuffisantes de vie future et devenait un obstacle au progrès en consacrant, au nom d'une justice immanente, les injustices du sort, en faisant porter aux malheureux la peine de fautes imaginaires, et en leur refusant la pitié qu'ils méritaient. La métempsycose était, on peut le dire, plus profitable aux animaux qu'à l'homme. C'est pourquoi, malgré ce qu'avait de grandiose une doctrine qui présentait la destinée des êtres comme une accumulation de causes et d'effets voulus dont ils subissaient la responsabilité, les peuples plus avancés d'Europe l'ont abandonnée et remplacée par le dogme de l'immortalité personnelle, qui, combiné avec celui de la résurrection, pouvait mieux satisfaire des appétitions indéfinies de survivance.

4. — Le désir de revivre ne devait pas en effet se restreindre à subsister en esprit. On s'aime, on se regrette, et l'on voudrait se retrouver tel qu'on a été, complet, en chair et en os. Il parut donc souhaitable de restituer à l'âme le même corps qu'elle avait perdu, aucun autre ne pouvant lui être mieux adapté, plus familier et aussi cher. Pour cela, il suffisait de le rappeler à la vie par une évocation idéale et de lui assurer une éternelle durée. Mais on fut longtemps arrêté par la difficulté de concevoir comment il pourrait être reconstitué, après qu'on l'avait vu se corrompre, et soustrait, dans une existence nouvelle, aux lois de la vieillesse et de la mort. Aussi l'hypothèse, tardivement émise, d'une résurrection est-elle restée très circonscrite dans le monde de la haute antiquité, en comparaison de celle de la métempsycose.

Quoiqu'il soit fait mention dans le *Rig-Véda* d'une résurrection du corps (1), cette idée ne fit pas fortune dans l'Inde, où la doctrine des transmigrations prévalut. Le mazdéisme, au contraire, formula nettement le dogme de la résurrection et en fit une condition de la vie future, mais non dès le début de son établissement, car on n'en trouve pas trace dans les parties les plus anciennes du *Zend-Avesta* (2). Les Juifs qui, jusqu'à l'époque de la captivité, n'avaient conçu la survivance qu'à l'état de sommeil léthargique, adoptèrent alors en partie la croyance iranienne (3). Mais la foi en la résurrection, propagée par les sectes novatrices des esséniens et des pharisiens, fut obstinément rejetée par la secte conservatrice des saducéens, comme contraire à l'ancienne loi.

Aucune école philosophique de la Grèce n'admit cette doctrine, qui semblait donner un trop audacieux démenti à l'évidence et au sens commun. Celles même qui affirmaient la vie future assignaient pour terme à des séries de transmigrations la délivrance de tout lien matériel. Loin de désirer et d'attendre une résurrection du corps, les pythagoriciens le regardaient comme « le tombeau de l'âme (4) », et Platon fait consister la béatitude du sage à redevenir un pur esprit, « débarrassé pour toujours de l'esclavage du corps (5) ». Cependant, la religion des mystères, fondée sur le culte de Cérès, la bonne déesse, tira de la germination

---

(1) Il y est promis à l'homme pieux de renaître dans un monde futur « avec son corps tout entier » (« sarvatanu », *Rig-Véda*, X, 14, 8 ; XI, 1,8).

(2) Spiegel, *Avesta*, II, 248 et 249 ; Darmesteter, *Ormuzd et Ahriman*.

(3) Isaïe en parle le premier (xxvi, 19) ; V. aussi *Ezéchiel*, xxvii, 9 et 10.

(4) Ils disaient, par allitération : Σῶμα, σῆμα.

(5) *Phédon*, p. 114, *Théétète*, 25.

du blé un symbole du retour des morts à la vie, car la même puissance qui faisait sortir des moissons nouvelles de la corruption de semences confiées à la terre, ne parut pas incapable de régénérer, après leur putréfaction, les cadavres ensevelis. Plus tard, la conquête d'Alexandre amena une infiltration des idées persanes en Grèce (1). Le culte mithriaque, dérivé du parsisme et introduit vers l'époque de Pompée dans le monde gréco-romain, contribua aussi à répandre la croyance à la résurrection (2). Mais la masse des esprits resta réfractaire à une si étrange nouveauté. Telle était sur ce point l'incrédulité dans Athènes, que, lorsque saint Paul vint y prêcher le dogme devenu chrétien, la thèse parut dérisoire à ses auditeurs, dont, rapportent les *Actes des Apôtres*, les uns se moquèrent de lui, les autres s'en allèrent refusant d'en écouter davantage, et, resté seul, l'orateur ne put achever son discours (3).

L'importance de la résurrection dans la religion chrétienne date moins toutefois de la prédication que de la mort de Jésus. Elle prit une valeur imprévue lorsque sa réexistence fut affirmée par le témoignage de Marie de Magdala (4), que M. Renan regarde, pour ce motif, comme ayant le plus contribué, après Jésus, à la fondation du christianisme (5). L'exemple du maître ressuscité décida l'adoption de la croyance par ses sectateurs, et saint Paul, bientôt après, en fit un dogme prépondérant. Néanmoins, les objections des païens contre la résurrection persistèrent longtemps parmi les chrétiens, comme en témoignent les

(1) Plutarque, *De Isi et Osiri.*
(2) Id., *Pompée.*
(3) *Actes des Apôtres*, XVII, 32.
(4) *Saint Jean*, XX, 18.
(5) *Les Apôtres*, p. 13.

polémiques des Docteurs et des Pères (1). Le *Talmud* a propagé la croyance à la résurrection parmi les Juifs, et le *Coran* la consacre chez les musulmans. Elle est ainsi devenue, pour une part notable du genre humain, le plus vif espoir de la vie future.

Par malheur, cette hypothèse, qui contenterait le mieux le désir de garder intacte notre identité, répugne le plus à la science, dont elle contredit les lois. Au point de vue de la connaissance positive, l'organisme frappé de mort reste voué à une destruction irrémédiable et sans retour. « Ce qui a une fois changé de forme, dit Marc-Aurèle, ne la reprendra jamais dans l'infini de la durée (2). » L'expérience universelle proteste contre la réanimation d'un cadavre. Ce fait, s'il venait à se produire avec authenticité, serait une dérogation à la loi le plus constamment vérifiée de la nature. Mais, aucun cas de ce genre n'ayant été constaté dans le passé, on n'est guère autorisé à en faire la règle dans l'avenir. Confiante en la permanence des lois naturelles, tant qu'aucune exception ne motive une mise en doute, la science déclare la résurrection inadmissible même pour le corps que la vie vient d'abandonner, et tout à fait incompréhensible après la décomposition cadavérique.

Par l'action de quelle force, en effet, les matériaux de l'organisme, une fois soustraits à l'empire de la vie, ramenés à un état de composition plus simple, dispersés dans les milieux ambiants et retombés sous la domination des agents qui régissent la matière brute, pourraient-ils se rapprocher,

---

(1) Voy. Arnobe, *Adv. gent.*, II, 13 ; Origène, *Contra Cels.*, I, 7 ; V, 24 ; Tatien, *Adv. Græc.*, 6 ; Irénée, *Des Hérés.* V, 3 ; Tertullien, *De carne Christi*, 15 ; saint Augustin, *De civit. Dei*, XXII, 4, 12 et suiv.

(2) *Pensées*, X, 31.

s'unir et reconstituer le corps détruit ? Vainement on invoque, comme indices de résurrection éventuelle, les faits de réviviscence, de métamorphose chez les insectes, de germination chez les plantes, d'évolution dans la graine ou l'œuf. Aucun de ces phénomènes n'a la moindre analogie avec le miracle annoncé. La génération seule a le pouvoir de reproduire les formes organiques. Si mystérieuse que soit cette transmission de la vie, elle se laisse observer et suivre dans son processus. C'est toujours une parcelle de substance vivante qui, détachée d'un organisme antérieur, s'individualise et produit, soit seule, soit fusionnée avec une parcelle complémentaire, un être de même espèce. La vie se prolonge de la sorte ininterrompue à travers la suite des générations. Mais aucun lien de ce genre n'existe entre le corps qui cesse de vivre et un corps pareil destiné à le remplacer. Ici, plus de germe rénovateur, plus de transmission directe d'un vivant à un naissant. Entre la vie perdue et la vie retrouvée, la mort creuse un abîme que rien, sauf un miracle, ne pourrait combler, et la science ne fait pas entrer le miracle dans ses prévisions, parce qu'elle n'a la preuve d'aucun. Pour admettre celui-là, qui serait le plus grand de tous, elle exigerait plus d'éléments de certitude que n'en ont les lois qui le démentent, et l'on ne saurait invoquer à son appui la moindre présomption.

Il semble même difficile de s'entendre théoriquement sur les conditions souhaitables d'une résurrection. Tous ne sont pas satisfaits de leur corps ; beaucoup seraient heureux d'en changer, car la pauvre machine humaine est bien souvent défectueuse. Ceux qu'affligent ses imperfections, cause de gène ou de souffrance, voudraient sans doute en être exempts et jouir d'une vie meilleure. Jésus affirme que, dans le royaume des cieux, il y aura des boiteux, des borgnes et des manchots (1). Peut-être, en ce cas, leur bonheur laisse-rait-il un peu à désirer. Il faudrait donc, non seulement rappeler le corps à la vie, mais encore le réparer ou même le refondre. Certains demanderaient à changer de race ou de sexe. Aux États-Unis, les nègres esclaves exprimaient le désir de renaître semblables à leurs maîtres (2), et les Australiens disent à leurs moribonds : « Meurs noir, ressuscite blanc ! » En Chine, les femmes, lasses de leur assujettissement, ambitionnent de devenir hommes dans une autre vie (3). Les manichéens, pour ne pas souiller leur paradis par la présence de femmes, « êtres naturellement impurs », les faisaient ressusciter à l'état d'hommes. Origène exprime la même idée, et saint Augustin mentionne une croyance analogue chez plusieurs docteurs chrétiens (4). Au rebours, M. Renan, par dilettantisme et curiosité d'esprit, émet le vœu de renaître femme, pour connaître la vie humaine sous son double aspect, éprouver ce que sentent les femmes et « voir comment elles ont raison (5) ». Mais, au xiii° siècle, le quatrième concile de Latran a coupé court à ces fantaisies en décidant que chacun renaîtrait sous sa forme propre (6).

D'autres difficultés encore viennent embarrasser l'esprit. Le mot de corps est une expression générale qui résume une série d'états différents. Nous avons, non un corps unique et fixe, mais une multitude de corps successifs qui, de la conception à la mort, se modifient continuellement et qui, comparés d'âge en âge, se ressemblent peu. Lequel de ces corps caractérise le mieux notre personnalité et méri-

(1) *Saint Matthieu*, xviii, 8 et 9.
(2) Fræbel, *Amérique centrale*, p. 220.
(3) A. Réville, *Hist. des religions*, t. III, pp. 14 et 471.
(4) *De civitate Dei*, XII, 17.
(5) *Feuilles détachées, Emma Kosilis*, p. 39.
(6) *Decret. I, De fide catholica*.

terait de revivre par préférence ? Le dernier, celui que dé-
fait la mort et auquel on décerne des honneurs funèbres,
triste relique à laquelle se rattache un espoir de résurrection, n'est pas plus notre incarnation véritable que les
nombreux cadavres rejetés presque de mois en mois derrière nous par le travail insensible de la désassimilation.
Dans l'idée que la vie future, simple prolongement de la vie
présente, devait la reprendre au point où celle-ci vient à
cesser, divers peuples ont cru que tel on meurt, tel on se
retrouverait dans l'autre monde. C'est pourquoi les Chinois,
les Arabes et les nègres ont une frayeur extrême de la
décollation et lui préfèrent tout autre genre de supplice,
convaincus que les décapités resteront sans tête, ce qui
serait en effet une cruelle incommodité. Les Fidjiens, mus
par le pieux désir d'éviter à leurs parents qui vieillissent
l'ennui d'une immortelle décrépitude, les étranglent après
un festin mortuaire, afin qu'ils entrent en meilleur état
dans l'existence future (1). La coutume était chez eux si générale, que, dans un centre de population assez important, le
capitaine Wilkes ne vit personne au-dessus de quarante ans.
Tous les vieillards avaient été expédiés de cette façon (2).

Peu de gens, parmi nous, accepteraient la fâcheuse alternative de devancer ainsi le départ, ou de revivre éternellement dans la condition où, d'ordinaire, la mort nous saisit,
affaiblis par l'âge, ravagés par la maladie, perclus, caco-
chymes, agonisants... On cite pourtant un rabbin, Abraba-
nel, qui, logicien féroce, a soutenu cette thèse déplai-
sante (3). On ne souhaite généralement de revenir à la vie

(1) Williams, *Fiji and Fijians*, t. I, p. 183.
(2) Lubbock, *Origines de la civilisation*, pp. 373 et 374.
(3) Préface de son *Commentaire sur Isaïe*, dans la *Bible* de Cahen,
t. II, p. 419.

que dans son plein épanouissement de santé, de force et de beauté. Mais tous n'ont pas joui de ces biens. Où les prendraient ceux qui en ont été dépourvus ? A quel âge la résurrection ramènerait-elle les corps ? Auraient-ils la grâce de l'enfance, l'éclat de la jeunesse, la vigueur de la virilité, la majesté de la vieillesse ? Si le choix est laissé à la convenance de chacun, que de fantaisie et de disparates ! Si la même règle s'impose à tous, que de mécontents ! Les femmes voudraient revivre à l'âge où elles peuvent le mieux plaire et charmer ; les hommes, en majorité, désireraient aussi renaître jeunes ; seuls quelques sages demanderaient à rester vieux ou à redevenir enfants. Que décider, en outre, pour les êtres, les plus nombreux de beaucoup, qui sont morts en bas âge ? Renaîtraient-ils enfants, destinés à l'être toujours, ou sous la forme virtuelle que le cours de la vie aurait amenée, mais qui ne s'est pas réalisée ? Enfin, car chaque détail a son prix, quand il s'agit de s'installer dans l'éternité, la restitution des corps reproduirait-elle exactement leur ressemblance, à un moment donné, ou la modifierait-elle dans le sens de l'idéal ? Si l'aspect reste le même, la laideur dominera ; si le type s'embellit et se transfigure pour devenir moins inesthétique, on ne se reconnaîtra plus l'un l'autre, et les âmes elles-mêmes ne reconnaîtront plus leur corps...

Il en serait pareillement de nos âmes. Le sentiment de notre identité nous trompe. Nos esprits ne varient pas moins que nos corps, non seulement d'âge en âge, mais de moment en moment, selon les impressions qu'ils subissent, les passions qui les agitent, les idées qu'ils se forment et les desseins qu'ils poursuivent. Combien diffèrent entre elles, aux stades d'une même vie, l'âme innocente et naïve de l'enfant, l'âme ardente et mobile d u jeune homme, l'âme sérieuse et réfléchie de l'adulte, l'âme triste et désabusée du vieillard ? Quand on a un peu vécu et qu'on évoque son passé, on a peine à se persuader que le même moi ait pu jouer tant de personnages divers. Laquelle de ces âmes serait appelée à vivre toujours ? Aucune n'est l'expression exacte de notre personnalité, puisqu'elles l'ont représentée à tour de rôle. Les concilier est cependant impossible, car nous ne pouvons pas être à la fois, comme nous le sommes par alternance, animés de sentiments contraires, gais et moroses, sots et spirituels, fous et raisonnables, bons et méchants, égoïstes et dévoués, suivant l'occasion et les circonstances. L'embarras est inextricable ; et si, pour en sortir, on voulait supprimer nos défauts et ne retenir que nos qualités, comme les uns ne vont guère sans les autres, que nos défauts sont d'ordinaire des qualités mal employées, et nos qualités des défauts heureusement mis en œuvre, le moi, si l'on entreprenait de faire le partage, risquerait de se trouver fort diminué, sinon réduit tout à à fait rien.

CHAPITRE VIII

CONDITIONS DE LIEU D'UNE EXISTENCE FUTURE.

1. — La vie ne peut se développer que dans un milieu réel. Isolée dans l'espace et ne se rattachant à rien, elle serait indistincte pour la pensée. Elle n'est clairement conçue qu'opposée à d'autres existences, limitée par elles, localisée dans leur ensemble. Il faut qu'elle occupe un lieu déterminé de l'étendue, car elle ne pourrait être partout que si elle était tout, ce qui ne permettrait pas à l'esprit de la saisir ; et, si elle n'était nulle part, on ne saurait où la prendre, elle ne se distinguerait pas de ce qui n'est pas. Pour s'en faire une idée précise, on doit pouvoir la colloquer quelque part, marquer sa place dans la généralité des êtres connus.

Quel séjour convient-il d'assigner à la vie future ? Où situer dans l'univers cet empire des morts, « contrée non découverte, dont nul voyageur n'a repassé la frontière ? (1) » Les idées ont beaucoup varié à cet égard, et la diversité des conjectures témoigne de leur commune incertitude. Admis d'abord à partager le monde des vivants, les morts en ont été peu à peu exclus et relégués dans des régions toujours plus lointaines, puis entièrement imaginaires. Suivons les étapes de cet exode, au cours duquel ils ont

(1) Shakspeare, *Hamlet*, III, 1.

passé d'un milieu réel et circonvoisin au pays des chimères.

2. — Dans le principe, les morts étaient censés résider au lieu où s'était écoulée leur vie. Au moment où l'esprit venait de quitter le corps, il était par là, tout près, à portée de la main ou de la voix. Plusieurs peuples, qui craignent la malfaisance des esprits, s'efforcent de les chasser à coups de pierre ou de bâton, afin qu'ils aillent. commettre ailleurs les méfaits qu'on en redoute (1). D'autres, qui regrettent ceux qu'ils voient mourir, cherchent à rappeler par des objurgations ou des cris l'esprit qui s'éloigne. Les Hottentots injurient et invectivent le moribond, lui reprochant de s'en aller, d'abandonner sa famille et de déserter sa tribu (2). « Quand un homme se trouve mal ou meurt, les Fidjiens croient qu'on peut retenir en l'appelant son esprit qui s'échappe, et parfois on voit un homme sortant de syncope crier de toutes ses forces après son âme pour l'engager au retour (3). » En Chine, suivant un usage ancien mentionné dans un des *Kings* (4), aussitôt après la mort, les parents du défunt montent sur le toit de la maison et l'appellent plusieurs fois par son nom en lui disant : « Un tel, reviens ! (5) »

Les esprits qui ne répondaient pas à ces appels touchants étaient néanmoins présumés ne pas s'écarter beaucoup du lieu où le corps était déposé, car c'est là qu'en général on leur faisait des offrandes d'aliments. On croyait qu'ils venaient de temps à autre revoir leur ancien compa-

---

(1) Tylor, *Civilisation primitive*, t. I, p. 528.
(2) A. Bertillon, *les Races sauvages*, p. 19.
(3) Williams, *Fiji and Fijians*, t. I, p. 242.
(4) *Li-ki*, VIII, 1, 7.
(5) A. Réville, *Hist. des religions*, t. III, p. 190.

gnon de vie ; aussi avait-on souvent le soin de ménager une ouverture à la tombe, afin que l'âme pût y entrer et en sortir à son gré. L'opinion commune des peuples non civilisés est que les morts errent en foule autour des vivants, disposés à nuire par leur triste sort, et ce voisinage inquiétant motive de continuelles appréhensions. Parmi les civilisés eux-mêmes, il faut un certain courage pour traverser la nuit sans émoi un cimetière qu'on suppose hanté d'esprits. Ceux-ci, partout épars, sont d'ordinaire invisibles, mais ils signalent à l'occasion leur présence par des résonances d'écho et des bruits mystérieux, que, faute d'en connaître la cause, on fut porté à leur imputer.

3. — Lorsqu'une observation prolongée eut fait mettre en doute la présence des morts là où ils avaient vécu, on les envoya résider plus loin. A la suite de migrations accomplies par la tribu, on admit qu'ils retournaient au pays des ancêtres, où les rappelait l'amour de la famille et de la patrie perdues. Ils eurent alors à effectuer un voyage qui, selon l'occurrence, devait se faire par terre ou par eau. En vue de le leur faciliter, on plaça près d'eux des chaussures pour la marche, un bâton, une monture ou un char pour le transport, un canot s'il y avait à naviguer sur un fleuve ou un bras de mer. Au Mexique, on immolait un chien pour accompagner le défunt et l'aider à trouver sa voie. Les Esquimaux chargent encore un de ces animaux de guider vers la région lointaine l'enfant qui n'en connaît pas le chemin.

En proie à l'épouvante de la mort, l'imagination se plut à remplir d'obstacles et de dangers la route qui menait à la contrée des esprits, comme pour ôter aux indiscrets toute envie d'y aller voir. Les Égyptiens croyaient qu'après un temps plus ou moins long, l'âme, ennuyée de sa réclusion dans la tombe, se dirigeait vers une autre terre bien éloignée. Mais le voyage était périlleux, à travers des régions infestées de serpents et de bêtes fauves, des torrents d'eau bouillante, des marais où des singes gigantesques prenaient les âmes au filet. Beaucoup se perdaient en chemin et périssaient. Les mieux pourvues d'amulettes et d'incantations parvenaient à des îles heureuses où régnait Osiris (1). « Les traditions des Hurons s'accordaient pour représenter le voyage des âmes entouré de difficultés et de périls. Il leur fallait traverser une rivière rapide, sur une poutre tremblant sous leurs pas (2), pendant qu'un chien, gardien féroce, s'opposait, sur l'autre rive, à leur passage et cherchait à les précipiter dans l'abîme... Au delà se voyait un étroit sentier serpentant entre des rochers mouvants qui s'écroulaient sur eux, écrasant sous leurs débris les moins agiles des pèlerins (3). » Aussi, chez plusieurs peuples, ne voulait-on pas attendre, pour tenter de si redoutables épreuves, les infirmités de la vieillesse qui auraient laissé peu de chance d'atteindre au pays de la félicité. Ceux qui, au déclin de l'âge, sentaient leurs forces faiblir (le moment arrivait quand ils ne pouvaient plus se tenir suspendus par les mains aux branches d'un jeune arbre vigoureusement secoué), consentaient à se

(1) Maspéro, *Lectures historiques*, p. 157-160.

(2) Les Algonquins devaient passer sur un pont fait de serpents entrelacés. Le mazdéisme avait son pont du jugement (*Tchinwat*), sur lequel passaient les âmes pour aller dans le paradis d'Ormuzd. Les musulmans ont l'épreuve du pont *Al-Sirat*, étroit comme une lame de rasoir...

(3) Parkmann, *les Pionniers français dans l'Amérique du Nord*, trad. franç., 1872.

laisser tuer, sinon leurs enfants s'acquittaient de ce bon office, afin qu'ils fussent mieux en état d'entreprendre le grand voyage et de parvenir au but convoité. L'homicide, par piété filiale ou motif religieux, des vieillards et des valétudinaires, a été constaté chez les Sioux, à Taïti, à la Nouvelle-Calédonie, etc.

Selon la croyance des Tongans, l'île de Bolotoo, où vont les morts, est « si éloignée qu'il serait dangereux pour leurs canots de s'aventurer jusque-là, et que même en admettant qu'ils y pussent parvenir, ils ne pourraient pas débarquer sans une permission spéciale des dieux ». Une de leurs légendes raconte qu'une fois, il y a bien long-temps, un canot, revenant des îles Fidji, fut poussé par la tempête jusqu'à cette île mystérieuse ; mais, quand ceux qui le montaient voulurent toucher à quelque chose, ils ne purent rien saisir : tout disparaissait comme une ombre (1). C'est l'image de tous les paradis.

Hésiode assigne pour séjour aux héros du cycle troyen des *îles Fortunées*, voisines de l'Océan, où ils vivent sous la domination de Saturne (2). Homère mentionne aussi une *île des Bienheureux*, située au loin vers l'Ouest (3). En général, la région des morts est placée à l'*Occident*, là où le soleil se couche et paraît mourir, laissant les ténèbres der-rière lui, plus rarement à l'Est, où reparaît sa lumière, annonce d'une vie nouvelle. Cette symbolique, dérivée du mythe solaire, a exercé une grande influence sur les con-ceptions de la mort. — A l'époque de Platon, les connais-sances géographiques étant très bornées encore, les rê-veurs pouvaient, sans crainte d'être démentis, supposer à

(1) Mariner, *Tonga Islands*, t. II, p. 108.
(2) *OEuvres et Jours*, 109-120.
(3) *Odyssée*, IV, 563-569.

la surface inexplorée du globe une contrée spéciale affectée
à la résidence des morts. « La terre est grande, » dit Socrate dans le *Phédon*, et il part de là pour décrire, sur la foi
d'un voyageur inconnu, cette région des ombres, avec une
abondance et une précision de détails qui font honneur à
l'imagination des deux (1). Un curieux récit de Procope
montre que chez les Grecs du Bas-Empire la Grande-Bre-
tagne passait pour être le pays des morts, contrée à demi
fabuleuse, perdue dans les brumes du couchant et toute
peuplée de fantômes (2).

4. — Quand, après avoir exploré le monde en divers sens,
on eut reconnu que nulle part il ne s'y rencontrait d'esprits,
alors qu'avec le temps ils auraient dû se trouver en nombre
croissant, force fut de les colloquer ailleurs que dans le
milieu occupé par les vivants, et d'imaginer un *autre
monde* où ceux-ci n'avaient pas d'accès.

La coutume d'ensevelir les morts, de les déposer dans des
cavités souterraines, grottes, cavernes, hypogées, chambres
sépulcrales, fosses, puits funéraires, etc., conduisit à croire
qu'ils continuaient de vivre là où ils étaient enfouis (3). Ils
eurent alors pour séjour la tombe agrandie et pour ainsi
dire l'équivalent de toutes les tombes rapprochées et confondues. L'*Hadès* homérique, le *Schéol* (4) des Hébreux,
l'*Amenthès* des Égyptiens, le *Tartare* des Étrusques et des
Latins, le *Hel* des Scandinaves (5), ce qu'on appelle du nom
générique d'*Enfers* (*inferi*, la région inférieure, celle qui

(1) *Phédon*, pp. 78-85.
(2) *Guerre des Goths*, IV, 20.
(3) « Sub terra censebant reliquam vitam agi mortuorum. » (Cicéron, *Tusculanes*, I, 16.)
(4) *Schéol* de *chât*, caverne.
(5) En allemand, *Hœlle*, enfer, dérive de *hœhle*, caverne.

s'étend sous les pieds), étaient des *lieux bas*, profondément situés à l'intérieur de la terre (1), où régnaient les ténèbres (2) et la tristesse. Séparés par une simple différence de niveau, les deux mondes de la vie et de la mort communiquaient par des gouffres tels que l'Averne en Italie, le Trou de Saint-Patrick en Irlande, ou des cratères de volcans qui, au moyen âge, passaient pour des soupiraux de l'enfer. C'est par là que les morts descendaient. Pythagore croyait même pouvoir expliquer les tremblements de terre par la trépidation que parfois leur affluence tumultueuse occasionnait (3). Quelques rares voyageurs vivants s'étaient aventurés dans ces abîmes. Orphée, Thésée, Hercule, Bacchus, avaient visité le sombre séjour. Homère y conduit Ulysse, et Virgile Énée. Plusieurs poèmes orphiques avaient pour sujet le récit d'une *Descente aux enfers* (4). Un texte cunéiforme raconte celle de la déesse Istar allant délivrer son fils Turzi. La mythologie chrétienne fait descendre Jésus aux enfers (5). Ces expéditions de héros se rattachent manifestement au mythe solaire et rappellent le passage sous terre de l'astre du jour pendant la nuit.

Ces empires souterrains des morts sont décrits par les poètes comme une vaste prison dont les portes, ouvertes

---

(1) Pour Homère, le Tartare est aussi éloigné en profondeur que le Ciel en hauteur. Hésiode le met si bas sous terre qu'il faudrait, assure-t-il, à une enclume d'airain « neuf nuits et neuf jours pour y tomber de la terre, comme pour descendre du ciel jusqu'à nous ».

(2) L'*Erèbe*, synonyme de Tartare, de ἔρεβος, noir.

(3) Élien, *Variæ historiæ*, IV, 17.

(4) Κατάβασις εἰς Ἅιδου.

(5) Saint Paul, *Éphésiens*, IV, 7-10. L'*Évangile de Nicodème* donne un récit détaillé de cette descente aux enfers, dont le *Symbole des Apôtres* a fait un article de foi.

pour ceux qui arrivent, se ferment à jamais sur ceux qui sont une fois entrés. C'est un lugubre séjour, privé de la lumière du soleil, à peine éclairé par de douteuses lueurs, où errent, dans des prairies d'asphodèles, les âmes oisives, tourmentées du regret de la vie d'en haut. On conçoit que cette seconde existence dût paraître misérable à ceux qui avaient mené la première sous la clarté du ciel, parmi de vivantes réalités. Dans l'*Odyssée*, l'ombre désolée d'Achille déclare à Ulysse qu'elle « aimerait mieux être un pauvre esclave sur terre que de régner sur tout le peuple des morts (1) ». Si grande était la tristesse de ces lieux funèbres que, plus tard, on ne voulut pas y laisser les meilleures âmes, et l'on fit du ténébreux séjour une geôle pour les réprouvés, dans le sens moderne du mot *enfer*. Est-il, toutefois, nécessaire de dire que les recherches des géologues n'ont fait jusqu'ici découvrir ni même soupçonner aucun indice de régions analogues à celles que s'est plu à décrire la fertile imagination des poètes et des théologiens?

5. — Après qu'on eut retranché aux morts la surface du globe, habitée par les vivants, et converti son intérieur en région infernale, il ne resta plus qu'à colloquer les âmes les plus méritantes dans le ciel, qui ouvrait aux rêves son immensité lumineuse. On dut arriver à cette conjecture par diverses voies. La nature aérienne attribuée aux esprits semblait les disposer à flotter dans l'atmosphère plutôt qu'à vivre captifs dans de sombres cryptes. Là où la tribu, installée sur un de ces sites élevés que surent utiliser de bonne heure, comme fortification naturelle, les fon-

____

(1) *Odyssée*, XI, 488.

dateurs d'*oppida*, eut pris l'habitude d'y ensevelir ses
morts, les âmes se trouvèrent toutes portées pour prendre
leur essor dans le ciel, sorte de dôme qui recouvrait la
montagne et qu'elle paraissait soutenir. Les habitants de
la plaine donnèrent la même résidence à leurs morts
quand s'établit l'usage de les brûler au lieu de les enterrer,
car l'esprit, parcelle du feu céleste, semblait monter vers
lui avec la flamme du bûcher, tandis que les éléments du
corps faisaient retour à la terre sous forme de cendres.

Il y eut alors pour les âmes deux séjours, l'un sous
terre, l'autre dans le ciel, et leur contraste devint toujours
plus marqué. La séparation s'opéra surtout avec netteté
lorsque deux peuples se trouvèrent superposés par la
conquête ou deux castes par l'état social, la classe domi-
nante prenant pour elle le monde supérieur et reléguant
dans l'inférieur la classe assujettie. Au Pérou, un paradis
au-dessus de la terre, *Hassanpacha*, recevait les nobles et
les prêtres, tandis que les plébéiens allaient dans un
abîme souterrain, *Ucupacha*. Ce dédoublement du séjour
des âmes prit une signification plus précise encore
lorsque, sous l'influence des idées morales, l'un d'eux fut
affecté à la récompense, l'autre au châtiment. Le primitif
empire des morts où, comme dans l'*Hadès* des Grecs et
le *Schéol* hébraïque, ils étaient tous confondus et soumis
à un traitement uniforme, se scinda en deux provinces
distinctes où leur condition différa complètement. A leur
Amenthès, les Égyptiens opposèrent les *Demeures célestes*
où Osiris accueillait ceux qui avaient bien vécu. Chez les
Grecs, le *Tartare*, où sont rejetés les demi-dieux vaincus, contraste avec le rayonnant *Olympe*, où trônent les
dieux vainqueurs. L'Hadès fut ensuite partagé en *Tartare*
pour les coupables et *champs Élysées* pour les bons. Le

Schéol admit de même une division en *Géhenne*, lieu de tourments pour les réprouvés, et *Sein d'Abraham*, séjour de béatitude pour les élus (1). Mentionnons encore le *Naraka* et le *Kaïlas* des Hindous, le *Hel* et la *Walhalla* des Scandinaves. Le *Zend-Avesta* ouvre aux purs l'accès d'un séjour de lumière (*Beheshd*, *Goritman*), où résident Ormuzd et les Izeds, tandis que les mauvais tombent dans un abîme de « ténèbres sans fin » (*Douzakh*), où ils sont torturés par les Dews au service d'Ahriman (2). Entre le ciel, où règne le dieu du bien et de la lumière, et l'enfer, où domine l'esprit du mal et des ténèbres, s'étend la surface de la terre, monde des vivants, où le bien et le mal, la lumière et les ténèbres, sont mêlés et en .lutte (3). Le christianisme et l'islamisme ont également adopté cette division tripartite qu'on retrouve en beaucoup de lieux. Au vɪᵉ siècle, Cosmas Indicopleustès se représente le monde comme une habitation dont l'enfer serait le caveau, la terre le rez-de-chaussée, et le ciel l'étage élevé (4). Les Germains appelaient de même *Midgard*, séjour du milieu, la surperficie habitée du globe, placée entre le monde souterrain et le ciel supérieur.

Par amour pour la lumière, on s'est généralement accordé à placer les séjours de bonheur à la surface de la terre ou dans le ciel, et à rejeter les enfers dans des cavités obscures où les damnés sont exposés à l'ardeur de ce *feu central* dont les pythagoriciens faisaient le foyer de l'activité du monde. Seuls, les Esquimaux, que les rigueurs d'un climat hyperboréen obligent de chercher sous terre

(1) *Saint Luc*, xvi, 22, 26.
(2) *Vendidad*, XIX ; *Yaçna*, XVII.
(3) *Boundehesh*, 1.
(4) *Cosmographie chrétienne.*

un abri contre le froid, ont mis leur paradis dans des
cavernes profondes où ils espèrent jouir d'une constante
tiédeur, et colloqué leur enfer en haut, dans l'air glacé (1);
simple question de latitude.

6. — Le besoin de spécialiser toujours davantage la résidence des morts, à mesure que se compliquait la théorie
des sanctions, a fait introduire dans cette cosmographie
idéale des sections multipliées. Comme le bien et le mal
comportent des degrés sans nombre, on a distingué
diverses régions, afin de graduer les peines et les récompenses. La région des morts, dans l'*Énéid'*, comprend le
Tartare, les champs Élysées et un lieu neutre où vont
ceux qui n'ont ni mérité ni failli. Le tout est subdivisé en
neuf parties, nombre sacré (2). La théologie chrétienne,
s'autorisant du mot de Jésus : « Il y a plusieurs demeures
dans la maison de mon père (3) », admet dans le ciel des
degrés de béatitude comme, dans l'enfer, des degrés d'affliction. Des hiérarchies d'âmes heureuses furent étagées
dans les sept ou neuf cieux que l'astronomie ancienne su-
perposait au-dessous de l'Empyrée. L'enfer de Dante se
compose aussi de neuf cercles répartis en sphères. Mahomet divise le sien en sept cercles (4). Il fait punir dans les
six premiers les coupables des différents cultes, réservant
le dernier et le plus terrible pour les hypocrites de toutes
les religions. Le ciel islamique, en forme de palais oriental,
a de même sept étages, au plus haut desquels resplendit
Allah dans sa gloire. Le Naraka des Hindous compte vingt

(1) D' King, *le Groenland et les Esquimaux.*
(2) *Énéide,* VI.
(3) *Saint Jean,* XXIV, 2.
(4) *Coran,* XV, 44.

et une sections où s'expient diverses classes de fautes. En Chine, l'enfer bouddhique se partage en dix-huit compartiments, huit où la chaleur est intolérable et dix où sévit un froid atroce. Chacun d'eux a des annexes dont le total s'élève à plus de cent mille (1).

L'idée de faire punir les fautes vénielles dans des pénitenciers ou *purgatoires* est ancienne. Les Égyptiens avaient le *Kerneter*, où se purifiaient les pécheurs. Les Iraniens et les Étrusques ont eu aussi leurs purgatoires. Platon en institue un (2); Virgile en décrit un autre (3). Le christianisme adopta ce tempérament, si utile à ses intérêts, à partir de Grégoire le Grand. Mais les esprits furent longtemps et sont restés divisés sur cette croyance. L'existence du purgatoire, niée par les nestoriens au v° siècle, puis par les cathares, les vaudois, les wiclefites et les hussites, ne fut érigée en dogme que par les conciles de Lyon au xiii° siècle, de Florence au xv°, et de Trente au xvi°. Les sectes protestantes l'ont rejetée comme un affaiblissement de la justice divine, préférant la compromettre par excès de rigueur plutôt que de l'énerver par excès d'indulgence. C'est, on le sait, sur cette question du purgatoire, soulevée à propos de la scandaleuse vente des indulgences, qu'éclata le grand schisme de la réforme.

Enfin, une région indifférente ou neutre recueillit les âmes de ceux qu'une mort prématurée avait ravis dans leur innocence native, ou qui, ayant bien vécu, mais dans l'ignorance de la foi qui sauve, n'avaient mérité ni châtiments, ni béatitude. Virgile assigne aux enfants morts en bas âge une des neuf divisions de ses enfers. A son

---

(1) A. Réville, *Histoire des religions*, t. III, p. 557.
(2) *Phédon et Gorgias*.
(3) *Enéide*, VI, 735-744.

exemple, l'Église envoie dans les *Limbes*, compartiment voisin de l'enfer (1), les âmes de ceux qui n'ont pas reçu le baptême. L'état où y vivent, sans joie ni peine, les âmes infantiles, rappelle l'inerte quiétude du nirvâna. Les chrétiens des premiers siècles admettaient en outre, « dans les parties les plus basses de la terre », un lieu où résidaient, dans l'attente de la résurrection, les âmes des pieux israélites non rachetés par l'ancienne loi. C'est là que saint Paul (2) et l'Évangile apocryphe de Nicodème font descendre Jésus pour en ramener « une foule de captifs ». Ce compartiment, inoccupé depuis lors, est comparé par un controversiste du xviie siècle à « une maison à louer (3). » Dante rassemble, sans les punir, dans le premier de ses cercles infernaux, des personnages illustres qu'il se ferait scrupule de damner : Hector, Énée, Socrate, Platon, Aristote, Averroès, etc. (4) Les musulmans ont un séjour spécial, appelé *Berzakh,* où les âmes, lorsque Asraël, l'ange de la mort, a rompu leur attache corporelle, vont s'endormir jusqu'au jugement dernier (5).

7. — Le *Ciel* était une expression trop vague pour que l'esprit, désireux de se faire une idée nette du séjour des élus, pût s'en contenter longtemps. Dans le principe, ce terme désignait, par opposition à la terre obscure, l'espace qui la recouvre, la région de l'air et des nuages. Hésiode y fait flotter, sous forme de génies bienfaisants, les

(1) *Limbes*, de *limbus*, bord.
(2) Saint Paul, *Ephésiens*, iv, 8 et 9; *le Pasteur d'Hermas*, III; Saint Clément, *Stromates*, II, 6.
(3) Drelincourt, *Dialogue sur la descente de Jésus-Christ aux enfers*, 1664, p. 309.
(4) *Inferno* V.
(5) *Coran*, .iii, 102.

hommes de l'âge d'or qui, cachés dans les nuées, parcourent le monde, veillent sur les mortels et leur dispensent la richesse (1). C'est aussi là que les Scandinaves croyaient voir planer et combattre les ombres glorieuses des héros, et les Hyperboréens de nos jours expliquent encore les aurores boréales par des apparitions et des danses d'esprits. La mythologie grecque plaçait la résidence des dieux au sommet de l'Olympe, comme celle des Védas sur le mont Mérou. Le paradis des Assyriens était sur la « Montagne du monde », dans la région « des nuages argentés (2) ».

Ce ciel, de nature aérienne, était peu éloigné de la terre, quoique ni le regard ni la pensée ne pussent en sonder la profondeur. Les Polynésiens et les Germains croyaient qu'on y montait sur l'arc-en-ciel. Il s'étendit ensuite jusqu'à comprendre l'espace indéfini qui se déploie en tous sens au delà de l'atmosphère terrestre et où brillent des astres sans nombre. Mais on ne soupçonna que très tard leur distance et leur grandeur réelles, et, comme la petitesse apparente des corps célestes les mettait en état d'infimité par rapport à la terre, celle-là constituait le vrai, l'unique monde. Les épicuriens n'attribuaient aux astres que leurs dimensions visuelles (3); les étoiles fixes passaient pour des flambeaux analogues aux feux de la terre, attachés à une voûte solide, le *Firmament*, et l'*Apocalypse* annonce que, à la fin des temps, « elles tomberont du ciel sur la terre comme lorsqu'un figuier, agité par le vent, laisse tomber ses figues vertes (3) ». L'astronomie a

(1) *OEuvres et Jours*, 109-120.
(2) Maspéro, *Lectures historiques*, p. 266.
(3) Lucrèce, V, 565; Cicéron, *De finibus*, I, 6.
(4) *Apocalypse*, VI, 13; *Saint Matthieu*, XXIV, 29.

révélé depuis que les astres sont des mondes lointains, comparables en importance, souvent bien supérieurs à la terre, et dont beaucoup paraissent susceptibles d'être habités. L'imagination s'empara de ce nouveau domaine et y installa d'autant plus volontiers ses rêves de vie future qu'elle semblait n'avoir pas à craindre d'en être dépossédée par d'importunes explorations. Dans ce milieu, à la fois réel et idéal, les conceptions purent se donner carrière et spéculer sur l'invérifiable sans s'exposer à de brutaux démentis. L'hypothèse de transmigrations dans le ciel illimité de l'astronomie, propre à satisfaire la faculté poétique et le goût du merveilleux, a été pour les modernes une forme rajeunie de l'antique métempsycose. « Quelques hommes d'esprit, dit Leibniz, voulant donner un beau tableau de l'autre vie, promenèrent les âmes bienheureuses de monde en monde, et notre imagination y trouve une partie des belles occupations qu'on peut donner aux génies (1). »

Plusieurs peuples avaient eu l'idée de migrations dans les astres. Pour les Indiens de l'Amérique du Nord, la voie lactée est « le sentier des âmes ». Au Pérou, les Incas étaient censés aller rejoindre le Soleil, leur père. Le reste du ciel appartenait aux nobles. Les Patagons et les Maoris envoient les âmes des chefs et des sorciers dans les étoiles ; les Guaycurus et les Polynésiens de Tokelau, dans la lune (2). Selon la doctrine des brahmanes, les âmes méritantes sont récompensées dans la lune, puis reviennent sur terre pour animer d'autres corps. Seuls les sages vont au-dessus de la lune, dans le séjour de Brahma, où ils

(1) *Nouveaux essais sur l'entendement humain*, IV, 16, § 12.
(2) Tylor, *Civilisation primitive*, t. II, p. 90 et 91.

s'identifient avec lui (1). Les *Védas* assignent l'étoile polaire et les sept étoiles de la Grande Ourse aux principaux Rishis, patriarches issus des dieux et ancêtres des Aryas. Pythagore faisait résider les âmes heureuses dans la lune (2), et, suivant une tradition rapportée par Plutarque, c'est là qu'étaient les champs Élysées (3). Le moyen âge en fit aussi un séjour des âmes (4)... Platon parle d'un jugement des morts après lequel il est dit « aux justes de passer à droite et de monter au ciel, aux méchants d'aller à gauche et de descendre aux lieux bas (5) ». Le christianisme devait être le principal agent de la transformation d'idées qui aux Tartares clos et obscurs d'autrefois substitua des horizons célestes et un paradis de lumière. « Ce fut une vraie révolution que produisit le christianisme en transportant des enfers dans le ciel la demeure des élus. Il fraya ainsi une voie nouvelle à l'imagination humaine ; soulevant la pierre du tombeau, jusqu'alors fermée sur les morts, il ouvrit leurs yeux à un jour plus, éclatant que celui même dont nous jouissons (6). »

8. — Mais, lorsqu'à ce bas monde, la Terre, lieu de misère et d'épreuve, on oppose le Ciel, monde supérieur, séjour d'immortelle béatitude, on cède à une illusion que la science n'a pas grand'peine à dissiper. Les astres qui peuplent l'espace ne sont pas d'autre nature que le monde où nous vivons, chétive unité perdue dans la multitude

(1) Colebrooke, *Essai sur la philosophie des Hindous*, 192-206.
(2) Jamblique, *Vie de Pythagore*, 82.
(3) *De facie in orbe lunæ.*
(4) Albert le Grand, *Summa Theologiæ*, Pars II, tract. 13, quæst. 79.
(5) *République*, fin ; *Gorgias*, fin.
(6) Guyau, *la Morale d'Épicure*, p. 107.

des corps célestes. L'ensemble des mondes forme un seul tout. La Terre y figure au même titre que les autres astres, et, s'ils sont le ciel pour nous, nous sommes le ciel pour eux.

Il n'y a pas deux univers, l'un réel, que la science constate et décrit, l'autre idéal, que l'imagination dispose à son gré. Le premier seul est véritable. Tous les mondes épars dans l'espace en font partie, soumis à l'action des mêmes forces, régis par les mêmes lois. Partout la gravitation relie à distance les masses cosmiques et les astreint à circuler sur des orbites ; partout rayonnent la chaleur et la lumière, révélatrice de l'existence des astres, et, de concert avec elles, l'électricité exerce ses délicates influences; partout un fonds commun de substance se prête à des combinaisons chimiques ; partout sans doute des composés divers se modèlent en tout-clos conformes à des types de structure ; et partout enfin des êtres, bruts ou vivants, s'acquittent de fonctions déterminées en rapport avec le milieu. Peut-être même, dans certaines conditions particulièrement propices, des créations supérieures à la nôtre, des modes d'activité dont nous n'avons aucune idée, ont-ils trouvé à se produire dans la foule variée des mondes. L'induction et l'analogie autorisent à cet égard les plus vastes conjectures. Mais, quelles que puissent être, dans des astres inconnus, les manifestations de la vie, elles restent assujetties aux mêmes conditions de réalité que les nôtres, car tous les astres sont matériels comme la Terre, et telle est la corrélation des forces physiques, telle la connexité de leurs lois, que, là où l'une d'elles est constatée, toutes les autres doivent être admises, parce que l'absence ou la suspension d'une seule entraînerait une confusion générale. La science ne sait où placer un ciel semblable à celui qu'on rêve. Elle ne connaît qu'un système naturel où la Terre figure à son humble rang, et qui remplit l'immensité de sa grandeur majestueuse.

On s'est plu néanmoins à croire qu'après la mort les âmes, quittant ce monde terrestre où elles ont lutté et souffert, iront vivre éternellement dans quelque étoile radieuse où tout sera préparé en vue de leur félicité. Dante avait donné l'exemple de ces migrations dans les astres (1). Leibniz ne les croit pas improbables. Schelling tient que la vie recommencera dans d'autres mondes avec des conditions qui correspondront aux mérites acquis (2). Jean Reynaud s'est fait l'apôtre convaincu d'une doctrine suivant laquelle les âmes évolueraient sans fin d'astre en astre (3). Ce thème attrayant, fait pour séduire l'imagination et qui prête tant à la rêverie, a été développé par nombre d'auteurs contemporains (4). Par malheur, tous ces beaux songes, roman théologique de l'astronomie, ne diffèrent que par le sérieux des fantaisies ironiques d'un Cyrano de Bergerac (5) ou d'un Voltaire (6), et l'on a peine à concevoir que les esprits, parfois éclairés, qui ont cru à ces chimères, ne se soient pas aperçus qu'ils s'égaraient.

Lorsque, en effet, on veut raisonner sur ces hypothèses, les difficultés surgissent en foule et embarrassent la pen-

(1) *Paradiso*, VIII, X, XIV, XVIII, XXI, XXII, XXVII.
(2) *Philosophie et religion.*
(3) *Terre et Ciel.*
(4) E. Pelletan, *la Profession de foi du XIXe siècle*, ch. xxx ; Laurent, *Études sur l'histoire de l'humanité, le Christianisme ;* Th.-H. Martin, *la Vie future ;* C. Flammarion, *la Pluralité des mondes habités*, V, 3 ; *les Terres du ciel ; Uranie ;* L. Figuier, *le Lendemain de la mort ;* etc.
(5) *Voyage dans la lune ; Histoire comique des États et empire du Soleil.*
(6) *Micromégas.*

sée. Si les habitants de la Terre doivent aller dans les étoiles, ceux des étoiles pourraient aussi bien venir sur la Terre, car il serait étrange qu'elle fût l'unique point de départ de ces pérégrinations. L'apparition parmi nous de voyageurs venus d'une constellation lointaine prouverait sans doute la possibilité de communications interastrales ; mais cette preuve n'a pas encore été donnée, et il serait prudent de l'attendre. Si nous-mêmes avons déjà vécu ailleurs, comme nous ne conservons aucun souvenir de stations antérieures, garderions-nous mieux celui de notre existence actuelle ? Et, si la mémoire se perd à chaque transmigration, le changement de séjour ne serait-il pas l'équivalent d'une mort ?

Où prendre, parmi tous les astres inscrits dans les catalogues de la science, celui qui devrait nous servir de résidence ? Le nombre des étoiles s'accroît avec la puissance des instruments d'observation et paraît être indéfini. On ne l'évalue pas à moins de cent millions jusqu'à la quinzième grandeur dans l'ordre de visibilité. Cent millions d'astres comparables à notre soleil et, selon toute vraisemblance, escortés comme lui de planètes et de satellites dont le total dépasserait des milliards, voilà non le bilan, mais un simple aperçu de l'univers. Que pèse la terre, chétif atome, dans l'autre plateau de la balance, et n'est-il pas bien osé de faire décider, sur un aussi petit théâtre, de si glorieux destins ? C'est pourtant dans cet infini, dont la grandeur nous accable, que notre imagination présomptueuse va promener son « rêve étoilé ».

Alors même qu'un de ces mondes serait assigné comme séjour aux âmes terrestres, quel moyen auraient-elles de s'y transporter à travers l'effroyable distance qui les en sépare, distance telle que la lumière, avec sa vitesse de 300,000 kilomètres par seconde, met des années, des siècles, des myriades de siècles à la franchir ? On croit pouvoir aller aux étoiles en un clin d'œil, comme fait la pensée ; mais autre chose est un voyage *in abstracto*, qui se réduit à l'évocation simultanée de deux idées dans le cerveau, et le voyage effectif d'un esprit qui aurait à déplacer avec lui un corps ou un semblant de corps. Quelle force servirait de véhicule aux âmes errantes perdues dans l'immense éther ? Qui leur tracerait la route et les maintiendrait dans la direction voulue ? Un mathématicien dont Fontenelle a écrit l'éloge, Ozanam, disait que les géomètres iraient au ciel « par la perpendiculaire » ; mais ils courraient alors le risque de se trouver dispersés à tous les confins de l'étendue.

Supposons néanmoins ce hardi voyage heureusement accompli et les morts installés dans un autre monde : s'il ressemble au nôtre, qu'aura-t-on gagné au change ? S'il diffère beaucoup, sera-t-il mieux adapté à une existence béatifique ? Nous sommes faits pour vivre sur terre, et sur terre seulement. Tout en nous se rapporte à cet habitat : la substance de nos corps, leurs dimensions, leur poids, leur structure, leurs besoins, leurs satisfactions... et même les impressions de nos sens, les objets de nos désirs, les conceptions de nos esprits, notre pouvoir d'activité, l'ensemble de nos rapports. Tout nous rattache à ce milieu spécial, aux forces qui s'y exercent, aux phénomènes qui s'y produisent, car la genèse des êtres vivants s'est accomplie sous leur influence. Nous sommes les enfants de la terre, la *Terre-mère*, déjà divinisée par les *Védas* (1). Nés *Telluriens*, nous serions déplacés partout

______

(1) *Prithivi-málar*, la Δημήτηρ des Grecs, γῆ πάντων μήτηρ.

ailleurs. Si, par exemple, nous étions transportés dans un astre de masse moindre ou plus grande, de température inférieure ou supérieure, obscur ou différemment éclairé...; si quelques éléments chimiques en plus ou en moins déterminaient des combinaisons imprévues ou en empêchaient de nécessaires ; si, par suite, la vie devait revêtir d'autres formes et s'acquitter d'autres fonctions, nous ne pourrions plus vivre tels que nous sommes dans ce milieu étranger et, pour se plier à des conditions nouvelles, l'organisme humain devrait subir une refonte totale où notre identité se perdrait non moins sûrement que dans la métempsycose d'autrefois. Partout où la vie est possible, la nature a sans doute fait surgir, comme sur terre, des créations appropriées, et sa fécondité se montre à en réaliser d'originales plutôt qu'à en éterniser de particulières.

Quel monde serait en outre assez vaste pour contenir la foule sans cesse accrue des morts ? Si une génération tient assez au large sur notre globe, — non sans s'y disputer parfois la place, — quelle étendue ne faudrait-il pas pour loger la suite sans fin des générations ? Et bien plus encore, si l'on voulait faire revivre avec elles tout ce qui a existé sur terre ? Tant d'êtres successifs dans la durée, rappelés ensemble à la vie, seraient partout à l'étroit, à moins que, comme les diables élastiques de Milton, assemblés dans le *Pandémonium* (1), ils n'eussent le pouvoir de se resserrer à volonté pour occuper moins de place.

Ce n'est pas encore tout. Une existence immortelle exigerait un milieu constant (2). Où le rencontrer dans l'univers ?

---

(1) *Paradis perdu*, I, fin.
(2) Saint Paul parle d'une cité permanente dans le ciel, d'un royaume immuable, « regnum immobile ». (*Hébreux*, xii, 27.)

Les anciens croyaient le ciel incorruptible et la nature
éternelle ; mais la science nous enseigne que les astres
sont, comme toute chose, sujets à changer et voués à périr,
après des cycles de durée, non moins fatalement que ces
insectes dont la vie s'écoule en un jour. La lune est un
astre mort, la terre un soleil éteint, le soleil un astre en
ignition qui, à son tour, s'éteindra. Le même sort attend
toutes les étoiles qui scintillent dans le ciel. Quelques-unes,
jadis observées, en ont déjà disparu ; d'autres, sur le
point de défaillir, ne jettent plus, par intervalles, que de
mourantes lueurs. Celles même qui brillent d'un vif éclat
marquent par leur couleur propre le stade où elles sont
parvenues entre l'incandescence initiale et le refroidissement final. L'astre où l'on irait chercher un bonheur
sans terme verrait donc arriver aussi son déclin et sa
ruine. Que deviendraient alors les âmes qui y auraient pris
séjour ? Leur faudrait-il passer dans un autre monde également périssable et vaguer ainsi d'astre en astre, à la
recherche d'une permanence qu'elles ne trouveraient nulle
part ?

Il serait sans doute agréable, pour ceux qui aiment
les voyages, d'aller d'étoile en étoile et de les toutes
visiter successivement ; mais on voit moins de nomades
occupés à courir le monde que de sédentaires qui se plaisent à rester chez eux. Loin de pouvoir passer pour un
indice de bonheur, l'inquiétude et l'envie de changer de
place témoignent plutôt qu'on se trouve mal où l'on est,
et l'espoir d'être mieux ailleurs est souvent déçu (1). Parmi
les hôtelleries de passage que nous offrirait le ciel, beaucoup peut-être feraient regretter la terre, qu'il n'y a aucun

______

(1) « Imaginatio locorum decipit multos, » dit l'auteur de l'*Imitation*, à qui une cellule suffit : « Cellula assueta dulcescit. »

motif de croire traitée avec défaveur dans la répartition des avantages cosmiques (1). Qui sait si, au moment où nous nous plaignons d'y être et souhaitons d'en sortir, quelque habitant de telle étoile, où nous rêvons la béatitude, ne la rêve pas dans notre planète, dont le rayonnement semble lui promettre un sort plus heureux ? « Les étoiles du ciel, dit H. Heine, ne nous apparaissent peut-être si belles et si pures que parce qu'elles sont éloignées et que nous ignorons leur vie privée (2). » A quoi bon d'ailleurs, pour la foule insouciante des êtres humains, ces promenades à travers les astres? La plupart y trouveraient plus de trouble que de plaisir. S'ils étaient capables de sentir et avides d'admirer les beautés de la création universelle, qui les empêche de jouir dès maintenant des grands aspects de la nature sidérale? Le spectacle convoité est sous nos yeux : nous sommes en plein ciel ! Mais combien peu s'intéressent à ces splendeurs et seraient dignes de les contempler de plus près ! Ils sont destinés à ne pas quitter la terre, les indifférents qui vivent courbés sur elle, oublieux des choses du ciel!

9. — Malgré leur multitude, les astres réels n'ont pas suffi aux exigences d'une imagination si difficile à satisfaire. Afin d'être mieux chez elle, elle a voulu se faire des mondes qui n'existent pas. Un théoricien hardi, partant de cette hypothèse que l'univers doit avoir un centre de

(1) « On ne saurait, remarque Leibniz, dire si notre soleil, parmi le grand nombre d'autres, en a plus au-dessus qu'au-dessous de lui, et nous sommes bien placés dans son système, car la terre tient le milieu entre les planètes, et sa distance paraît bien choisie pour un animal contemplatif. » (*Nouveaux Essais sur l'entendement humain*, IV, 3, § 23).

(2) *De l'Allemagne*, t. II, p. 66.

gravitation proportionné à la grandeur de l'ensemble, a proposé d'y colloquer un astre immense, qui serait la capitale du royaume des cieux, séjour des élus et principal siège de la gloire de dieu (1). Toutefois, cet astre n'a pas encore été entrevu dans le champ des télescopes, et il attend son Le Verrier.

D'autres ont placé leur ciel idéal dans l'espace indéfini qui s'étend au delà de notre univers visible. Des philosophes anciens et des Pères de l'Église donnaient pour séjour aux âmes le *ciel empyrée* (2), le plus élevé des cieux concentriques qui, dans l'*Almageste* de Ptolémée, enveloppe tous les autres. Saint Thomas exprime la même idée (3), et Leibniz incline à l'admettre : « Ne se peut-il pas qu'il y ait un grand espace au delà de la région des étoiles ? Que ce soit le ciel empyrée ou non, toujours cet espace immense pourra être rempli de bonheur et de gloire. Il pourra être conçu comme l'Océan où se rendent les fleuves de toutes les créatures bienheureuses, quand elles seront venues à leur perfection dans le système des étoiles (4). » Mais l'esprit flotte ici en plein irréel et se perd dans le vide de cet espace indéterminé, *per domus vacuas et inania regna*, où s'évanouit toute apparence sensible. Les conditions d'existence y sont plus malaisées à concevoir que partout ailleurs, parce qu'il faudrait construire un autre univers sans aucune donnée pour en établir les fondements.

Il ne restait plus qu'à sortir de la notion même d'espace,

(1) De La Codre, *le Ciel*, Iʳᵉ partie, *Astronomie spéculative et religieuse;* Paris, 1846.

(2) Origène, *des Principes*, II, 3 ; saint Basile, *sur l'Œuvre des six jours*, III, 3.

(3) *Summa theologiæ*, II, cc.

(4) *Essais de théodicée*, Iʳᵉ partie, 19.

contenant de toute réalité, et à s'installer dans le monde inétendu de l'abstraction métaphysique. Ce dernier pas a aussi été franchi. Suivant saint Grégoire de Nazianze, l'autre monde ne serait pas un lieu, mais « un certain état d'esprit invisible et incorporel (1) ». Pour Malebranche, « le vrai lieu des intelligences, c'est le monde intelligible, comme le vrai lieu des corps, c'est le monde matériel (2) ». Les mystiques aiment à se réfugier dans ce monde sans dimensions de la spiritualité pure. « Fuyons, s'écrie Plotin, dans notre véritable patrie !... Nos pieds sont impuissants pour nous y conduire ; ils ne sauraient que nous transporter d'un coin de terre à l'autre. Ce ne sont pas non plus des navires qu'il nous faut, ni des chars traînés par des chevaux rapides. Laissons de côté ces inutiles secours. Pour revoir notre chère patrie, il n'est besoin que d'ouvrir les yeux de l'esprit en fermant ceux du corps (3). » Mais ce monde, qui n'existe que pour la pensée, est tout au dedans de nous. Il a comme équateur la circonférence de notre tête.

10. — On voit combien de difficultés on soulève, à quelles incohérences logiques on se heurte, quand on cherche à déterminer le séjour illusoire d'une vie future. Impossible d'en marquer la place dans l'univers. L'autre monde, dès qu'on y regarde, se dissipe comme un vain mirage. Nul n'en peut rien dire (4). Aussi, à mesure que, par le progrès de ses explorations, la science portait plus avant sa prise de possession de l'étendue, l'imagination

(1) *De l'Ame et de la Résurrection.*
(2) *Deuxième Entretien sur la mort.*
(3) *Ennéades,* I, VI, 8.
(4) Confucius, interrogé par un disciple sur l'autre monde, répond sensément : « Je n'y suis pas allé, je n'en sais rien. »

était obligée de reculer plus loin dans l'inconnu ces mystérieuses régions, car les fables ne sont à l'aise qu'où la vérité n'a pas d'accès. « De sorte, conclut Herbert Spencer, que la prétendue résidence des morts, d'abord identique à celle des vivants, s'éloigna peu à peu dans la pensée; la distance qui l'en sépare et la direction qui y mène deviennent de plus en plus vagues, et, à la fin, l'esprit cesse de lui assigner un lieu dans l'espace... » On est allé ainsi, par étapes successives, « d'un lieu tout à fait voisin à un *quelque part* dont on ne sait rien et qu'on n'imagine point (1) ». Ce quelque part, situé on ne sait où, ressemble fort au pays d'*Utopie* qu'a décrit Thomas More, et dont le nom ironique signifie *nulle part* (2).

(1) *Principes de sociologie*, t. I, ch. xv.
(2) De οὐ, non, et τόπος, lieu.

CHAPITRE IX

CONDITIONS DE DURÉE D'UNE EXISTENCE FUTURE

1. — Comme l'existence doit être située dans l'espace, elle doit aussi être datée dans le temps, rattachée à des intervalles de durée. Simplement affirmée sans limitation d'époque, elle se perdrait dans le vague indistinct de l'éterternité comme la barque d'un naufragé sur un océan sans rivages. Des points de repère fixes, empruntés à une chronologie positive, marquent le commencement, les phases et le terme de notre existence réelle. On voudrait avoir de même la mesure de l'existence idéale, connaître son point de départ dans le passé, ses cycles éventuels dans l'avenir, savoir si elle doit cesser d'être ou durer toujours, en un mot quelle place elle a occupé ou occupera dans l'ordre de succession des choses. Voyons ce qu'ont d'acceptable pour la science les conjectures émises à ce sujet.

2. — L'idée de survivance avait pour corollaire celle de préexistence. S'il y avait dans l'homme un esprit distinct du corps et que la mort n'atteignait pas, il était logique de penser que, n'ayant pas la même nature, il avait une autre origine, et que, venu d'ailleurs, il existait avant le corps comme il devait lui survivre. La métempsycose, qui faisait animer successivement par un même esprit des formes diverses, induisait à regarder les âmes des vivants comme

celles des morts en cours de transmigration. La naissance était moins l'apparition d'un esprit nouveau que le retour à la vie d'un esprit qui continuait dans l'existence présente, anneau d'une chaîne sans fin, la série de ses existences écoulées. Le bouddhisme admet implicitement l'éternité des êtres dans le passé, car il ne s'occupe pas de leur origine et n'en propose aucune explication. De même le brahmanisme, en tenant les âmes individuelles pour des parcelles émanées de l'âme universelle, en qui elles sont appelées à se résorber un jour, les fait participer à son éternelle durée. Enfin, la doctrine de l'immortalité de l'âme, fondée sur sa spiritualité et sur sa simplicité, voit en elle une sorte de monade pensante, indestructible au même titre que les atomes de la matière. Or ce qui ne peut périr ne doit pas avoir été créé, et, si l'âme est immortelle, il faut croire qu'elle a existé de tout temps. Platon ne lui attribue pas une existence moins infinie dans le passé que dans l'avenir et dit qu'avant d'entrer dans le cycle des vies passagères, elle faisait partie des essences pures, mêlée au chœur des dieux (1). L'absence complète de souvenirs relatifs à des états antérieurs était une objection embarrassante. Platon imagina pour y répondre sa théorie de la réminiscence, sorte de mémoire vague, exclusive de tout souvenir particulier. D'après lui, les notions que conçoivent nos esprits sont l'évocation d'un savoir plus étendu qu'ils auraient possédé dans des existences tombées en oubli. « Apprendre, disait-il, c'est se ressouvenir, » et les idées que nous croyons avoir pour la première fois « se réveillent en nous comme dans un songe (2) ». La théologie chrétienne, après avoir hésité entre le traducianisme, qui

(1) *Phédon, Timée, Phèdre.*
(2) *Menon.*

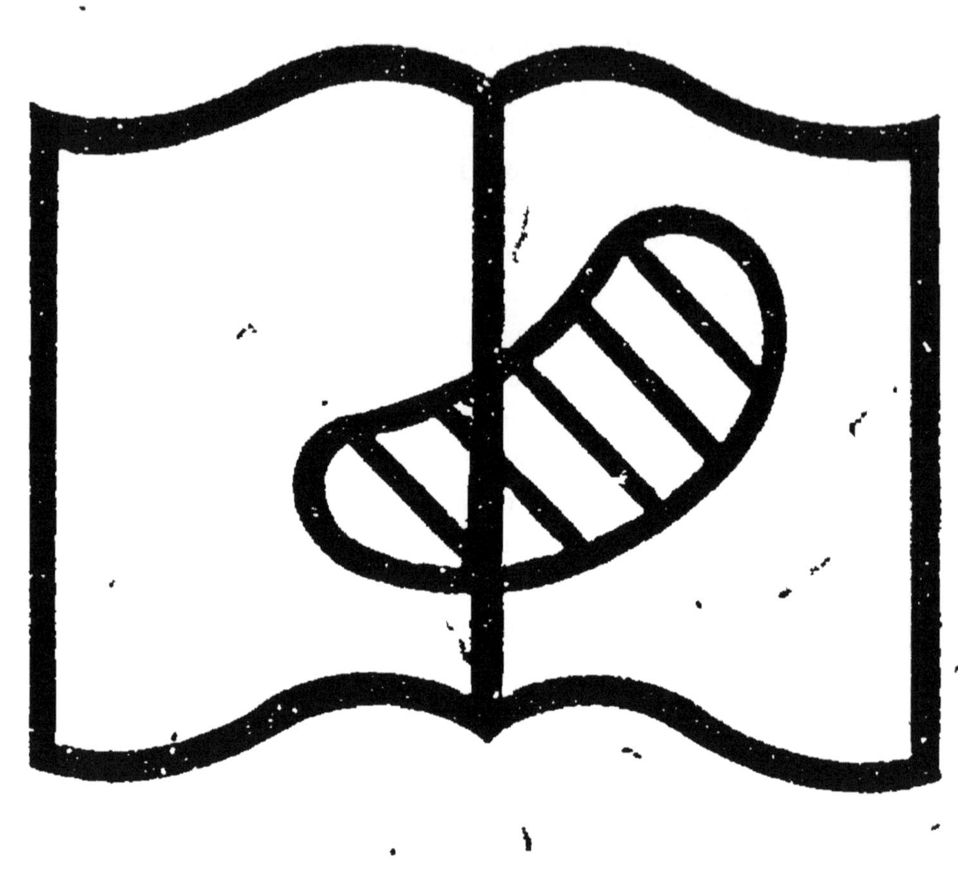

Original illisible

NF Z 43-120-10

faisait émaner l'âme du père, et le créationisme, qui faisait
créer par dieu les âmes, soit toutes ensemble, soit une à
une, s'est, depuis le XIII° siècle, rangée à l'opinion qu'elles
sont créées séparément, dans le temps où se forment
les corps, ce qui supprime, pour les orthodoxes, toute
hypothèse de préexistence.

3. — Laissons ce ténébreux passé, sur lequel aucun indice n'autorise de présomptions; considérons l'avenir, qui
importe davantage, et dans l'obscurité duquel se réfugient
tant de grandes espérances. L'idée que l'homme ne meurt
pas tout entier, que quelque chose de sa personnalité
survit, soulevait une multitude de problèmes concernant
la durée soit du corps, soit de l'esprit, qu'ils fussent désormais séparés ou destinés à être unis de nouveau. Pour
les hommes des premiers temps, la mort se bornant à
opérer la disjonction de l'âme et du corps, ces moitiés
d'un tout réel continuaient de subsister chacune à part
dans des conditions distinctes, bien que conservant l'une
avec l'autre des relations mal définies. Suivons les conséquences de ce dédoublement de l'être humain, qui mène
à l'avenir deux vies, l'une attachée au cadavre, l'autre
propre à l'esprit.

Au début, quand la mort était assimilée au sommeil, on
dut croire que le corps, d'où l'esprit venait de sortir, conservait une vie latente, comme lorsqu'il était endormi, et
que le retour de l'esprit, après un temps d'absence, suffirait à le ranimer, ainsi que cela était arrivé si souvent.
Mais, quand on l'eut vu se corrompre, l'illusion d'un réveil
prochain ne fut plus possible et il fallut y renoncer.
Néanmoins, tant que le corps gardait quelque chose de sa
forme et de sa substance, il semblait retenir un vestige de

sa vitalité passée, et quelque espoir de survivance pouvait encore se rattacher à ces tristes restes. Leur conservation, en vue d'une réanimation éventuelle, intéressait l'existence du défunt, et l'on s'efforça de les garantir en empêchant qu'ils ne fussent dévorés par les animaux ou anéantis par l'action des éléments. Afin de prévenir ce double danger, on cacha les cadavres dans des abris clos, grottes, cavernes, cryptes, hypogées, mastabas...; on les enfouit dans des fosses, on les recouvrit d'amas de pierres, dont les *tumuli* d'Europe et d'Asie, les *mounds* d'Amérique, les *gôlguls*, *dolmens*, *pyramides*, etc., offrent des modèles divers et dont nos tombes perpétuent la tradition. Pour faire comprendre l'importance et la généralité de ce genre de monuments, il suffit de dire que ce sont les plus nombreux qui nous soient parvenus de la haute antiquité.

Partout des rites funéraires et les soins donnés à leur accomplissement attestent la croyance qu'un reste de vie persistait dans le cadavre. Tout lien n'était pas brisé entre le corps et l'esprit. Comme jadis, une solidarité mystérieuse les unissait. Lorsque le premier, laissé sans sépulture, se trouvait voué à une prompte destruction, l'âme en peine, irritée par cet abandon, animée de sentiments de haine et de vengeance contre les vivants sans pitié, cherchait à leur nuire par tous les moyens. Les héros d'Homère expriment souvent l'horreur qu'inspirait l'idée d'être livré en proie aux animaux dévorants (1). « On ne peut, dit Platon, estimer heureux le mortel, même comblé de tous les dons, qu'après qu'il a obtenu la sépulture, parce qu'alors on sera sûr que son ombre n'erre pas, inquiète et malheureuse, comme celles à qui les derniers honneurs

____

(1) *Iliade*, début et XXI, 334 ; Eschyle, *les Sept devant Thèbes*.

n'ont pas été rendus (1). » Virgile fait gémir cent ans sur
les bords du Styx les ombres inconsolées dont le corps
est resté sans sépulture (2). Aussi le fait de ne pas ensevelir
les morts ou de les troubler dans leur repos passait-il
pour un crime capital. Être jeté à la voirie ou avoir ses
cendres dispersées au vent était le plus terrible châtiment
dont on pût menacer les grands coupables.

Divers peuples ont eu recours à des artifices de préser-
vation afin d'obvier à la putréfaction des cadavres. Dans la
croyance que le corps et son double menaient dans la
tombe une existence sépulcrale, et qu'à l'expiration d'un
laps de trois mille ans, l'âme bonne, après avoir joui des
félicités de l'*Aalou*, viendrait reprendre possession de ce
même corps et vivre avec lui sur terre une existence nouvelle, les Égyptiens pratiquèrent des procédés compliqués
d'embaumement, en vue d'assurer la longue conservation des cadavres. Les corps des personnages de marque,
momifiés à grand renfort d'aromates et de bandelettes,
étaient ensuite déposés dans les profondeurs inviolables
des *syringes* et des *mastabas*, asiles de vie appelés « la
demeure éternelle (3) ». Les morts vulgaires, simplement imprégnés de bitume, étaient enfouis dans le sable. Au Pérou,
les momies (*malquis*, *munaos*), desséchées dans l'air froid
des hauts plateaux de la Cordillère, étaient ensuite pieusement conservées. Celles des Incas trônaient sur des sièges
d'or dans le temple de Cuzco. Les autres, enfermées dans
un sac, un panier ou une jarre, étaient mises en sûreté
dans des cachettes de difficile accès. Chez les peuples
civilisés modernes, divers procédés d'embaumement conti-

(1) *Hippias major.*
(2) *Enéide*, VI, 329 ; *Odyssée*, XI, 73.
(3) Diodore de Sicile, I, 51.

nuent d'être en usage, mais ne sont appliqués que par exception. A Palerme, dans la crypte d'un couvent de capucins, on conserve à l'air et l'on expose en longues files des cadavres préalablement séchés dans une sorte de four.

Parfois on fit du cadavre deux parts : on détacha la plus corruptible, la chair et les viscères, et l'on conserva la plus durable, le squelette, comme représentation du défunt. En France, au moyen âge, on décharnait souvent le corps des princes. La corporation des *Hanouards* ou porteurs de sel avait pour privilège de faire bouillir et de saler les rois. Louis le Débonnaire, Charles le Chauve, saint Louis, etc., furent préparés de cette façon (1).

Chez plusieurs peuples anciens ou modernes, les morts devaient être mangés par les membres de la famille ou de la tribu, genre de sépulture jugé le plus honorable et qui semblait assurer la survivance du défunt parmi les siens. Hérodote raconte que les Callatiens de l'Inde, qui consommaient ainsi leurs morts, refusèrent, à Darius les avantages qu'il leur offrait pour les faire renoncer à cette coutume (2). Strabon mentionne un usage pareil en Irlande : « Les Irlandais, dit-il, plus sauvages que les Bretons, sont anthropophages. Ils se font honneur de manger leurs parents lorsque ceux-ci viennent à mourir (3). » On signale encore, chez quelques tribus sauvages, cette forme funéraire de cannibalisme, dans le Manyéma en Afrique, à la Nouvelle-Zélande (4), dans le Queensland en Australie, etc. Sur les côtes du nord et de l'est du continent austral, les morts sont communément dévorés. Au dire des

(1) Legrand d'Aussy, *les Sépultures des rois de France.*
(2) *Histoires*, III, 38.
(3) *Géographie*, IV, 5, § 4.
(4) Moerenhout, *Voyage aux îles du grand Océan*, t. II, p. 187.

indigènes, un cadavre enterré depuis trois jours est encore mangeable (1). Dans les îles Mariannes ou des Larrons, on brûlait les parties molles des cadavres, et l'on avalait les cendres délayées dans du vin de coco (2).

On ne se contentait pas toujours de donner ainsi la sépulture aux morts ; on la procurait par anticipation aux vivants s'ils tombaient malades, ou quand ils devenaient vieux. « Lorsqu'un des leurs est malade, dit Hérodote des Padéens de l'Inde, si c'est un homme, ses proches parents ou ses amis le tuent, alléguant que, s'ils le laissaient se consumer par le mal, ses chairs seraient perdues pour eux. S'avise-t-il de nier qu'il soit malade, ses amis, qui sont d'un avis contraire, le tuent et en font un festin. Si c'est une femme qui est malade, ses amies la traitent de la même manière (3). » Des usages analogues existaient chez les Massagètes, peuple scythique de l'Europe orientale, et chez les Issédons, situés plus à l'est. « La mort réputée la plus enviable parmi eux, dit Strabon, c'est d'être, au terme de la vieillesse, haché menu avec d'autres viandes et mangé par les siens ; tout homme qui meurt de maladie est tenu pour un impie, bon seulement à servir de proie aux bêtes féroces (4). » En Australie, paraît-il, on ne voit guère de tombes de femmes ; « on les dépêche généralement avant qu'elles ne deviennent vieilles et maigres, de peur de laisser perdre tant de bonne nourriture (5). » Chez les Battas de Sumatra, les enfants qui voient leurs parents vieux ou malades les tuent et les mangent, de préférence dans la saison où les citrons abondent et où le sel est à

(1) R. Salvado, *Mémoires historiques sur l'Australie.*
(2) Alvar de Mindana, dans *Hist. univ. des voyages*, t. I.
(3) *Histoires*, III, 99 ; et I, 216.
(4) *Géographie*, XI, 8, § 6 ; et Hérodote, IV, 26.
(5) Oldfield, cité par Lubbock, *Origines de la civilisation.*

bas prix. Au jour fixé, le vieillard monte sur un arbre, que secouent les parents et les amis. La victime, tombée ou descendue, est ensuite assommée, accommodée et mangée avec recueillement. Un de ces convives, à qui l'on exprimait l'horreur qu'un tel usage inspire aux Européens, répondit que c'était là un acte de piété et qu'il était certainement préférable d'être mangé en cérémonie par les siens que de devenir la proie des vers (1).

On a plus fréquemment confié à des animaux le soin d'accomplir la tâche funèbre de dévorer les cadavres. Strabon dit que, chez les Bactriens, tous ceux qui, accablés par l'âge ou la maladie, devenaient impotents ou incurables, étaient jetés vivants à des chiens dressés et entretenus exprès et qu'on appelait « chiens fossoyeurs (2) ». Au Thibet, rapporte un missionnaire contemporain, « la plus flatteuse sépulture consiste à couper les cadavres par morceaux et à les faire manger aux chiens... Les pauvres ont tout simplement les chiens des faubourgs ; mais, pour les personnes distinguées, on y met plus de façon, il y a des lamaseries où l'on nourrit *ad hoc* des chiens sacrés, et c'est là que les riches Thibétains vont se faire enterrer (3). » Afin d'éviter de souiller par le contact impur d'un cadavre soit la terre, nourrice des vivants, soit le feu, élément divin, le mazdéisme interdisait l'inhumation et l'incinération (4). Les morts étaient livrés à l'avidité des vautours et des corbeaux dans ces sinistres monuments appelés *Dakmas* ou *Tours du silence*, comme on en voit encore à

(1) *Asiatic Researches*, X, 202.
(2) *Géographie*, XI, 11, § 3, et Cicéron, *Tusculanes*, I, 45.
(3) Le P. Huc, *Voyage au Thibet et dans la Tartarie chinoise*, t. II, p. 351.
(4) Hérodote, III, 16; Strabon, XV, 3, § 20; *Vendidad*, farg. V-VIII.

Téhéran et à Bombay, où ils servent de cimetière aux Parsis. Ailleurs, on expose le cadavre, dans un hamac chez les Caraïbes, sur un échafaudage chez les Assiniboines et diverses tribus de l'Amérique du Nord, dans une pirogue élevée sur des piquets en Polynésie, et on le laisse se décomposer à l'air libre. Certaines tribus des bords de l'Orénoque submergent le cadavre, maintenu par une amarre dans le fleuve, où les poissons le nettoient en quelques jours (1). Les Siamois jettent leurs morts à l'eau et les abandonnent au courant. Les riverains du Gange confient les leurs au fleuve sacré. Les marins ou passagers qui meurent en mer y sont glissés un boulet aux pieds et vont dormir debout dans ses profondeurs, préservés de la corruption par la pression du milieu.

En général, après la consomption des parties les plus altérables, on gardait avec soin les ossements, vestige le plus persistant du corps. Selon les prescriptions du *Zend-Avesta*, lorsque les oiseaux nécrophages avaient réduit les cadavres à l'état de squelette, ces débris étaient déposés dans des ossuaires « d'où ils se lèveront au jour du jugement ». Beaucoup de peuples sauvages recueillent pieusement les os de leurs morts, les vernissent, les empaquettent, puis les enfouissent ou les cachent. Quelques-uns les conservent dans leurs demeures et les emportent lorsqu'ils émigrent. Il en est qui s'en font des ornements et des parures. « Les Andamanites en toilette portent autour du cou un grand collier formé avec les crânes de leurs parents (2). » A la Nouvelle-Guinée, les Papous, après avoir laissé consumer le corps en terre, « exhument la tête et les deux vertèbres supérieures. Le crâne, soigneusement

(1) Mollien, dans *Hist. univ. des voyages*, t. XLII, p. 419.
(2) Bertillon, *les Races sauvages*, p. 285.

nettoyé, est placé au sommet du toit de la maison ; la mâchoire inférieure est portée au bras en guise de bracelet, et les deux vertèbres, enfilées sur une queue de cochon, servent de breloques (1) ». Parfois on a transformé les crânes en vases à boire... Rappelons enfin le culte des reliques, répandu chez les bouddhistes d'Asie comme parmi les catholiques d'Europe. « Lorsque le Bouddha fut mort et son corps brûlé, on fit, dit-on, quatre-vingt-quatre mille parts de ce qui resta de ses ossements et des cendres du bûcher. Ces reliques, distribuées aux assistants, furent disséminées par eux dans toute l'Asie orientale, où un nombre égal de temples construits à cet effet durent les recevoir (2). » La vénération des reliques, si importante au moyen âge chez les nations chrétiennes, impliquait l'idée que quelque chose des mérites et du pouvoir miraculeux des saints reste attaché au moindre débris de leur corps, même à des objets qui leur ont appartenu ou qu'ils ont touché. « Les corps saints, écrit Pascal, sont habités par le Saint-Esprit jusqu'à la résurrection (3). »

Plusieurs peuples, pour prévenir la putréfaction des cadavres, comme pour éviter des risques d'infection aux vivants, ont préféré faire consumer les morts par le feu, et l'on tente de nos jours de revenir à ce vieil usage. Bien qu'il ne reste alors qu'un peu de cendres, on ne laissa pas de les conserver. Les Romains les recueillaient dans des urnes qu'on déposait soit dans des tombes séparées, soit dans les niches d'un *Columbarium* de famille. En Tartarie, elles sont pétries et modelées en forme de

---

(1) Bertillon, *les Races sauvages*, p. 263.
(2) De Milloué, *Hist. des religions de l'Inde*, p. 195.
(3) *Lettre sur la mort de son père.*

figurines ou de disques qu'on superpose en pyramides (1).

Mais, quelque soin que l'on prenne pour préserver la dépouille humaine de la destruction, la nature se refuse à son éternelle durée et, dans les conditions communes, la dispersion des éléments de l'organisme s'effectue d'ordinaire en peu de temps.

4. — Considérons maintenant jusqu'où avait chance de s'étendre l'existence de l'esprit séparé du corps. Dans le principe, on dut la croire extrêmement limitée, car les non civilisés, incapables de mesurer de longs espaces de temps, parfois même la durée de la vie présente, et pour qui l'avenir, comme le passé, se perd si vite dans un vague indistinct, ne pouvaient guère concevoir l'idée abstraite d'immortalité. L'apparition des morts en songe étant l'unique indice qu'on eût de leur existence, ceux-là seuls étaient censés subsister encore dont le souvenir des vivants pouvait évoquer l'image. Les générations antérieures, tombées en oubli, avaient péri sans retour. Quand on demande à un nègre du Gabon où est l'esprit de son père ou de son frère mort depuis peu, il est saisi de terreur, dans la pensée que cet esprit est là, dans le voisinage, près du lieu où le défunt a été enseveli; mais demandez-lui où est l'esprit de son arrière-grand-père, il vous répond avec insouciance qu'il n'en sait rien, qu'il est fini (2).

Chez la plupart des peuples anciens, l'esprit des morts était censé vivre un temps mal déterminé, mais non indéfini et moins encore infini. Seuls, les dieux, semblables aux hommes en tout le reste, avaient le privilège de ne

(1) Huc, *Voyage au Thibet*, t. I, p. 114.
(2) Du Chaillu, *Trans. Ethn. Soc.*, I, 309.

pas mourir (1) et portaient le nom d'*immortels* par opposition à celui de *mortels* que prenaient eux-mêmes les êtres humains (2). Cependant divers mythes faisaient aussi les dieux sujets à la mort. Les Égyptiens célébraient le trépas d'Osiris, et les Syriens celui d'Adonis, double symbole du soleil que chaque jour voit mourir. Eschyle fait prophétiser par Prométhée la fin du règne de Jupiter (3). Un dogme pareil était formulé avec une énergie singulière par la mythologie scandinave : « Tous les dieux doivent mourir (4). » Cela paraît surtout vrai quand on considère que les personnifications divines, expression de l'état mental d'un groupe durant un cycle donné, passent avec eux. Sous Tibère, au déclin de la civilisation antique, on avait entendu retentir le cri funèbre : « Le grand Pan est mort (5). » Lucrèce montre la nature brisant le joug de ses oppresseurs divins et, libre, gouvernant sans eux son immortel empire (6). Enfin Gœthe charge un nouveau Prométhée de protester contre la tyrannie des dieux, destitués de leur office, désormais inutile, entre l'action régulière des forces de la nature et l'initiative intelligente de l'homme, ce qui est proclamer leur commune déchéance et les vouer tous à la mort (7).

---

(1) « Les dieux et les hommes sont un même sang, les fils de la même mère; seulement ceux-ci meurent, et les autres sont immortels. » (Pindare, *Néméennes*, VI.)

(2) Un des plus anciens noms de l'homme, dans les langues aryennes, se lie au sanscrit *marta*, le mortel, la créature fragile et périssable. (Max Müller, *la Science du langage*, nouvelles leçons, t. II, p. 30.)

(3) *Prométhée enchaîné*, 939-959.

(4) Max Müller, *Essai sur l'histoire des religions*, p. 333.

(5) Plutarque, *De defectu oraculorum*, 17.

(6) *De rerum natura*, II, 1158-1160.

(7) *Prométhée.*

Alors que les dieux mêmes étaient exposés à périr, l'homme ne pouvait guère se flatter de vivre toujours. D'après l'opinion la plus répandue, l'autre existence devait aussi prendre fin et n'était qu'un sursis à l'obligation de mourir. On se contentait d'une prolongation temporaire de vie, car l'imminence seule de la mort effraie, et l'on cesse de la craindre pour peu que la fatale échéance soit reculée. Souvent cette seconde mort suivait de près la première. Les peuples qui se représentaient le chemin de l'autre monde comme plein d'obstacles et de périls croyaient que les âmes succombaient en foule dans ces épreuves redoutables, victimes de quelque accident ou tuées par des monstres. En Guinée, un dieu farouche leur casse la tête; aux îles Fidji, elles ont à soutenir contre le géant Samu et ses frères, les « tueurs d'âmes », un terrible combat, en vue duquel on munit les hommes d'une massue. Victorieuse, l'âme continue sa route; mais, vaincue, elle devient la proie de Samu, qui l'égorge, la cuit et la mange (1). Ceux même qui atteignaient sains et saufs un monde de si difficile accès n'y étaient pas à l'abri de la mort. Suivant la mythologie mexicaine, les esprits, parvenus dans l'empire de Mictlan passaient quatre ans à en parcourir les neuf divisions, puis s'endormaient pour toujours. Après le même intervalle, les privilégiés, admis dans la *Maison du Soleil*, devaient être transformés en colibris, oiseaux sacrés de l'Anahuac, c'est-à-dire identifiés avec le soleil, dont ils étaient le symbole (2).

Pour les Grecs anciens, une mort définitive anéantissait les ombres quand elles avaient traîné quelque temps dans

(1) Williams, *Fiji and Fijians*, t. I, p. 242.
(2) A. Réville, *Histoire des religions*, t. II, p. 188-190.

l'Hadès une vie languissante qui, sujette encore à des besoins matériels, était exposée à s'éteindre si elle n'était pas entretenue par de périodiques offrandes d'aliments. Les écoles philosophiques de la Grèce, à part celle de Platon, tenaient que l'âme périt avec le corps ou ne lui survit qu'un temps très court. Divisés sur cette question, les stoïciens croyaient, les uns, avec Panétius, que l'âme cesse d'exister à la mort (1); les autres, avec Chrysippe, que celles des sages continuaient seules de vivre (2); d'autres enfin, avec Cléanthe, que toutes persistaient jusqu'à la fin du monde, voué lui-même à la destruction (3). Cicéron disait plaisamment que ces âmes vivaient comme les corneilles, non pas toujours, mais longtemps (4).

5. — La croyance à la métempsycose, qui ouvrait sur l'avenir de vastes perspectives, posait, au point de vue soit des sanctions à intervenir, soit des cycles de métamorphoses, soit de leur délivrance finale, une foule de questions de chronologie, auxquelles il fallut chercher des réponses. Afin de concilier l'idée de transmigrations successives, dont chacune entraînait avec la perte de mémoire celle de l'identité personnelle, et l'idée de sanction, qui, au contraire, en exigeait le maintien, on fut conduit à intercaler, entre les renouvellements d'existence, des intervalles durant lesquels l'âme méritante serait récompensée et la coupable punie. Entre l'instant de la mort et le passage dans un autre corps, le brahmanisme et le bouddhisme admettent un laps de durée consacré à la rémunération ou

---

(1) Cicéron, *Tusculanes*, I, 72.
(2) Diogène de Laërte, *Zénon*.
(3) Idem, *ibid*.
(4) Cicéron, *Tusculanes*, I, 32, 33.

au châtiment et qui peut comprendre des millions d'années. Platon veut qu'un espace de mille ans s'écoule entre la mort et le commencement d'une vie nouvelle. Les âmes passent ce temps dans la région des ombres (1). Ce chiffre de mille ans qui, dans la pensée de Platon, n'était sans doute qu'une expression vague, synonyme de longtemps, devint, grâce à lui, un terme précis mesurant un cycle formel que beaucoup de rêveurs adoptèrent de confiance. Virgile n'attribue aussi aux âmes, dans les champs Élysées, qu'un séjour de mille ans, à l'expiration duquel elles boivent de l'eau du *Léthé*, *le fleuve d'oubli,* et vont, selon la loi du destin, animer de nouveaux corps, « tant est vif leur amour pour cette misérable vie ! (2) »

Comme un avenir de transmigrations sans fin, à travers des formes généralement inférieures, était plus propre à effrayer qu'à plaire, les adeptes de la métempsycose ne voulurent pas croire quelle durerait toujours. On admit qu'après des épreuves suffisamment prolongées, les meilleurs pourraient mériter de sortir du cercle odieux des renaissances, soit par le retour à l'être absolu, soit par extinction dans le nirvâna. Mais le moment où l'être serait enfin libéré de la vie resta dans une obscurité profonde. Empédocle fixait à 30,000 *hores* (ὥρας, on ignore ce qu'il entendait par cet intervalle de temps), la durée totale des transmigrations que devaient accomplir les âmes déchues avant d'entrer au séjour de la félicité (3). De nos jours, Fourier s'est piqué de marquer avec précision les stades des métamorphoses qu'auraient à parcourir les fidèles du phalanstère. Il leur promet un cycle de huit cent dix exis-

(1) *République,* X.
(2) *Enéide,* VI, 721, 748-751.
(3) Φυσικά, v. 369, sqq.

tences, réparties sur une période de 81,000 ans, dont 27,000 se passeront sur notre globe et 54,000 ailleurs. Au terme de la première phase, les âmes individuelles se confondront avec l'âme de la terre; mais, la planète devant aussi périr, son âme cosmique passera dans d'autres astres par voie de « métempsycose sidérale... (1) »

Aristote, Averroès et les néoplatoniciens d'Alexandrie croyaient que le retour de l'âme immortelle à l'être absolu s'effectuait aussitôt après la mort, car l'esprit, dégagé du corps périssable et rendu à sa vraie nature, rentrait dans l'ordre le plus général par l'évanouissement de la personnalité. Mais le brahmanisme tient, au rebours, que l'absorption en Brahma s'opère par une suite de degrés, au terme lointain où se ferme le cycle des métamorphoses. Les bouddhistes professent de même qu'on arrive par atténuation graduelle de vie au calme suprême du nirvâna. N'importe quand se réalise l'un ou l'autre de ces états, il entraîne toujours, avec l'inconscience du moi, la fin de son immortalité fictive.

6. — Seule, une immortalité consciente, qui perpétue le sentiment de l'identité personnelle et qui a pour complément la résurrection du corps, pouvait suffire à des convoitises insatiables de durée. La substitution d'une vie éternelle à la simple prolongation d'existence, dont on s'était longtemps contenté, marque à la fois le plus haut degré de l'abstraction métaphysique et le plus complet oubli des lois naturelles. Il y avait encore, dans cette hypothèse, à trancher des questions d'époques, d'abord pour fixer le moment où l'âme et le corps seraient mira-

(1) *Théorie de l'unité universelle*, t. II, p. 304-348.

culeusement réunis, puis pour établir le point de départ, la durée et le terme des sanctions promises.

Une première difficulté était de savoir quand l'âme serait remise en possession de son corps, sa manière d'être restant jusque-là malaisée à concevoir. Les évangélistes ne s'accordent pas sur ce point et, tandis que saint Luc admet que la résurrection aura lieu dès l'instant de la mort, saint Jean croit qu'elle se fera plus ou moins attendre (1). Afin de ne pas hasarder de prophéties à trop court terme et de rendre le miracle plus solennel, on est généralement convenu d'en retarder le moment jusqu'à celui où toute vie aura cessé sur le globe, « à la fin du monde », « à la fin des temps », « après la consommation des siècles », toutes dates qui, pour la chronologie positive, manquent un peu de précision. Comme l'espèce humaine, la vie et le monde ont derrière eux un passé si vaste qu'il échappe à nos supputations, et, comme nul n'est fondé à leur assigner dans l'avenir une limite qu'ils ne dépasseront pas, les morts seraient peut-être exposés à une bien longue attente. Pour leur en éviter l'ennui, la théologie décide que, en vertu de jugements particuliers, dont le jugement dernier sera la confirmation, la béatitude des élus et le supplice des réprouvés commenceront aussitôt que la vie aura cessé. L'islamisme, au contraire, suspend jusqu'à la fin du monde ses promesses de bonheur et ses menaces de châtiment. D'ici-là, les âmes, endormies et inconscientes, sont enfermées dans le *Berzakh*. Saint Paul regarde la mort comme un sommeil avant le rappel à la vie (2). Au xvie siècle, quelques protestants soutenaient de même que l'âme reste somnolente

(1) Cf. *Saint Luc*, xvi, 22, et *Saint Jean*, xi, 24.
(2) *Thessaloniciens*, I, iv, 13-17.

entre l'instant de la mort et celui de la résurrection. Calvin a écrit pour les réfuter son traité *du Sommeil de l'âme* (1).

L'idée que le monde finirait un jour était répandue chez les anciens, concurremment avec celle que le ciel est incorruptible et la nature éternelle. Le brahmanisme fait se succéder sans fin d'immenses périodes qui amènent alternativement la destruction et le renouvellement de tous les êtres. A partir de sa création, l'univers doit durer « un jour de Brahma », qui mesure 4,320,000 années ; puis être détruit par le feu et replongé dans le chaos pendant « une nuit de Brahma », longue aussi de 4,320,000 ans ; ce qui compose un cycle ou *Kalpa* de 8,640,000 ans, après lequel se produira une autre création (2), et ainsi de suite à l'infini (3). Le Zoroastrisme compte par périodes *(hazars)* mesurant des milliers d'années. Le *Boundehesh* fixe à 12,000 ans l'intervalle entre la création et la résurrection, après que tout aura été détruit par un incendie universel. La croyance à des mondes successifs dont chacun constituait un être vivant et devait, comme tout ce qui a vie, se résoudre en ses éléments pour servir à former d'autres mondes, fut propagée en Grèce par Anaximandre et Héraclite. Celui-ci assurait, comme les mages, que l'univers périrait un jour par le feu (4). Les stoïciens adoptèrent cette idée, et les chrétiens s'en firent les actifs propagateurs. « Les cieux passeront, dit saint Pierre, les éléments embrasés se dissoudront, et la Terre sera brûlée avec tout

(1) *Psychopannychia*, 1542.
(2) De Milloué, *Hist. des religions de l'Inde*, p. 266.
(3) « Les créations et les destructions des mondes sont innombrables. » (Manou, *Lois.*)
(4) « Le feu viendra partout, jugera et saisira tout. » (Héraclite, fragm. 68.)

ce qu'elle contient (1). » Saint Paul parle aussi d'une rénovation qui doit se produire par le feu (2). On trouve jusque
dans les offices de l'Église'des traces de la croyance à un.
cataclysme igné (3).

Lucrèce annonce la fin du monde pour un temps peu
éloigné et en signale à plusieurs reprises des indices précurseurs (4). Lucain (5) et Sénèque (6) formulent de non
moins sinistres pronostics. En Judée, aux approches de
notre ère, les illuminés croyaient que le monde ne tarderait pas à finir, et le christianisme se fonda sur l'espoir de
l'inauguration d'un « royaume de Dieu » où tout devait
être renouvelé. Daniel (7) et saint Jean-Baptiste (8) en
avaient déjà prophétisé la venue. Jésus la promet à court
terme, et recommande de faire pénitence, parce que « le
royaume de Dieu est proche (9) ». Il ajoute même que plusieurs de ceux qui l'écoutent en seront témoins « avant
d'avoir goûté la mort (10) ». C'est l'annonce de cet heureux
événement qui fut appelée *la bonne nouvelle* et a servi
à désigner, outre les *Évangiles,* la prédication même de
Jésus. Saint Paul demande également que toute vie soit
suspendue, « à cause de la catastrophe imminente (11) », et

(1) *Épîtres,* II, III, 10.
(2) *Corinthiens,* I, III, 13. — Ces annonces répétées de conflagration universelle servirent parfois de prétexte aux accusations
d'incendie contre les chrétiens. (Renan, *les Évangiles,* p. 402.)
(3) *Messe des morts* : « Solvet sœclum in favilla… » — « Per eum
qui venturus est judicare vivos et mortuos et sœculum per
ignem… »
(4) *De rer. nat.,* II, 1129, sqq ; V, 105 ; VI, 42-45…
(5) *Pharsale,* I, 567.
(6) *Thyeste,* 884 ; *Questions naturelles,* III, 27.
(7) *Daniel,* II, 44 ; VII, 13, 14, 22, 27.
(8) *Saint Matthieu,* III, 2.
(9) *Ibid.,* IV, 17.
(10) *Ibid.,* XVI, 28.
(11) *Corinthiens,* I, VII, 25-28.

il affirme, non moins imprudemment, que le monde sera détruit avant qu'ait disparu la génération de son temps (1). Pour ceux qui vivaient dans l'anxiété de l'attente, ce fut une première déception lorsque saint Jean, un des derniers survivants de cette génération, mourut centenaire sans qu'on eût vu s'accomplir la prophétie. Néanmoins, les esprits continuèrent à se préoccuper des rêves du *millénarisme* où s'était complu Jésus et qui faisaient espérer, avant la résurrection universelle, une résurrection partielle, au profit des saints et des justes, qui règneraient ensemble mille ans (2).

Depuis le commencement de notre ère, des prophètes de malheur ont souvent pronostiqué la fin du monde, lorsque de grandes calamités semblaient en faire pressentir l'approche. L'auteur de l'*Apocalypse* la croit toute voisine et en trace par avance le tableau. Sa vision s'ouvre et se forme par l'annonce que « le temps est proche (3) ». Il indique même qu'on touchera le terme fatal sous « trois ans et demi (4). » Il fallut ensuite le reculer de plus en plus. Saint Augustin écrit encore sa *Cité de Dieu* sous l'inspiration du millénarisme. Il décrit les signes et calcule les périodes de ce grand renouvellement. Au ve siècle, saint Jérôme, témoin de l'écroulement de l'empire, pense que le monde va finir (5). Un peu plus tard, saint Grégoire le Grand appréhende comme très prochain le danger d'un cataclysme universel (6). On sait avec quelle épouvante

(1) *Corinthiens*, I, VIII, 29. Le mot de passe des premiers chrétiens pour se reconnaître était *Maran athâ*, en syro-chaldaïque : « Le Seigneur va venir. » (Renan, *les Apôtres*, p. 92.)

(2) *Apocalypse*, XX, 1-10.

(3) *Ibid.*, I, 3 ; XXII, 10.

(4) *Ibid.*, XI, 2, 3 ; XII, 14.

(5) *Ad Agerentium*, 123.

(6) *Dialogues*, III, 38.

l'Europe chrétienne vit venir et traversa la date fatidique de l'an mille (1), puis, le péril passé, comme on se reprit à vivre. Pour couper court à ces alarmes, qui, malgré les démentis répétés de l'expérience, se reproduisaient de siècle en siècle, le cinquième concile de Latran (1512) interdit, avec une tardive sagesse, de prédire la fin du monde, et une bulle de Léon X, formulant cette décision (1516), dit expressément : « Il ne nous appartient pas de connaître le temps et les moments que le Père a fixés dans sa puissance (2), et il est constant que ceux qui, jusqu'à présent, ont hasardé de semblables assertions, ont menti. » Si ce n'est pas très poli pour les prophètes antérieurs, c'est net et catégorique. Depuis lors, les visionnaires ont été moins affirmatifs ou les auditeurs moins crédules, et le monde, un peu rassuré, a pu dormir tranquille. Seuls quelques sectaires protestants se plaisent encore à trembler. Les congrégations des *Saints du dernier jour (Latter Day Saints)*, assez nombreuses en Angleterre et aux États-Unis (3), continuent de vivre dans l'attente d'une catastrophe qui s'obstine à ne pas venir.

Le moment où arrivera la fin du monde reste donc malaisé à déterminer, ce qui n'empêche pas les théologiens d'en disserter par avance, comme s'ils avaient assisté à l'événement. Ils désignent sous le nom d'eschatologie (de ἔσχατος, dernier), la science de ce qui sera quand le temps aura pris fin, supposé que le temps finisse jamais. Cette science ne serait pas dépourvue d'intérêt ; seulement,

______

(1) Les formules : « Appropinquante mundi termino... Advenante mundi vespera... » et autres semblables sont fréquentes à la fin du Xᵉ siècle dans les chartes de donation aux monastères.

(2) *Saint Matthieu,* XXIV, 36 ; *Saint Marc,* XIII, 32.

(3) Les Mormons prenaient eux-mêmes cette qualification.

tout ce qu'on peut dire d'elle, jusqu'à présent, c'est qu'elle
a un nom.

7. — Suivons dans son dernier stade l'hypothèse de
l'immortalité personnelle : la consommation des siècles
est accomplie, n'importe quand, et le jugement final pro-
noncé. Quelle sera la durée des peines et des récompenses
assignées ? Auront-elles un terme ou se prolongeront-
elles toujours ? Suivant que les esprits inclinaient à la
miséricorde ou à la rigueur, les idées ont beaucoup
varié sur ce point. L'écart va d'un temps limité à l'éternité sans bornes, c'est-à-dire de peu ou de presque rien
à tout.

Les Égyptiens ne croyaient pas à d'éternelles sanctions
après la mort. Si l'âme avait encouru une condamnation,
elle était livrée aux démons vengeurs, plongée dans
des bassins brûlants, puis soumise à de nouvelles
épreuves qui lui permettaient de se réhabiliter au cours
d'autres existences, et, si sa méchanceté persistait, elle
subissait une seconde mort qui l'anéantissait (1). Les
fautes rémissibles étaient expiées dans un purgatoire
(*Kerneter*), au sortir duquel l'âme bonne, purifiée par un
bain de feu, prenait place dans les *demeures célestes*.
« Isis a effacé ses souillures, dit le *Rituel funéraire*, Neph-
thys a retranché ses péchés (2). » Le *Livre des morts*
expose les incidents et les phases du voyage que l'âme
devait accomplir pour arriver au domaine de la sagesse où
elle participait au labourage mystique des champs d'Osiris. Mais, après trois mille ans de béatitude, elle rentrait

(1) Mariette, *les Tombes de l'ancien empire.*
(2) De Rougé, *Étude sur le Rituel funéraire des anciens Égyptiens.*
(*Revue archéologique,* 1860.)

dans son corps momifié pour revivre une vie d'homme ou
revêtir telle autre forme qu'elle pouvait désirer. Au terme
de cycles pareils, plusieurs fois répétés, elle s'absorbait
dans la pure essence divine et parvenait ainsi à la perfection absolue.

Ni le brahmanisme ni le bouddhisme n'édictent de supplices éternels. Après un temps d'expiation proportionné
à la gravité de ses fautes, l'âme punie rentre dans le cercle
des transmigrations et peut toujours se relever en s'amé-
liorant. Le Zend-Avesta n'inflige pas non plus de supplices
sans terme. Les méchants n'y sont condamnés qu'à trois
jours de torture dans un bain de métal en fusion. Ainsi
lavés de leurs fautes, devenus égaux aux bons et pourvus
comme eux de corps immortels, ils vont partager avec les
anges (*Izeds*) la félicité d'Ormuzd (1). « Suivant la doctrine
des mages, dit Plutarque, le dieu du bien et le dieu du
mal devaient dominer chacun à son tour pendant trois
mille ans ; puis, pendant trois autres mille ans, se combattre en détruisant l'œuvre l'un de l'autre ; à la fin, le
dieu de la mort succomberait, et les hommes seraient
heureux (2). » Ahriman et ses démons (*Dews*), vaincus
par l'armée du bien, reconnaîtraient la loi d'Ormuzd et,
pardonnés, seraient reçus dans le ciel (3). L'enfer, n'ayant
plus de raison d'être, disparaîtrait avec le mal pour faire
place à un monde plein de lumière et de joie (4). Tout au
rebours, Platon croit à la pérennité des peines et non à
celle des récompenses. Il tient que les âmes des sages,
admises dans le ciel, se lasseront à la longue d'un bon-

(1) *Zend-Avesta*, t. II, p. 414.
(2) *De Isi et Osiri*, p. 370.
(3) *Yaçna*, 30 et 31.
(4) *Zend-Avesta*, t. III, pp. 411-415.

heur trop uniforme et voudront revenir à la vie terrestre, malgré ses épreuves et ses misères (1).

L'éternité des peines n'est pas une dogme biblique. Il n'y en a pas trace dans l'Ancien Testament. Au début même du christianisme, les Juifs, peu familiers avec l'idée d'immortalité personnelle, n'ont jamais spéculé que sur des rétributions d'une durée finie (2). Jésus admet l'anéantissement éventuel des réprouvés : « Craignez, dit-il, celui qui peut détruire le corps et l'âme dans le feu de la Géhenne (3). » L'*Apocalypse* fait précipiter et se consumer dans l'étang de feu « ceux dont le nom n'est pas écrit au Livre de vie (4). » Pour les rabbins, le châtiment suprême des méchants doit être leur mort totale et définitive. Le *Talmud* les rejette dans un enfer où, après douze mois, le corps est anéanti et l'âme brûlée. « L'homme mauvais, dit Maimonide, mourra et sera complètement détruit; il périra avec sa méchanceté comme la brute, d'une mort dont on ne revient pas. La récompense des justes sera de prendre part à la vie future (5). »

Avec plus d'atrocité que de justice, les docteurs de l'Église ont érigé en dogme la perpétuité du supplice des damnés et livré les imaginations affolées au plus affreux cauchemar. Toutefois, l'idée de tourments sans fin, difficile à concilier avec la bonté divine et même avec la pitié humaine, mit longtemps à prévaloir. Les Pères étaient en désaccord sur ce point. Origène ne croit pas l'enfer irrémissible. Il pense que le péché seul s'y consume au feu. Le pécheur, purifié par ce baptême de flamme, doit être

(1) *Phédon*, p. 113; *République*, X; *Gorgias*, p. 536.
(2) Renan, *l'Antechrist*, p. 470.
(3) *Saint Matthieu*, x, 28.
(4) *Apocalypse*, xx, 14, 14; xxi, 1.
(5) *De la Repentance*, VIII.

finalement absous et reçu comme les justes dans le ciel. Satan lui-même, réconcilié avec Dieu, ainsi qu'Ahriman avec Ormuzd, reprendra son rang parmi les anges (1). Saint Irénée et Arnobe (2) nient l'immortalité des réprouvés. Pour saint Justin, toutes les âmes sont naturellement mortelles ; mais un acte de la volonté divine rendra les saints immortels, tandis que les pervers vivront, afin d'expier leurs fautes, « aussi longtemps que Dieu jugera convenable de faire durer leur existence et leur châtiment (3) ». Saint Basile, saint Grégoire de Nysse, les gnostiques, etc., partageaient l'opinion que les âmes et les corps des damnés se consumeraient à la longue au feu de l'enfer. Mais l'opinion contraire de l'éternité des peines, soutenue par Tertullien, saint Ambroise, saint Jean Chrysostome, saint Jérôme, saint Augustin, etc., a fini par l'emporter. Cependant cette doctrine ne fut érigée en dogme formel qu'au xiiie siècle, par le quatrième concile général de Latran, et eut encore besoin d'être confirmée au xvie par ceux de Florence et de Trente.

L'idée de purgatoire, étrangère au christianisme primitif, n'apparaît ni dans les évangiles ni dans les épîtres. Ce tempérament fut introduit dans la dogmatique au vie siècle, à l'instigation de Grégoire le Grand, après que le symbole des apôtres eût admis comme article de foi la descente de Jésus aux enfers, dont aucun des évangélistes n'avait parlé. L'institution de cet enfer temporaire, dont plusieurs peuples anciens avaient fourni le modèle, parut opportune quand la thèse de la damnation éternelle, qui aurait risqué de rebuter les pécheurs, commença de

(1) *De principiis*, I, 6 ; *Contra Cels.*, VI, 26.
(2) *Adversus gentes*, II, 8, 14, 16.
(3) *Apologie.*

prédominer (1). La création théologique du purgatoire donna une influence immense à l'Église, qui se réservait le pouvoir d'en racheter par ses prières, et qui finit par le faire à prix d'argent. Les protestants, sauf les anabaptistes, les sociniens et les arminiens, rejettent le purgatoire, préférant être damnés sans rémission. D'après les docteurs de l'islam, les infidèles sont voués à un enfer éternel ; mais les musulmans n'y passeront qu'un laps de quatre cents à sept mille ans. Délivrés ensuite par l'intercession de Mahomet, ils iront rejoindre les saints dans le paradis.

(1) « On a compris, en mesurant la faiblesse humaine, que si l'on n'abaissait pas un peu le prix des billets, on n'aurait plus personne. Comme il en fallait pour toutes les bourses, on a multiplié les petites places. » (Petavel-Olliff, *le Problème de l'immortalité*, t. I, p. 248.)

CHAPITRE X

MODES D'ACTIVITÉ DANS UNE EXISTENCE FUTURE

I. — FONCTIONS PHYSIOLOGIQUES, SEMBLABLES OU ANALOGUES A CELLES DE LA VIE PRÉSENTE

1. — Il nous reste à examiner les modes d'activité que pouvait comporter une existence future. La vie se compose de fonctions et ne se comprendrait pas sans elles. De quelle nature seraient celles dont on aurait à s'acquitter après la mort ? Eu égard à son importance, ce problème a occupé une grande place dans les spéculations.

Toutes les conjectures émises à ce sujet ont dû forcément emprunter leurs données à la vie présente, car nous ne connaissons qu'elle, et nous n'en pouvons pas sortir, même en songe. Mais l'imagination, qui combine ces éléments au gré de sa fantaisie, ne s'inquiète guère de mettre ses rêves d'accord avec les lois du monde réel, et son idéal devient d'autant plus chimérique, ou même incompréhensible, qu'il s'en écarte davantage. Il suffit, pour s'en convaincre, de comparer les exigences strictes de la vie naturelle et les conditions fictives de la vie extranaturelle. Si diverses que soient parmi les hommes les conceptions qui s'y rapportent, on peut aisément les ramener à deux types généraux, suivant que la vie future est censée : 1° Pareille ou analogue à la vie actuelle, reproduite surtout sous son aspect physiologique, qui prête le moins à l'abstraction; 2° sensiblement modifiée ou même entièrement dissemblable, par suite d'une extension indéfinie de l'activité psychique. Étudions-la sous ces deux aspects :

2. — La manière la plus simple de se représenter la vie future consistait à la concevoir sur le modèle exact et comme un simple prolongement de la vie présente. Ce mode d'existence, le plus facile à imaginer puisqu'il se borne à transposer une condition connue, est celui qu'ont admis la plupart des peuples non civilisés. Au lieu d'être abolie par l'accident de la mort, la vie est seulement coupée et se continue ailleurs presque sans changement.

Dès le début, pourtant, un partage des fonctions vitales s'opéra pour correspondre aux deux états de sommeil et de veille. D'une part l'assimilation si naturelle du sommeil et de la mort, de l'autre le désir de revivre en pleine activité, engagèrent les idées dans deux voies distinctes. Tantôt la mort fut comprise comme une somnolence profonde et sans terme, tantôt comme un retour à la vie active, menée alors sans interruption. Mais, par cela même qu'on séparait ces deux états de vie qui, dans l'ordre de la nature, se suivent par alternance, on les rendait inconciliables avec les lois du monde réel, car ni le sommeil sans réveil ni une activité sans repos ne sont de la vie. Une inconséquence plus grande encore a fait admettre simultanément, chez une foule de peuples, ces deux conceptions qui se contredisent et s'excluent. '

Les populations sauvages croient en général que les morts, après une seconde existence plus ou moins prolongée, tombent dans un sommeil destiné à ne plus finir. Les Péruviens et les Mexicains n'attribuaient aux âmes qu'une survivance de quelques années dans un autre monde. Elles s'endormaient ensuite pour toujours. Cette idée de suprême repos a son expression la plus complète dans le nirvâna bouddhique où, toute activité cessant avec la conscience, l'être est à jamais affranchi des quatre causes de mal, la naissance, la vieillesse, la maladie et la mort. Mais partout on retrouve cette conception d'un semblant de survivance sous forme de sommeil soit inaltérablement calme, soit agité et inquiet. La première avait prévalu chez les Hébreux, comme en témoignent la formule usuelle « s'endormir avec ses pères », et l'absence de fonctions actives dévolues aux morts dans le Schéol. L'Ancien Testament dépeint leur état comme tout semblable à celui des cadavres dans le sépulcre (1). Engourdis par la torpeur d'un sommeil léthargique, ils ne donnent aucun signe de vie, ne voient rien dans ces ténèbres, n'entendent rien dans ce silence, ne perçoivent rien et n'agissent pas. Là, il n'y a ni plaisir ni peine, et tout est oublié (2). Pour les Grecs des temps homériques, l'existence, à peine consciente et tourmentée de besoins inassouvis, que mènent les ombres dans l'Hadès, se rapproche plus du sommeil troublé que de la veille lucide, et laisse une impression de cauchemar. Dans ses prévisions de vie future, Socrate hésite encore entre un sommeil heureux qui supprimerait toute cause de souffrance et une veille active qui jouirait des joies de la vie (3).

(1) Isaïe donne au roi de Babylone « la pourriture pour couche et les vers pour vêtement » (XIV, 11).

(2) *Genèse*, XXXVII, 35 ; *Job,* XIV, 12 ; *Psaumes* XLVIII, 19 ; LXXXVII, 4-12 ; *Ecclésiaste,* IX, 4-6.

(3) Platon, *Apologie,* fin.

Les religions même qui, comme le christianisme, affirment le plus expressément l'immortalité de l'âme et remplissent l'éternité de sanctions, n'ont pas supprimé l'identification de la mort et du sommeil, qu'en dépit des dogmes reçus on voit reparaître dans une foule de formules dont l'usage est très général. Nous disons toujours « s'endormir du dernier sommeil », « goûter le suprême repos ». Les mots « de repos éternel » se récitent dans les *Offices des morts* (1), et sont communément inscrits comme un vœu sur les tombes (2). Le terme même de *cimetière* qui nous est venu des premiers chrétiens, a la signification de *dortoir* (3). Ainsi que Socrate, Shakspeare n'ose décider, dans le monologue d'*Hamlet*, si la mort est un sommeil ou un rêve ; mais ailleurs il est plus affirmatif : « Notre vie si courte, dit-il, a pour frontière un sommeil (4). » Le mot de Luther, las et découragé, dans le cimetière de Worms : *Invideo quia quiescunt*, celui du janséniste, infatigable lutteur : « Vous reposer ! Eh ! n'aurez-vous pas l'éternité pour le faire ! » — écartent les voiles de la convention dogmatique et montrent toujours vivante au fond des esprits la vieille croyance qui semblait abandonnée.

Néanmoins, la conception d'une existence future sous forme de sommeil sans fin était peu propre à satisfaire les convoitises de vie, car entre l'idée de torpeur inerte et celle de mort véritable, la différence est si minime qu'elle ne motiverait pas une option. Aussi à l'état de somnolence inconsciente a-t-on généralement préféré l'état de veille et d'activité, au prix même de ses charges et de ses périls.

(1) « Requiescat in pace... Requiem æternam dona eis, Domine ! »
(2) « Bonæ quieti... » — « Ici repose... » — « Repose en paix ! »
(3) Κοιμητήριον, *cœmeterium*, lieu où l'on dort, de κοιμάω, dormir.
(4) « Our little life — is rounded with a sleep ».

C'est en ce sens que les rêves de vie future étaient appelés
à prendre de larges développements. Chaque système de
croyances a exprimé en eux son idéal, en rapport avec le
degré de culture et de civilisation du groupe qui l'adoptait.
Leur étude offre donc pour l'histoire un sérieux intérêt.
On y trouve le tableau le plus exact, quoique imaginaire,
des désirs, des aspirations, de l'état intellectuel et moral
des peuples : — Dis-moi quel paradis tu rêves, et je te dirai
qui tu es.

3. — Tant qu'aucune idée de métempsycose ou de sanctions après la mort ne se mêlait aux conceptions de survivance, on crut généralement que la vie future serait la
continuation de la vie présente dans des conditions presque
identiques ou légèrement idéalisées. Le passage de l'une à
l'autre se réduisait à un voyage dans un monde assez
semblable au nôtre et seulement un peu meilleur. Là, le
mort, assujetti aux mêmes besoins, devait trouver les
mêmes ressources et s'adonner aux mêmes occupations.
La plupart des peuples ont conçu le bonheur futur sous
forme de jouissances sensuelles, avec les mêmes plaisirs
qu'ils avaient désirés et poursuivis, mais en ayant soin
de supprimer la douleur, la privation et la satiété. Dans un
séjour fortuné où abondent les facilités de vie, les chasseurs
ne cesseront pas de rechercher le gibier, les pasteurs d'entretenir des troupeaux, les agriculteurs de semer et de récol-
ter, les trafiquants de s'enrichir, les belliqueux de se battre
et les pillards de conquérir du butin. Comme, pour les sauvages, toujours en proie à la faim, la grande affaire est de
se repaître, le paradis consiste surtout en interminables
ripailles. On mange, on boit, on s'enivre et l'on fait l'amour
à plaisir. C'est une glorification de l'existence dans ce

qu'elle a de matériel. Des appétits assouvis, une volupté grossière ,et de frivoles passe-temps, il ne faut pas plus au commun des hommes pour se croire heureux.

Les Peaux-Rouges de l'Amérique du Nord espèrent revivre dans une vaste prairie peuplée de buffles et de chevreuils. « Il est admis ordinairement que le pays des morts tient en réserve de plus belles chasses et des pêches plus abondantes que celles de la vie actuelle, qu'on y danse et qu'on y fume tant qu'on-veut (1). » Telle est la confiance des Indiens dans ce riant avenir, qu'elle leur ôte toute appréhension de la mort. « Ils ne craignent pas de se rendre dans un lieu qui, d'après ce qu'ils ont entendu dire, abonde en jouissances continuelles· sans aucune peine (2). » Les Esquimaux rêvent, dans les entrailles de la terre ou sous les abîmes de l'océan, un pays des âmes où les chasseurs adroits et les gens heureux trouveront un été perpétuel, un soleil qui ne se couche jamais, de l'eau potable, des oiseaux aquatiques, des poissons, des phoques, des veaux marins et des rennes qui mettront de la complaisance à se laisser prendre, dont plusieurs même iront spontanément cuire dans une grande marmite (3). Au rapport du Dr Crevaux, les Roucouyennes croient que les esprits « vont très au-dessus des nuages. Ils trouvent là de jolies femmes, on danse toutes les nuits, on boit du *cachiri*, on chasse et on ne travaille pas (4) ». Pour les Patagons, la félicité suprême sera de jouir d'une ivresse perpétuelle ; pour les Australiens, de fumer du tabac à discrétion.

(1) A. Réville, *Histoire des religions*, t. I, p. 256.
(2) Schoolcraft, *Tribus indiennes*, t. II, p. 68.
(3) Cranz, *Groenland*, p. 258 ; Rink, *Tales and Traditions of the Eskimo*.
(4) *De Cayenne aux Andes*.

Aux îles Tonga, il est reçu que les morts vont dans l'île de *Bolotoo*, où toutes sortes de plantes utiles donnent des fleurs admirables, des fruits délicieux qui se reproduisent dès qu'on les cueille. On y rencontre à chaque pas des oiseaux magnifiques et des troupeaux de cochons immortels, sauf quand on les tue pour la nourriture des dieux ; mais ils sont alors aussitôt remplacés par d'autres (1). Les Taïtiens avaient un *Paradis parfumé (Rohotou noa noa)*, où abondaient des fleurs toujours fraîches, des fruits toujours mûrs. La vie, exempte de vieillesse, de maladie et d'ennui, se passait en banquets, danses et fêtes sans fin. Une grande place était réservée aux plaisirs de l'amour avec des femmes éternellement jeunes et belles (2). Les Néo-Zélandais faisaient de la vie future un long festin. Un de leurs chefs, entendant un missionnaire wesleyen décrire le paradis des chrétiens, déclara qu'il n'en voulait pas, qu'il n'y avait rien à manger, et qu'il préférait aller dans le *Po* se régaler de poissons et de patates douces avec ses amis (3). Les Mexicains se promettaient dans le paradis de *Tlalocan* des jardins où poussaient à profusion le maïs, les courges, les tomates et le piment, où les arbres étaient chargés de fruits savoureux, les fleurs remplies de miel, et où des chasses superbes alternaient avec des combats simulés (4). De même que les Mexicains et les Néo-Zélandais, les Scandinaves, peuple belliqueux, avaient pour passe-temps, dans la *Walhalla*, des simulacres de guerre suivis de copieux festins. Chaque jour, les braves allaient se livrer, dans la plaine d'Odin, de furieux combats ;

(1) Mariner, *Tonga-Island*, t. II, p. 107 et 108.
(2) Moerenhout, *Voyage aux îles du grand Océan*, t. I, p. 434.
(3) *Missionary register for 1826*, p. 164.
(4) Tylor, *Civilisation primitive*, t. II, p. 79.

puis, vainqueurs et vaincus, vivants et tués, se retrouvaient à l'heure du repas et banquetaient ensemble en buvant à longs traits la bière que leur versaient les Valkyries (1). Au rebours, les lâches étaient gardés en enfer par la déesse Hela, à la face austère et livide, qui a la faim pour plat, la famine pour couteau, l'inquiétude pour lit et la misère pour rideau... En Étrurie, les scènes funèbres peintes dans les hypogées représentent le plus souvent des banquets. « On y voit des personnages en vêtements éclatants, couchés sur des lits de repos, tandis que des échansons remplissent les coupes ou que des familiers battent la mesure à la musique des joueurs de flûte (2). »

4. — L'assimilation de la vie future à la vie présente, au double point de vue de la matérialité de l'être et de sa condition d'existence, ressort non moins clairement de la croyance, autrefois si générale, que les morts, exposés comme les vivants à la faim et à la soif, ont aussi besoin que leur vie soit entretenue par des aliments véritables et qu'ils courraient risque de la perdre si les offrandes qu'on leur en fait venaient à manquer. De là la coutume, presque universelle, de déposer des mets sur les tombes, de faire des libations aux morts, d'immoler pour eux des victimes et d'instituer des repas funèbres auxquels ils sont censés prendre part. Ces rites ont été en usage chez une foule de peuples, sauvages, barbares ou civilisés. Les Grecs, jusqu'aux approches de notre ère, y attachaient une importance très grande. Homère décrit les pâles ombres qui se traînent dans l'Hadès, languissantes et stupides, en proie à une faim bestiale et ne conservant de la vie que l'instinct de

(1) *Edda, Gylfaginning.*
(2) Rawlinson, *les Religions de l'ancien monde*, p. 199.

boire avidement le sang qu'on leur offre, afin de recouvrer quelques instants la mémoire. Quand Ulysse va les visiter, elles ne sont en état de le reconnaître et de lui répondre qu'après avoir humé une mixture réparatrice où entrent le sang d'un bélier et d'une brebis, du vin, de l'eau, du miel et de la farine (1). Dans l'*Hécube* d'Euripide, Néoptolème dit à l'ombre d'Achille : « Fils de Pelée, ô mon père ! Reçois ce breuvage qui plaît aux morts. Viens et bois ce sang (2). » Eschyle fait également dire par Oreste : « O mon père ! si je vis, tu recevras de riches banquets ; mais, si je meurs, tu n'auras pas ta part des repas fumeux dont les morts se nourrissent (3). » Le désir d'avoir de la postérité était même rendu plus vif par celui de ne pas manquer de pourvoyeurs quand on serait dans la tombe. « Tous ceux qui pensent à la mort, dit Isée, le maître de Démosthènes, veulent laisser derrière eux qui apporte à leurs manes des offrandes funéraires (4). »

L'usage des repas funèbres, attesté chez la plupart des peuples anciens par une foule de documents ou de représentations figurées, s'est perpétué jusqu'à nous dans des coutumes locales. Le cérémonial de l'ancienne cour de France en offre un curieux exemple : pendant les quarante jours qui précédaient les funérailles du roi, son effigie en cire était exposée, et on lui servait les mêmes repas que de son vivant. Les officiers de la table faisaient le service,

(1) *Odyssée*, XI.

(2) *Hécube*, 536. — La croyance aux *vampires*, très répandue en Afrique et en Amérique, se retrouve dans les *Rakchasas* de l'Inde, les *Goules* de la Perse, les *Brucolaques* de la Grèce, les *Lémures* et les *Lamies* des Romains, les *Lilith* des Hébreux... Elle a persisté par tradition dans l'Europe orientale.

(3) *Choéphores*, 482-484.

(4) *De l'Héritage d'Apollodore*, 30.

le seigneur du rang le plus élevé présentait la serviette ; un prélat bénissait la table et, la durée habituelle du repas écoulée, disait les grâces en y ajoutant un *de Profundis* (1). Maintenant encore, les Chinois, dont on doute s'ils admettent une autre vie, ne laissent pas d'offrir aux ancêtres des banquets où ils étalent les recherches et les friandises de leur cuisine raffinée. En Russie et en Galicie, les paysans déposent des aliments sur les tombes. Les Russes ont des repas de funérailles qui se renouvellent le neuvième, le vingtième et le quarantième jour après le décès (2). Dans quelques cantons de l'Allemagne, on laisse sur la table, la veille du jour des morts, un dîner servi pour eux. En Bretagne, un repas nocturne est mis de même à la disposition des âmes, et l'on a soin de tenir du feu allumé pour qu'elles puissent se réchauffer un moment (3). Enfin, on pourrait, avec Tylor, regarder l'usage de boire à la santé des vivants et de porter des toasts comme dérivé de la coutume antique de répandre des libations en l'honneur des morts (4).

5. — Une autre preuve, non moins significative, de l'identification des deux vies, résulte de la coutume, également générale, de déposer près des morts des objets de toute nature, armes de chasse ou de guerre, outils professionnels, ustensiles de ménage, vêtements, meubles, vases, bijoux, parures, articles de toilette pour les femmes, jouets pour les enfants, etc. Cet usage, commun à tous les peuples anciens, a fait de leurs sépultures, converties en cachettes

(1) Poullain de Saint-Foix, *Essais sur Paris*, 1754, dans *OEuvres*, t. IV, p. 147.
(2) Tylor, *Civilisation primitive*, t. II, p. 46.
(3) Id., *id.*, t. II, p. 50.
(4) Id., *id.*, t. I, p. 112-114.

préservatrices, les plus riches dépôts où viennent puiser à l'envi, sans scrupules de sacrilège, la curiosité des archéologues et l'avidité des chercheurs de trésors. La tombe antique fut souvent aménagée comme une demeure où le défunt devait retrouver tout ce qui, dans sa vie, lui avait été utile ou agréable. Les Égyptiens ensevelissaient avec le mort, dans sa *demeure éternelle*, ce qu'il avait le plus aimé dans sa maison *de dessus terre*, mettant à sa portée, outre des provisions de bouche, un trousseau et un mobilier complets, des coffrets à linge, des perruques de rechange, un lit, un fauteuil, des livres et des jeux pour distraire ses longs loisirs. Mêmes usages en Étrurie et en Grèce. Les épigrammes de l'Anthologie mentionnent souvent des offrandes d'objets faites aux morts. Au Pérou « ce qui domine, c'est l'idée d'une survivance qui n'est guère que la continuation de la vie actuelle. On enterre avec le cadavre des vêtements, des vases, des armes, des parures, pour qu'il puisse s'en servir dans sa nouvelle existence (1) ».

De nos jours, les Sioux placent encore auprès de leurs morts une pipe, du tabac et divers articles dont ils pourront avoir besoin (2). « Chez les Esthoniens de l'Europe septentrionale, les morts partent convenablement équipés pour leur voyage au delà de la tombe, avec du fil et des aiguilles, une brosse à cheveux, du savon, du pain, de l'eau, du vin et une pièce de monnaie (3). » En prévision d'une longue étape, les Indiens de Californie chaussent leurs morts de solides mocassins. En Allemagne, les Souabes les munissent de sabots. Les paysans de l'Erzebirge et du Voigtland mettent dans la bière des galoches

(1) A. Réville, *Histoire des religions*, t. II, p. 371.
(2) *Le Tour du Monde*, 1864, 1ᵉʳ semestre, p. 53.
(3) Tylor, *Civilisation primitive*, t. I., p. 568.

en caoutchouc et un parapluie (1), car il est bon de prévoir aussi le mauvais temps. Chez les peuples les plus
avancés d'Europe, il n'est pas rare de voir déposer dans le
cercueil des objets chers au défunt et qui pourront encore
lui faire plaisir., La pompe même de nos obsèques continue les traditions en étalant, à la suite du mort, son
costume d'apparat, ses armes, ses décorations...

Sous l'empire des mêmes croyances, on immola et l'on
ensevelit avec les chefs des animaux domestiques pour
leur prêter assistance, des esclaves pour les servir, des
femmes à titre de compagnes. Homère montre Achille sacrifiant aux mânes de Patrocle douze jeunes Troyens, quatre
chevaux et deux chiens (2). Hérodote rapporte que, dans
la fosse où les Scythes du Borysthène enterraient leur
roi, on mettait « une de ses concubines, son échanson,
son cuisinier, son ministre, un de ses serviteurs, des chevaux, en un mot les prémices de toutes choses à son usage » ;
puis, l'année révolue, cinquante serviteurs étaient égorgés
et placés sur autant de chevaux empaillés pour lui composer une garde de cavalerie (3). César mentionne des coutumes analogues chez les Gaulois. Ils brûlaient, dit-il, à la
mort d'un chef, ses animaux, ses esclaves et ses cliens pré-
férés (4). Bien qu'on en trouve aussi des exemples chez les
Romains et chez les Germains, les sacrifices d'êtres humains
faits à l'occasion des funérailles ont disparu d'assez bonne
heure en Europe ; mais ceux d'animaux ont persisté longtemps. Au moyen âge, on ensevelissait souvent avec le mort
des chevaux, des chiens, des faucons. A Paris, en 1672,

(1) Girard de Rialle, *Mythologie comparée*
(2) *Iliade*, XXIII.
(3) *Histoires*, II, 85 à 90.
(4) *Guerre des Gaules*, VI, 19.

aux funérailles de Jean Casimir, roi de Pologne, mort abbé de Saint-Germain-des-Prés, son cheval de guerre fut solennellement égorgé. En 1781, à Trèves, le cheval d'un général de cavalerie, Frédérik Kasimir, inhumé suivant les rites de l'ordre teutonique, fut conduit aux obsèques de son maître, puis abattu et enterré avec lui (1). Un dernier vestige de cette coutume est l'habitude de faire suivre le cercueil des hommes de guerre par leur cheval de bataille. Chez les Arabes, on sacrifiait un chameau sur la tombe du mort, pour l'aider à traverser les déserts de l'autre monde (2).

L'esprit s'épouvante à la pensée des sanglantes hécatombes faites en tant de lieux à l'occasion des funérailles, et des milliers d'êtres humains sacrifiés à l'idée, partout répandue, qu'une escorte d'honneur était nécessaire aux morts importants. Quand mourait un grand seigneur au Mexique, on immolait des esclaves, des femmes, des prisonniers de guerre, des artisans de diverses professions pour le servir, enfin un chapelain ou un prêtre de rang inférieur pour l'assister de ses prières et de ses conjurations (3). Plus prévoyants encore, les indigènes du Guatémala, quand un de leurs chefs était en danger de mourir, tuaient des esclaves par avance, afin qu'ils pussent aller tout préparer dans la nouvelle habitation de leur maître (4). Les Dayaks de Bornéo, qui font avec ardeur la chasse aux têtes, sont convaincus que chaque assailli tué équivaut à l'acquisition d'un esclave pour la vie future. Chez eux, un

(1) Kemble, *Horæ Ferales*, p. 66.
(2) Palgrave, *Arabia*, t. I, p. 10.
(3) Bancroft, *Natives Races of the Pacific States of North America*, II, 537.
(4) Ximénès, *Las Historias del origen de los Indios de Guatemala*, 1857, p. 212.

jeune homme trouverait difficilement à se marier avant de s'être ainsi assuré un serviteur, et l'on est d'autant plus estimé qu'on a commis plus de meurtres, le rang d'un homme dans l'autre monde devant être proportionné au nombre de ses victimes dans celui-ci (1). Au Dahomey, on immole, à la mort d'un roi, cent soldats pour lui faire escorte, cinquante porteurs de provision, huit danseuses de son harem, des femmes, des eunuques, des chanteurs, des joueurs de tambourin, des dignitaires, des courtisans... Lorsque, ensuite, le roi vivant veut envoyer de ses nouvelles à son père, lui annoncer quelque événement ou l'assurer que sa mémoire est honorée, il lui expédie des messagers qu'on égorge à cette fin (2).

Dans la plupart des pays où ces immolations sont usitées, les victimes s'offrent en foule au sacrifice, heureuses de profiter de l'occasion pour s'introduire à la suite d'un grand chef dans un paradis d'où l'humilité de leur condition les aurait exclues. Au Pérou, à la mort de l'Inca Huacu-Capac, plus de mille personnes se tuèrent de leur plein gré pour l'accompagner (3). Marco-Polo a vu dans l'Inde, au xiii° siècle, le suicide volontaire des gardes du roi de Maabar, désireux de le suivre dans l'autre monde (4), et la même coutume existait, il y a deux siècles, au Japon, à la mort d'un noble. Chez les Dahoméens, après les hécatombes de rigueur, la sépulture du roi reste ouverte trois jours, et qui veut vient s'y tuer Il se présente toujours des volontaires, parfois assez nombreux. En Amérique, les Chibchas enterraient avec le défunt « les femmes et les enfants qui le dési-

(1) Tylor, *Civilisation primitive*, t. I, p. 533.
(2) *Ibid.*, I, 537 ; cf. Hérodote, IV, 94.
(3) Velasco, *Histoire du royaume de Quito*, t. I, p. 234.
(4) *Relation* de ses voyages, III, 20.

raient le plus (1) ». On sait quelle peine ont eue les Anglais à interdire les *sutties* dans l'Inde et à empêcher les veuves de se brûler vives sur le bûcher de leur époux. Et, à ce propos, on remarque que les femmes ont été bien souvent sacrifiées aux mânes du mari, mais qu'il n'y a pas d'exemple de la réciproque.

Il a même été reçu, chez divers peuples, que la monnaie avait cours au pays des ombres et y conservait son pouvoir d'échange. En Grèce, on mettait dans la bouche du mort l'argent du péage perçu par Charon pour la traversée du Styx (2). L'usage de placer quelque pièce de monnaie dans la bouche ou la main du mort existait autrefois en Prusse et est signalée de nos jours parmi des paysans d'Allemagne, d'Irlande, ainsi que dans plusieurs cantons du Jura et du Morvan (3). Telle était la confiance des Gaulois, qu'ils prêtaient des sommes remboursables dans l'autre vie, sur engagement *post obitum* (quel heureux temps pour les emprunteurs !). Ils envoyaient aussi au défunt, par la voie du bûcher funèbre, les créances qu'il avait laissées, ce qui libérait pour le présent les débiteurs (4).

On ne pourrait guère citer de preuve plus forte de la foi en la vie future et en sa parfaite ressemblance avec la vie présente. De nos jours, les Chinois, dans l'idée que le mort aura peut-être besoin d'argent, lui en donnent s'ils peuvent; mais le plus souvent ils se contentent de lui remettre des valeurs fictives qui consistent en imitations d'écus de carton couverts d'une feuille d'étain pour simuler l'argent ou coloré

(1) Kingsborough, *Antiquities of Mexico*, 1830, t. VIII, p. 258.
(2) Lucien, *Dialogues des morts*, 22.
(3) Tylor, *Civilis. primit.*, t. I, p. 575; Maury, *la Magie*, p. 158.
(4) Pomponius Mela, *De situ orbis*, III, 2; Valère Maxime, II, 6.

en jaune pour simuler l'or. La fabrication de cette monnaie fiduciaire occupe, paraît-il, tout une industrie (1). Ils
figurent encore en papier une foule d'objets, chevaux,
chars, palanquins, selles, porteurs, etc., qu'ils veulent
faire parvenir au mort, et lui expédient, en les brûlant, ces
simulacres, persuadés qu'ils se changeront en réalités au
profit du destinataire (2).

6. — Une théorie qui faisait de la vie future la continuation pure et simple de la vie présente et comme son
décalque légèrement modifié, ne pouvait satisfaire que
des esprits et des désirs très bornés. La mort devenait
ainsi un complet non-sens, car il serait illogique que
l'existence nous fût ôtée pour nous être aussitôt rendue
dans la même condition. Si en effet les lois du monde réel
se prêtaient à une prolongation de la vie, la nature serait
déraisonnable de lui assigner un terme ; et, si ces lois se
refusent à la faire durer davantage, c'est l'homme qui est
déraisonnable de l'espérer. Durant une phase plus avancée de développement mental, on crut expliquer mieux
les choses en présentant la vie actuelle comme une épreuve,
et la vie future comme un système de sanctions. Suivant
qu'on avait mérité ou démérité, ses conditions durent alors
changer. L'uniformité primitive d'existence fit place à
deux états bien tranchés où l'on réunit à plaisir, d'une
part, tous les éléments de jouissance, de l'autre toutes les
causes de tourment. L'institution des paradis et des enfers
mit entre les morts une différence profonde, et ces séjours
contraires tendirent à s'idéaliser ·de plus en plus comme

(1) Tylor, *Civil. primit.*, t. I, p. 574.
(2) A. Réville, *Hist. des relig.*, III, 528 ; Astley, *Collection of
Voyages*, IV, 94.

exprimant le partage des biens et des maux de la vie. Néanmoins, le côté matériel domina longtemps dans ces conceptions, qui, par suite, ne s'écartèrent pas trop des données de la vie réelle, et se bornèrent à en séparer les éléments.

En général, les enfers présentent de frappantes similitudes, parce que les hommes. craignent également et ressentent de même les douleurs physiques ; les paradis sont plus divers, parce qu'ils combinent, avec des satisfactions de besoin, des passe-temps agréables, qui varient selon les lieux et les temps.

D'après la croyance des Égyptiens, lorsque Thot avait pesé les âmes dans sa balance, celles dont les fautes l'emportaient étaient vouées à de cruels supplices, décapitées ou cuites dans des chaudières, ou condamnées à traîner leur cœur arraché. Mais, après un temps d'expiation, elles étaient anéanties. Les meilleures allaient dans le *Champ des fèves* (*Sokhit-Ialou*), qu'elles labouraient et moissonnaient, soit par elles-mêmes, soit par des aides appelés *répondans*. Le reste du temps se passait en festins, chants, causeries et jeux (1). Les âmes des justes parcouraient ensuite les demeures célestes, se mêlaient au chœur des dieux et finalement, devenues intelligences pures, se confondaient avec Osiris.

Le paradis des Aryas de l'Inde védique est assez sommaire ; le *Véda* se contente de dire que « la satisfaction y naît avec le désir (2) ». Celui des brahmanes se compose de plusieurs mondes superposés. Dans les inférieurs se trouvent des mers de lait, de beurre fondu, de miel et de

(1) Champollion, *Lettres sur l'Égypte*, p. 233 ; Maspéro, *Lectures historiques*, pp. 157-160.
(2) E. Burnouf, *Essai sur le Véda*, p. 433.

jus de canne à sucre (1). Le plus élevé est le *Svarga*, où, sous la présidence d'Indra, les bienheureux goûtent toutes sortes de plaisirs, charmés par des chœurs de musiciens célestes (*Gandhavas*), de danseuses et de chanteuses (*Apsaras*). Les uns reviennent ensuite par métempsycose à la vie. Les plus purs s'absorbent en Brahma, et entrent par la cessation de l'existence personnelle dans la béatitude du *Moksha* (2). Les vingt et un enfers (*Narakas*), décrits dans les *Lois de Manou*, sont affectés au châtiment des diverses catégories de coupables. Ainsi les voleurs, les incendiaires, les empoisonneurs, sont livrés aux chiens, aux cochons, aux vautours ; les simples malintentionnés sont persécutés par les mouches et la vermine; les menteurs se voient arracher une langue qui repousse toujours... Mais le crime le plus sévèrement puni est le mépris des brahmanes. Il expose à rester trois mille cinq cents ans plongé dans un bain de métal fondu, la tête serrée entre des pinces ardentes.

Le bouddhisme accumule dans l'heureuse contrée de *Soukhavâti* tous les genres de délices. Il y a des lacs d'eau pure et fraîche, des jardins, des ombrages ; les fleurs de lotus flottant sur les eaux servent de siège aux élus, que ravissent des concerts et des danses... Mais ces plaisirs durent peu, à peine quelques millions d'années, après quoi il faut revenir sur terre, continuer les épreuves de la transmigration. Les sages, plus élevés en perfection, sont admis dans un ciel supérieur, où le plaisir sensible fait place aux pures délices de la vie intellectuelle. Enfin s'ouvre un ciel suprême, où le saint entre sans conscience dans le nirvâna et réalise, par l'évanouissement de

(1) J. Vinson, *les Religions actuelles*, p. 89.
(2) De Milloué, *Histoire des religions de l'Inde*, pp. 73 et 74.

son moi, la béatitude absolue. Le paradis plus enfantin des bouddhistes chinois (*Ni-Pan*, corruption du mot *nirvâna*), est un séjour enchanté où des pavillons construits en joyaux multicolores servent de retraite ; des eaux de cristal coulent sur un lit de sable d'or et de pierres précieuses; trois fois par jour tombent des pluies de fleurs, tandis que des faisans, des aras et d'autres oiseaux superbes célèbrent en chœur les beautés de la religion et la gloire du Bouddha, de concert avec le murmure des arbres et le bruit de sonnettes agitées par le vent (1). — L'enfer bouddhique (*Rorava*) comprend dix-huit sections principales, où sévit soit un froid atroce, soit une intolérable chaleur. Il y a des fleuves d'excréments, des chaudières d'huile bouillante, des fouets de flamme, un enfer de sang, un de reptiles, d'autres de cuivre en fusion, etc. Le génie tortionnaire des Chinois s'est plu à infliger, dans ces sombres geôles, tous les modes imaginables de supplices, peints sur les parois des pagodes afin de maintenir les pécheurs dans un salutaire effroi. Mais de mystérieuses formules, dont les bonzes ont le secret, tirent à juste prix les coupables de l'enfer (2).

7. — Les adeptes du mazdéisme se faisaient un tableau moins terrible de l'autre vie. A l'épreuve du pont Tchinwat, « l'ange Serosh, *l'heureux, le beau, le grand Serosh*, allait à la rencontre du voyageur fatigué, soutenait sa marche comme il avançait sur le passage difficile et aidait l'âme pieuse à traverser le pont. Les prières de ses amis dans ce monde étaient bien utiles au défunt et le fortifiaient singulièrement dans sa course. A son entrée, l'ange

(1) A. Réville, *Hist. des religions*, t. III, p. 524.
(2) Idem, *ibid.*, p. 557.

Vohu-Mano se levait de son trône et le saluait en ces termes : «•Que tu es heureux, toi qui es venu ici vers « nous, échangeant la mortalité contre l'immortalité ! » Alors l'âme pieuse s'avançait joyeusement vers Ahura-Mazda, vers les saints immortels, vers le trône d'or, vers le paradis. Quant aux méchants, ils tombaient dans le gouffre et se trouvaient dans les ténèbres du dehors, dans le royaume d'Angro-Mainyus (1). » Mais, après une courte expiation par le feu, ils allaient partager les joies des élus.

Le Tartare et les champs Élysées des Gréco-Romains reproduisent les douleurs et les plaisirs de la vie réelle. Quoique le premier contienne un marais, le Styx, et des fleuves de feu (*Phlégéton*, *Périphlégéton*), les simples infractions à la loi morale n'y sont pas punies de châtiments collectifs. Il n'est infligé de supplices spéciaux qu'aux impies qui se sont rendus coupables d'offenses personnelles envers les dieux (les Titans, Prométhée, Ixion, Tantale, Sisyphe...). Pleins d'aversion pour les idées tristes et les images cruelles, les anciens ont en général peu insisté sur la description des tourments infernaux. Ils se sont étendus avec plus de complaisance sur celle du bonheur élyséen. Hésiode dépeint les héros du quatrième âge, vivant sans travail et sans soucis dans les *îles Fortunées* où, trois fois par an, ils cueillent des fruits aussi doux que le miel (2). Homère mentionne aussi une *île des Bienheureux*, « où il n'y a point d'hiver, point de neige, jamais de pluie, où l'haleine des zéphyrs répand une douce et constante fraîcheur (3) ». Pindare entre dans plus de détails sur

(1) Rawlinson, *les Religions de l'ancien monde*, p. 113, et *Vendidad*, XIX, 30-32.
(2) *OEuvres et Jours*, 109-120.
(3) *Odyssée*, IV, 563-569.

la béatitude des champs Élysées : « Pour les bons, le soleil éclaire des jours que n'obscurcissent jamais les ombres de nos nuits ; dans des prairies empourprées de roses, ombragées par l'arbre qui produit l'encens, ils voient des bosquets se charger de fruits d'or. Les chevaux et les exercices du gymnase, les dés, la lyre, se partagent leurs goûts et leurs joies. Rien ne manque à l'état de leur florissante félicité. Dans ce séjour de délices s'exhale sans cesse l'odeur des parfums de toute sorte qu'ils jettent sur la flamme au loin rayonnante des autels (1). » Platon même ne s'élève guère au-dessus de cet idéal : « Musée et son fils conduisent les justes dans l'Hadès et les font asseoir au banquet des saints, où, couronnés de fleurs, ils passeront leur existence dans une éternelle ivresse... (2) »

La conception de la vie future, telle que la dépeint Virgile, est de beaucoup supérieure. Il ne dit qu'un mot des supplices du Tartare, alléguant que cent langues avec une voix de fer ne suffiraient pas à les décrire. Sa belle imagination se déploie plus volontiers à retracer les joies des champs Élysées. Là, dans une atmosphère pure et tranquille, sous la douce lumière d'un soleil autre que le nôtre, les ombres heureuses se promènent dans les lieux charmants, s'exercent à des luttes innocentes, aux armes, aux courses de chars, prennent place à des festins, jouent de la lyre, dansent et chantent des hymnes en chœur. Mais l'âme tendre du poète fait une part aux jouissances affectives et ménage des dédommagements aux malheurs immérités de la vie (3). Dante et Fénelon se sont inspirés de ces poétiques tableaux.

(1) *Olympiques*, II.
(2) *République*, p. 363.
(3) *Enéide*, VI, 642-658.

Quand s'établit le christianisme, ceux des Juifs qui admettaient la résurrection croyaient à une autre vie assez semblable à celle-ci, où l'on pourrait manger, boire et se marier. Le Psalmiste promet aux enfants des hommes qu'« ils seront enivrés de l'abondance qui est dans la maison du Seigneur, et qu'il les fera boire dans le torrent de ses délices (1) ». Jésus parle d'une pâque nouvelle et d'un vin nouveau, mais il écarte le mariage. Son paradis est un séjour où les élus, vêtus de lumière, festineront en compagnie d'Abraham, des patriarches et des prophètes (2). Il représente la *Géhenne* (originairement une vallée, cloaque d'immondices, à l'ouest de Jérusalem) comme « une ténébreuse fournaise de feu où il y aura des pleurs et des grincements de dents ». Les réprouvés y seront brûlés, rongés par les vers, ainsi que Satan et les autres anges rebelles (3). L'auteur de l'*Apocalypse* décrit la Jérusalem céleste comme une cité construite en pierres précieuses, ayant des perles pour portes, arrosée par un fleuve d'eau vive, et contenant l'arbre de vie qui donne un fruit chaque mois (4). Par contre, il plonge dans un étang de soufre et de feu les criminels, les timides et les incrédules (5).

Les populations du moyen âge, partagées entre l'espoir et la crainte du monde futur, ont vécu sous l'obsession des peintures qu'en retraçaient à l'envi les théologiens, les sermonnaires, les poètes et les artistes. Saint Augustin

(1) *Psaumes*, XXXV, 8.
(2) *Saint Matthieu*, VIII, 11; XIII, 43; XXVI, 29; *Saint Luc*, XXII, 30.
(3) *Saint Matthieu*, XIII, 42; XXVI, 41; VIII, 12; *Saint Marc*, IX, 43.
(4) *Apocalypse*, XXI, XVII.
(5) *Ibid.*, XXI, 8.

montre les damnés plongés dans des chaudières de plomb
fondu, dans des marais infects où ils seront livrés aux
morsures d'affreux reptiles. Le doux auteur de l'*Imitation* lui-même condamne les voluptueux à recevoir
des affusions de poix brûlante et de soufre puant (1).
Les historiens nous ont transmis, en preuve d'authentique
réalité, le récit d'excursions, faites par des extatiques ou
des léthargiques, dans ces mystérieuses régions de l'enfer
et du paradis (2). Dante a consacré son génie à décrire ces
visions, où il a su exprimer le double idéal de l'horreur
et de la suavité. Au rebours de Virgile son guide, il se
plaît à exposer les supplices des damnés et reste peu explicite sur la félicité des justes. Les tourments physiques
et très variés de son enfer contrastent avec les joies éthérées, mais vagues et uniformes, de son paradis, dont tous les
traits sont empruntés au plus immatériel des phénomènes, la
lumière, et l'œuvre s'achève dans un hymne éblouissant à
de célestes clartés.

Vers la fin du moyen âge, l'enfer semble reproduire
l'image des cachots de l'inquisition, et la dureté des cœurs
y fait prodiguer toutes sortes de tortures. Bossuet dépeint
encore les damnés : « Toujours vivants et toujours mourants,
immortels pour leurs peines, trop forts pour mourir, trop
faibles pour supporter, ils gémiront éternellement sur
des lits de flammes, outrés de furieuses et irrémédiables
douleurs (3). » Les paradis, œuvre d'imaginations monacales, figurent un ciel disposé comme un chœur d'église,
où les élus se plaisent à psalmodier sans fin des can-

(1) *Imitation*, I, 24.
(2) Saint Grégoire le Grand, *Dial.* IV ; Mathieu Paris, An. 1100
et 1206 ; Guibert de Nogent, *De vita sua*, III, 20 ; Grégoire de Tours,
VII, 1 ; Hincmar, lib. II, p. 805.
(3) *Sermon sur les fondements de la vengeance divine.*

tiques, au bruit des orgues et au balancement des encensoirs. Quelques jésuites, mal inspirés par un mysticisme sensuel, ont imaginé, pour mettre en goût les gens du monde, des plaisirs dont la puérilité le dispute aux conceptions des sauvages. Le P. Gabriel Henao prétend qu'« il y aura une musique dans le ciel avec des instruments comme les nôtres », qu'on s'y livrera au divertissement de la danse, etc. (1) Plus précis encore, le P. Louis Henriquez assure qu'« il y aura de suprêmes délices à baiser et embrasser les corps des bienheureux ; qu'ils se baigneront à la vue les uns des autres ; qu'il y aura pour cela des bains très agréables où ils nageront comme des poissons ; qu'ils chanteront comme les calandres et les rossignols ; que les anges s'habilleront en femmes et qu'ils paraîtront aux saints avec des habits de dames, les cheveux frisés, des jupes à vertugadin et du linge le plus riche. Que les hommes et les femmes se réjouiront avec des mascarades, des festins et des ballets ; que les femmes chanteront plus agréablement que les hommes, afin que le plaisir soit plus grand ; qu'elles ressusciteront avec les cheveux plus longs et qu'elles se pareront avec des rubans et des coiffures comme on fait dans le monde ; que les gens mariés se baiseront comme en cette vie... (2) » Au milieu du XVIIIe siècle, en plein règne de Voltaire, Swedenborg pouvait encore publier un ouvrage sous ce titre : *les Merveilles du ciel et de l'enfer, d'après le témoignage de ses yeux et de ses oreilles* (3). Il y rend compte de ce qu'il a vu et de ses conversations avec les anges et les diables.

(1) *Empyrologia, seu philosophia christiana de empyreo cœlo.* (In-fol., Salamanque, 1652.)

(2) *Occupation des saints dans le ciel.* (V. Bayle, *Diction. histor.*, art. Loyola, note U.)

(3) *De cœlo et inferno, ex auditis et visis,* 1758.

L'enfer et le paradis des musulmans sont tout matériels.
Le *Coran* ne parle que de peines et de plaisirs physiques.
Les maudits sont condamnés à souffrir la faim, la soif, la
chaleur, à se repaître d'aliments immondes et de fruits
amers, à boire de l'eau bouillante ou du pus, à être écor-
chés vifs, meurtris avec des gourdins de fer, etc. (1) Les
élus, dont les facultés de jouissance seront portées au
centuple, trouveront dans le paradis des jardins arrosés
d'eaux vives, de frais ombrages, des fontaines jaillissantes,
chose la plus agréable que puissent rêver des nomades
habitués à l'aridité du désert ; des kiosques d'or et de pier-
reries, des meubles somptueux, des tapis, des vêtements
de soie et de brocart ; des fruits exquis partout à portée de
la main et qui se détacheront d'eux-mêmes, des mets et
des breuvages délicieux dont ils ne sentiront ni la satiété
ni l'ivresse ; de jeunes et beaux esclaves pour les servir ;
et surtout les voluptés inépuisables du harem, avec poly-
gamie illimitée parmi un nombre prodigieux de femmes
célestes (*Houris*), « au regard modeste, aux grands yeux
noirs, à la peau blanche comme un œuf d'autruche, au
teint éclatant comme celui d'une perle dans sa conque (2)»,
odalisques idéales douées du privilège d'une virginité toujours renaissante (3). Enfin le prophète, craignant d'avoir
oublié quelque chose, conclut en disant que chacun pourra
demander ce qu'il désire ; ses souhaits, quels qu'ils soient,
seront aussitôt exaucés.

De nos jours, où l'esprit critique prévaut sur la foi naïve,
les descriptions de la vie future ne sont plus guère prises

(1) *Coran*, xiv, 50 et 51 ; xv, 49-53 ; xxii, 20 et 21 ; lii, 13-16 ; lv
et lvi.

(2) *Ibid.*, xxxvii, 47 ; lii, 20 ; lv et lvi.

(3) *Ibid.*, lvi, 34 et 35.

au sérieux. Quelque effort d'imagination que l'on fasse pour rendre les peintures de l'autre monde effroyables ou attrayantes, on n'arrive qu'à représenter des enfers qui font sourire ou des paradis qui font bâiller, et les gens d'esprit sont enclins à faire des choix contraires au but de l'institution. Machiavel disait qu'il aimerait mieux aller en enfer qu'en paradis, parce qu'il y serait en meilleure compagnie et verrait de plus beau monde : dans l'un, en effet, il n'aurait chance de rencontrer que des apôtres, des ermites, des moines, de vieilles dévotes et des mendiants, toutes gens d'un commerce peu récréatif, tandis que, dans l'autre, il aurait l'agrément de vivre avec de grands seigneurs, des princes, des rois, des cardinaux et des papes... M. Renan, également dégoûté d'un paradis maussade et d'un enfer odieux, ne juge habitable que le purgatoire, « lieu mélancolique et charmant (1) », où de longs espoirs font prendre en patience des maux passagers, ce qui ressemble assez à notre condition actuelle.

(1) *Feuilles détachées*, préface, p. xvi.

CHAPITRE XI

II. — FONCTIONS PSYCHIQUES, DIFFÉRENTES DE CELLES DE LA VIE ACTUELLE

1. — Une existence trop semblable à la nôtre ou bornée à un triage de ses éléments, ne pouvait pas contenter toujours des convoitises en rapport avec les exigences d'une civilisation accrue et les aspirations d'un spiritualisme exalté. Comme la vie présente est pénible pour la plupart des êtres humains, fastidieuse pour beaucoup, insuffisante pour tous, on devait ambitionner une . vie nouvelle, différente et supérieure. Peu d'hommes, en effet, consentiraient à revivre dans des conditions pareilles à celles où ils ont vécu, puisque aucun d'eux n'y a trouvé le bonheur (1). L'imagination réclame autre chose et mieux. On se plaît alors à rêver une existence idéale, surnaturelle, où les matériaux empruntés à la vie réelle sont, non plus seulement, comme dans les conceptions qui précèdent, choisis et combinés à plaisir, mais amplifiés et transfigurés. On souhaite une activité affranchie de l'effort et de la gêne, des facultés élevées à la plus haute puissance, des plaisirs sans privation et sans dégoût, une félicité sans trouble, la

(1) « Nemo vitam acciperet si daretur scientibus. » (Sénèque, *Consolatio ad Marciam*, 22.)

beauté sans mélange de laideur, l'omniscience sans étude, la perfection sans épreuves, l'association sans conflits. Dans cette voie de l'abstraction transcendante, on arrive à croire possible un état de vie en dehors de toutes les lois connues et que, par conséquent, on ne peut ni décrire ni concevoir clairement. Saint Paul promet aux fidèles, dans le ciel, « ce que l'œil n'a pas vu, ce que l'oreille n'a pas entendu, ce qui n'a pas pénétré dans l'esprit de l'homme (1)». Il est assez malaisé de dire ce que ce sera et de s'en faire une juste idée. On est en plein dans le monde de l'irréel et de l'incompréhensible. Il suffit de jeter un regard sur ces rêves pour en reconnaître l'inanité et les réduire à des propositions inconcevables ou irrationnelles, c'est-à-dire effectuer leur réfutation par l'absurde.

2. — La vie matérielle, sans cesse aux prises avec le besoin, astreinte à de longs labeurs pour arriver à de courtes jouissances, sujette au mal et à la douleur, vouée au déclin de la vieillesse, aux infirmités et à la mort, était manifestement trop défectueuse et devait faire désirer une transformation profonde. Plusieurs même, la regardant comme humiliante pour la raison, voudraient être affranchis de ses servitudes et s'écrieraient volontiers avec l'apôtre : « Qui me délivrera de ce corps de mort ? (2) » On souhaiterait un organisme sain et robuste, libre de nécessités animales, exempt de souffrances et soustrait aux lois d'évolution qui assignent un terme à sa durée. On espère donc qu'appelés à revivre dans d'autres conditions, les corps seront dégagés, en tout ou en partie, des chaînes de la matérialité. Mais, ou ces corps idéalisés

(1) *Corinthiens*, I, ii, 9.
(2) *Romains*, vii, 23.

participeraient encore, dans une mesure quelconque, de la nature des nôtres, et ils auraient à subir les mêmes lois de dépendance physique, ou·ils différeraient entièrement par un caractère de spiritualité pure, et leur existence échappe à toute compréhension.

Un corps doit toujours, par définition, être matériel et, placé dans un milieu cosmique, subir son influence, réagir contre lui et s'acquitter ainsi de fonctions déterminées. La conception d'un corps vivant qui subsisterait par lui-même, sans dépendre de ce qui l'entoure, sans pertes à réparer ni forces à entretenir, sans obstacles à vaincre ni périls à éviter, sans changements d'aucune sorte, est hors des données de la science et des possibilités de la nature, parce qu'elle méconnaît la loi qui, dans un tout, subordonne chaque partie à l'ensemble. Mais, si un corps matériel, colloqué dans un milieu matériel, doit subir les lois générales de la matière, cette condition entraîne forcément pour lui des sujétions de besoins, des recherches de satisfactions, une dépense d'efforts, des chances d'insuccès et d'accident, de privation et de douleur. Si, par exemple, à raison de l'activité vitale, la substance du corps s'use et se dénature, le voilà tenu de la renouveler, c'est-à-dire soumis à des exigences de nutrition et, par suite, obligé de se procurer des aliments, de les apprêter, de les consommer... Sans insister sur ce point, il suffit d'indiquer tout ce qu'implique le détail de la fonction pour faire entrevoir une série de conséquences non moins inévitables que gênantes pour l'idéalisation. Les autres ordres de besoins réclamant à leur tour, il faudrait encore confectionner des vêtements, dont la pudeur seule imposerait la convenance, construire des demeures, organiser des moyens de locomotion,. etc., en un mot rétablir, pour des besoins analogues aux nôtres, nos plus laborieuses industries. Enfin, cette vie même, malgré tous les soins qu'on en pourrait prendre, serait toujours précaire, exposée à des causes accidentelles de destruction; et, si elle réussissait à les éviter, elle n'éviterait pas le terme fatal où l'évolution conduit tout organisme vivant, parce que l'équilibre instable des forces qui le maintiennent, sans cesse compromis par les agents extérieurs et de moins en moins résistant, doit nécessairement aboutir, dans un temps donné, à un effondrement final. Les objections de ce genre, qui surgissent en foule dès qu'on veut discuter ces rêves, sont d'ordinaire passées discrètement sous silence par les théoriciens de la vie future, car, s'ils essayaient d'y répondre, ils seraient vite acculés à des conséquences inconciliables soit avec la vraisemblance si on les écarte, soit avec l'idéal si on les admet.

On a cru éviter ces difficultés, mais on n'a fait que leur en substituer d'autres, plus inextricables encore, en imaginant qu'au lieu de renaître dans leur condition matérielle, les corps transfigurés se composeraient d'une substance idéale, abstraite, exempte de « l'étendue de quantité » qui caractérise la matière divisible et entraîne ses imperfections. Le mazdéisme promettait aux bons, après le triomphe d'Ormuzd, des corps « qui seraient soustraits à la nécessité de manger et n'auraient plus d'ombre (1) ». Saint Paul donne de même aux élus, dans le royaume de Dieu, des corps « glorieux » ou « spirituels » qui, au lieu d'être inertes, pleins de besoins et de misères, rebelles à l'âme et périssables, seraient libres et actifs comme l'esprit, dociles à ses ordres et incorruptibles (2).

(1) Plutarque, *De Isi et Osiri*, p. 370.
(2) *Corinthiens*, I, xv, 43 et 44; 50-52.

Le Père Lescœur nous assure, d'après les théologiens les plus autorisés, que les corps des justes ressuscités seront *impassibles*, c'est-à-dire exempts de souffrance, quoique sensibles ; *subtils* comme Jésus, qui pénètre dans le Cénacle « toutes portes fermées » (1) ; *agiles*, c'est-à-dire capables de franchir en un instant, à volonté, les plus vastes espaces ; enfin *lumineux* et *resplendissants*, comme les étoiles, selon saint Paul (2). On souscrirait volontiers à l'acquisition de pareils avantages ; mais le comment est malaisé à concevoir.

De quoi se composeraient des corps ainsi transfigurés ? Origène et Tertullien les croient faits, comme les anges et les démons, d'une substance vaporeuse (3) ; saint Augustin les façonne avec de la lumière ; Leibniz a proposé sa « matière subtile », Gœrres, des formes éthérées, pareilles à des spectres lumineux (4) ; les spiritistes modernes assignent pour corps à l'esprit le *périsprit*, une *substance aromale*, etc. Mais l'imagination a beau s'évertuer sur ce thème chimérique, elle ne peut toujours que matérialiser l'esprit ou spiritualiser la matière, c'est-à-dire associer ce qui s'exclut. De quelque façon qu'on s'y prenne, une matière immatérielle est impossible à concevoir, parce que ces termes impliquent contradiction, et que, en voulant les unir, on ne fait pas moins violence à la nature qu'à la logique. Si cette substance ambiguë, qui tiendrait de l'esprit par son essence et de la matière par ses propriétés, reste subordonnée à l'empire des forces physiques, elle subira des lois de contingence, ou, si elle leur échappe

(1) « Januis clausis. » (*Saint Jean*, xx, 26.)
(2) *Le Dogme de la vie future*, pp. 357-359.
(3) Origène, *Des Principes*, 1, 7 ; Tertullien, *De carne Christi*, VI, 5 ; *Adv. Marcion*, II.
(4) *Mystique chrétienne.*

par son incorporéité absolue, elle se trouvera bannie du monde réel, sans relation avec lui. Quelle vie pourraient avoir, quelles fonctions remplir des corps qui ne seraient pas des corps, mais des fantômes de corps ? Auraient-ils une forme arrêtée, sans pouvoir de cohésion et de résistance ? des mouvements, sans force motrice ? une activité, sans rapports ? Une forme quelconque devient même incompréhensible pour des corps spirituels, car la structure organique ne correspond qu'à des besoins matériels. Aucun de nos organes n'aurait de sens pour eux. Aussi, durant les premiers siècles de notre ère, les gnostiques pensaient-ils que, dans la vie future, les corps ne ressembleraient plus aux nôtres (1). Origène croit qu'ils n'auront ni bras ni jambes, et que, ramassés sur eux-mêmes, ils prendront une forme sphérique, la plus parfaite de toutes, puisqu'elle est celle des astres (2). Mais cette forme même des mondes, résultante dynamique de leur matérialité, ne conviendrait pas à des corps immatériels.

Il n'y a donc aucun moyen de comprendre l'existence des corps après qu'on les a vidés de matière, et, si l'on ne conserve d'eux qu'une vaine apparence, à quoi peut-elle servir, sinon à tromper l'esprit par un faux semblant de réalité ? Élevée à ce degré d'abstraction, la spiritualité pure, étrangère au monde physique, perd tout contact avec lui et se perd elle-même en s'en séparant. Comment se représenter, en effet, l'activité de l'esprit sans organes des sens, alors que toutes nos idées proviennent de la perception et que nous ne pouvons connaître le général que par le particulier, l'abstrait que par le con-

_____

(1) Saint Épiphane, *Contre les hérésies*, 67.
(2) *De la Prière*, 31 ; *des Principes*, II, 3, 8, 11.

cret ? Que serait la passion sans objet, l'idéal sans le réel, l'intelligence sans phénomènes, la volonté sans pouvoir d'action, la société sans modes de communication avec les autres êtres ? L'existence d'un pur esprit est absolument inconcevable, et la perte de sa corporéité, entraînant celle de toutes ses facultés actives, le ferait tomber dans un état d'inertie qui équivaudrait à son anéantissement.

3. — Le désir de vivre se confond, pour tous les hommes, avec celui d'être heureux, et, s'ils souhaitent de revivre, c'est pour le devenir davantage. Comme ils ne jouissent en cette vie que d'un bonheur incomplet et passager, ils rêvent dans l'autre une félicité parfaite et constante. Mais cette éventualité n'échappe pas moins dans l'avenir que dans le présent. C'est un aphorisme banal que le « bonheur n'est pas de ce monde ». Il serait plus exact de dire qu'il n'est d'aucun monde, et c'est folie de le croire possible, n'importe où, dans les conditions de plénitude et de pérennité où nous le voudrions.

Notre sensibilité se lie à notre nature d'êtres contingents et bornés, dans un monde où se rencontrent des biens assez rares qu'il faut poursuivre et des maux sans nombre qu'il faut éviter. Dans cet ordre inégal, variable, troublé par de continuels accidents, nous ne pouvons prétendre qu'à des satisfactions partielles, à une possession sans sécurité, à des plaisirs fugitifs, plus ou moins mêlés de peines. « Un peu de bien saisi rapidement et dont la jouissance est toujours de courte durée, est tout ce dont on peut flatter la nature humaine (1). »

Rien ne nous procure un peu de joie que ce qui a été ar-

(1) Talleyrand, *Mémoires*, t. I.

demment désiré; or le désir est par lui-même un état pénible, un indice de misère, l'impression d'un besoin senti. Sans désir, pas de jouissance, et, sans privation, pas de désir. Veut-on supposer les désirs satisfaits aussitôt que formés ou mieux satisfaits par anticipation tous ensemble? Mais le désir doit être irrité par les obstacles et s'exalter en passion pour aviver la jouissance. Le satisfaire sur tous les points serait d'ailleurs difficile, tant il a d'exigences et met de conditions à son parfait contentement. On lui donnerait le possible, qu'il réclamerait l'impossible. Une omnipotence divine échouerait dans cette entreprise de combler tous nos désirs, parce qu'ils sont le plus souvent déraisonnables et contradictoires.

Si le monde futur offrait encore des motifs de désirer et de craindre, d'aimer et de haïr, on connaîtrait de nouveau le tourment de la privation, l'impatience de l'attente, l'appréhension du danger, l'inquiétude de la possession, les regrets de la perte. Si les désirs, successifs et changeants, ne visent qu'à des satisfactions restreintes, on n'ignorera pas la versatilité de la passion, qui s'éprend et se déprend tour à tour des objets les plus divers, attestant ainsi son impuissance à goûter un bonheur qui dure et condamnée, comme les Danaïdes de la Fable, à remplir un tonneau sans fond. A voir combien ce que nous avons le plus désiré nous contente peu, et comment, à peine en possession d'un bien dont nous attendions le bonheur, nous en découvrons l'insuffisance et cherchons ailleurs une félicité qui ne s'y trouvera pas davantage, il apparaît que notre capacité de jouissance n'est pas en rapport avec notre latitude d'appétition, car la première a des bornes tandis que la seconde n'en a pas. Le sort de la passion est donc de désirer beaucoup, d'obtenir peu et de n'être jamais satisfaite. Comme elle ne saurait tout avoir et qu'elle est moins heureuse de ce qu'elle possède, que malheureuse de ce qui lui manque, le bonheur est impossible. La seule manière de le goûter est d'y renoncer. Au lieu de se fatiguer à le poursuivre en donnant un libre essor aux désirs, le sage le demande à la modération du désir même, au contentement de ce qu'on a, au renoncement à ce que la fortune refuse ou vendrait trop cher, à la tranquillité de cœur et d'esprit, et il mérite d'être relativement heureux, parce qu'il ne se tourmente pas à le devenir. Le bonheur, qui fuit tant qu'on le pourchasse, vient de lui-même quand on ne le cherche plus.

Quelques-uns le rêvent dans la jouissance d'un bien suprême qui tiendrait à lui seul lieu de tous les autres ; mais l'embarras est de dire en quoi il consisterait. Après avoir longtemps débattu ce problème oiseux, les philosophes, ne pouvant tomber d'accord, ont renoncé à le résoudre. Il y a autant de manières de comprendre le bonheur que de manières de sentir. Disputer serait chose vaine ; chacun décide à son gré. On sait combien il est malaisé de décrire des paradis qui plaisent à tous. Les plus grands poètes y ont échoué, tandis que plusieurs ont dépeint des enfers assez réussis comme rêves de tortionnaires (1). Les tableaux où des rêveurs bien intentionnés ont voulu retracer la félicité des justes ne contenteraient longtemps personne : s'asseoir à de célestes banquets, se promener sous de frais ombrages, s'entretenir par groupes d'amis, chanter des cantiques ou danser en rond, comme les anges de Fra

(1) Lorsque Dante, si fertile en inventions de supplices dans son enfer, est introduit dans le paradis, au lieu d'en décrire les béatitudes pour notre édification, il se dérobe et nous entretient de ses ancêtres, de Béatrix et de divers saints.

Angelico dans une peinture de l'Académie de Florence (1), cela serait bon un moment : mais on se lasse de tout, et l'éternité est bien longue! Quelles délices inventer qui puissent charmer tous les hommes et ne s'épuiser jamais? L'imagination reste à court. Semblables aux nôtres, ces plaisirs passeront comme eux ; différents, nous ne les comprenons plus.

Suivant Leibniz, le bonheur éternel « ne doit point consister dans une pleine jouissance où il n'y aurait plus rien à désirer, et qui rendrait notre esprit stupide, mais dans un progrès perpétuel à de nouveaux plaisirs et à de nouvelles perfections ». Une félicité pareille ne serait jamais parfaite, car il lui manquerait toujours ce que lui réserverait l'avenir, et elle ne nous contenterait pas mieux que la condition présente. D'autre part, une béatitude qui ne pourrait ni croître, ni diminuer, ni changer, serait vouée, par une permanence sans fin, à la plus accablante monotonie. La loi fondamentale de nos émotions est leur affaiblissement à raison de leur durée. « La continuité dit Pascal, dégoûte de tout. » Incapable de se maintenir toujours égale, la jouissance n'est sentie qu'à condition de se renouveler. La nature nous interdit de fonder un bonheur durable sur la possession de biens dont la valeur, dès qu'ils sont à nous, décroît sans cesse et se réduit bientôt à rien. Quand on voit avec quelle rapidité s'éteignent les feux de paille qu'allume en nous la passion, qui oserait se flatter de les entretenir éternellement ? Transportés dans une durée sans terme, tous les plaisirs qui nous ravissent un moment laisseraient vite reconnaître le néant de chacun d'eux. Si un morne ennui nous accable, alors que le

(1) *Le Jugement dernier*, côté du paradis.

cours de la vie nous promène d'âge en âge à travers des aspects changeants, que serait-ce dans un état fixe, d'une invariable uniformité ? Les hommes sur le retour rêvent volontiers le bonheur dans une constante jeunesse ; mais, outre que la jeunesse ne donne pas le bonheur, puisqu'on ne l'y trouve pas lorsqu'on jouit de cet âge dans sa plus riante nouveauté, que deviendrait une jeunesse âgée seulement de quelques millions de siècles ? Aurait-elle encore beaucoup d'illusions ? S'il n'y a rien de plus triste qu'une pensée de vieillard sur les lèvres d'un enfant, que serait une immortelle jeunesse portant au cœur, sous de mensongères apparences, le doute, l'expérience amère, le désenchantement et le désespoir ?

Ainsi le bonheur, qu'on rêve non moins vainement dans une existence future que dans la vie présente, ne pourrait ni se composer de plaisirs variés, tous insuffisants et éphémères, ni se réduire à un bien unique dont la jouissance s'épuiserait par sa durée même et s'achèverait dans un éternel ennui. Quant à souhaiter la béatitude dans des conditions inconnues, parmi des plaisirs qui ne passent ni ne lassent, que ne troublent ni craintes ni regrets, et qui ne laissent rien à désirer, l'impuissance où nous sommes de comprendre un pareil état montre la déraison de l'espérer. La nature des choses et notre propre nature se refusent à une félicité sans mesure et sans fin.

4. — Mieux que les joies inquiètes et fugitives de la passion, les jouissances du goût, plus calmes et moins précaires, sembleraient devoir suffire à composer une vie d'ineffables délices. Pour Platon, la félicité suprême consisterait à percevoir le beau dans sa pure essence. « O mon

cher Socrate, fait-il dire à Diotime dans le *Banquet*, ce qui peut donner du prix et du charme à cette vie, c'est le spectacle de l'éternelle beauté ; » et il ajoute que, s'il nous était donné de la contempler sans voiles, elle exciterait en nous d'incroyables amours. L'esthétique a donc pris dans les rêves d'existence future une place qui lui convenait d'autant mieux qu'ils étaient eux-mêmes une œuvre d'imagination. Mais, dans cette conception idéale de la vie, on n'a pas eu soin d'observer la grande loi de l'art, qui est de ne jamais perdre la réalité de vue et de faire que des créations supérieures à la nature ne cessent pas de paraître naturelles. A force d'abstraction et d'outrance, ces rêves oublient le monde réel et contredisent ses lois au lieu d'en exprimer l'ordre.

On ne peut se faire aucune idée du beau absolu ni de l'état d'âme qui en jouirait éternellement. Le beau, chose relative, implique l'existence du laid et n'est tel que par opposition à lui. L'idéal a pour fonction de suppléer aux défectuosités du réel. Parmi les éléments, de valeur très inégale, où la nature se joue à produire tous les possibles, la raison choisit ceux qui lui paraissent offrir des conditions de beauté, les combine, les dispose et s'applique à montrer dans des œuvres d'art non ce qui est, mais ce qui devrait être. Le goût ne pourrait, dans un autre monde, se livrer au même travail de sélection et d'arrangement que si, comme dans le monde réel, la laideur était la règle et la beauté l'exception, ce qui occasionnerait plus de dégoûts que de plaisirs. Quant à espérer un état de choses où tout serait beau en perfection, il n'y faut pas trop compter, puisque la nature semble n'avoir pas d'autre idéal qu'une infinie diversité, que nos goûts sont également très divers et qu'enfin, la beauté n'étant telle que par contraste, à vouloir la mettre partout elle ne serait plus nulle part.

Mais, si l'on doit travailler encore à dégager l'idéal d'un réel insuffisant, s'acquittera-t-on mieux de cette tâche où, par suite même de la variabilité de nos goûts, les échecs sont aussi nombreux que les succès rares? Nous ne pouvons guère concevoir d'autres manières d'exprimer la beauté que celles de nos arts traditionnels. Faudrait-il employer aussi leurs moyens d'exécution, plus ou moins défectueux, et produire des œuvres dont chacune, même des plus accomplies, ne montre qu'un aspect particulier de la beauté? C'est pourquoi l'art n'avance qu'à condition d'innover sans cesse, car il a pour mission de révéler successivement le beau sous la multitude de ses aspects. Le goût se modifie d'âge en âge, les artistes varient leurs inspirations, les écoles se suivent, de brillantes renaissances viennent après d'affligeants déclins, et les conceptions esthétiques, toujours changeantes suivant les lieux et les temps, obéissent à la loi d'un perpétuel devenir. En serait-il de même dans une autre vie? Les poètes et les artistes le mieux doués, ou qui se croient tels, chercheraient-ils à traduire leur idéal personnel dans des œuvres imparfaites et discutables, que des critiques tranchants jugeraient avec suffisance, et auxquelles un public obtus prodiguerait sans discernement ses admirations ou ses dédains? Si chacun a le droit d'exiger que son idéal se réalise, que de confusion! Si le même idéal s'impose à tous, quel sera-t-il? Pour rallier tous les suffrages, il devrait résumer dans son unité les aspects disparates de la beauté, ceux mêmes qui s'excluent, comme la force et la grâce, la simplicité et la complexité, la sobriété et la richesse. Un idéal absolu, fixe, unique, universel, n'impliquerait pas seulement une transformation du sens esthétique ; il serait la mort de l'imagination, incapable désormais de concevoir autre chose, la mort de l'art, dont la fécondité serait tarie, enfin la mort de l'admiration elle-même, qui se blase comme la passion se désenchante et qui a besoin d'être ravivée par la jouissance de beautés neuves.

5. — A meilleur titre, semble-t-il, que les amants de l'idéal, embarrassés par les variations et les contradictions du goût, les penseurs mettent leur espoir de béatitude dans une extension illimitée de la connaissance et la possession sereine de la vérité. Aristote célèbre avec enthousiasme les plaisirs de la vie méditative, et loue ces heureux moments où l'âme se donne tout entière à la compréhension du vrai. Il juge une telle occupation seule digne des dieux, « si l'on ne veut qu'ils dorment », après qu'à son exemple on les a déchargés du tracas de la vie active (1). « Vivre, dit Cicéron, c'est penser (2), » et Virgile, interrogé sur le plaisir dont on se lasse le moins, répond : *Intelligere*. Saint Thomas fait consister l'essence du bonheur dans l'activité intellectuelle (3). Bossuet reconnaît dans les opérations de l'esprit « un principe de vie éternellement heureuse ». Enfin Montesquieu proclame la raison « le plus parfait, le plus noble, le plus exquis de tous les sens (4) ».

On se plaît donc à supposer que, dans une autre existence, l'esprit, libre des servitudes du corps et des distractions de la passion, doué d'aptitudes supérieures, plus

---

(1) *Éthique*, X, 7 ; *des Animaux*, I, 5 ; *Politique*, VII, 1.
(2) « Vivere est cogitare. » (*Tusculanes*, V, 38.)
(3) « Essentia beatitudinis in actu intellectûs consistit. »
(4) *Esprit des lois*, XX, introduction.

clairvoyant et moins sujet à l'erreur, pourra se donner sans réserve à l'étude de la vérité, « la désirée » d'Aristote, et, perçant le voile des choses, jouir du calme rayonnement de ces clartés dont, au sein de notre nuit, nous ne percevons que des lueurs ou des éclairs. Platon espère que l'âme du sage mourant s'ouvrira aux vérités les plus sublimes. Saint Thomas d'Aquin veut que la vie future procure à l'esprit « le vrai universel, la connaissance du fond et de l'essence des choses. » — « Le temps de cette vie, dit Nicole, est proprement un temps de stupidité ; toutes nos connaissances y sont obscures, sombres, languissantes, si on les compare à ce qu'elles seront au moment de notre mort (1). » Au lieu d'acquérir, lentement et à grand'peine, des fragments de connaissance, la raison saisirait alors, par une illumination soudaine, la vérité totale, et y trouverait, selon le vœu de Joubert, « le repos dans la lumière ».

C'est là un beau rêve, mais ce n'est qu'un rêve. Quoiqu'on ait longtemps prêté aux morts des clartés surnaturelles, la prévision de l'avenir et la participation aux secrets des dieux, les descriptions de la vie future, qui d'ordinaire ne sont pas l'œuvre de savants, se taisent prudemment sur les notions dont s'enrichirait alors l'intelligence agrandie. Si elle doit s'exercer encore sur un mon de de phénomènes patiemment observés et interprétés, il lui faudra étendre par degrés sa connaissance des choses, constituer des méthodes d'investigation et de preuve, agiter et résoudre une suite indéfinie de problèmes. Une condition aussi semblable à la nôtre impliquerait l'inquiétude du désir d'apprendre, le tourment du doute, les méprises de l'erreur, les contradictions d'opinions, dont

____

(1) *Essais de morale.*

chacune ne réflète qu'une part de vérité. La curiosité de l'esprit ne serait donc jamais satisfaite, et même elle s'irriterait toujours davantage, parce que, chaque solution acquise soulevant de nouveaux problèmes, on mesure mieux par l'étendue de ce qu'on sait l'immensité de ce qu'on ignore.

Pour contenter l'esprit humain, avide de tout connaître, il ne faudrait pas moins que l'omniscience absolue. Mais l'illusion d'y atteindre se dissipe vite à la réflexion. La connaissance intégrale des choses et de leurs rapports, présents, passés et futurs, supposerait une intelligence infinie, capable d'embrasser tous les ordres de vérités dans une vérité générale dont les déductions par séries permettraient de suivre, dans le double infini de l'espace et de la durée, l'enchaînement universel des causes et de leurs effets. Une vérité de ce genre dépasse manifestement l'aptitude d'esprits bornés qui ne peuvent saisir que des notions partielles, pleines de lacunes et sans unité. Nous devons nous résigner à une ignorance savante qui connaît ses limites et s'applique à les reculer toujours davantage. L'omniscience, qui nous rendrait maîtres de l'univers (car qui saurait tout pourrait tout), n'est pas plus faite pour notre intelligence que la beauté suprême pour notre goût ou la félicité parfaite pour notre cœur. Il faut poursuivre sans cesse ces biens convoités, heureux d'en obtenir des parcelles, sans jamais prétendre épuiser leur infinité. Ainsi que notre vue, notre esprit ne supporte qu'une lumière atténuée, une sorte de pénombre, et serait aveuglé par de fulgurantes révélations, comme le sont nos yeux débiles quand ils fixent le soleil. En outre, l'omniscience supprimerait le plaisir d'apprendre, récompense de l'étude, et celui de découvrir, plus grand encore. Pour goûter tout

le charme de la vérité, il faut l'avoir longuement cherchée. Elle perdrait beaucoup de son prix si on l'acqué-
rait sans effort. C'est le lièvre dont parle Pascal, qui ne
vaut que parce qu'on le court et dont on ne voudrait pas
s'il était offert. A la seule pensée de tout savoir sans
nulle peine, Lessing se dit rempli de trouble et d'angoisse :
« Si l'Être tout-puissant, tenant dans une main la vérité,
et dans l'autre la recherche de la vérité, me disait : Choisis!
— je lui répondrais : O Dieu tout-puissant, garde pour
toi la vérité et laisse-moi la recherche de la vérité ! »

6. — Il ne semble pas y avoir, dans les rêves d'existence
future, place pour le développement moral, car aucun
théoricien n'a pris soin d'en exposer les conditions et les
modes. La vie présente nous contraint à l'action par les
multiples exigences de notre nature, besoins du corps,
sollicitations du désir, aspirations vers l'idéal, curiosité du
vrai, pratique du bien, rapports sociaux, et elle engage
notre initiative par un libre choix entre tant de devoirs
simultanés. Notre volonté s'applique à remplir ces tâches
au sein d'un ordre variable qui tantôt cède, tantôt résiste à
notre ingérence. Selon la virile réflexion de Vauvenargues,
« le monde est ce qu'il doit être pour un être actif, c'est-à-
dire fertile en obstacles ». Mais, si l'on transporte ce même
être, sans besoins et sans devoirs, dans un monde soustrait aux lois de la contingence, toute activité s'arrête aussitôt, et la personnalité morale, dispensée du vouloir et de
l'épreuve, tombe dans une inertie où elle s'anéantit.

Notre paresse, toujours encline à regarder le travail
comme une malédiction (1), ne demande qu'à être affran-

(1) *Genèse*, III, 10.

chic de l'obligation d'agir. L'effort nous lasse, la responsabilité nous effraie, le sacrifice nous coûte. La lutte est pénible de soi, même quand elle a pour prix la victoire, et particulièrement accablante quand elle aboutit à la défaite. Libres de rêver les conditions d'existence qui nous agréent le mieux, nous voudrions pouvoir en exclure, avec les nécessités qui nous pressent, la tension de la volonté, les incertitudes de la délibération, les risques de l'exécution, l'immolation de l'intérêt au devoir, et surtout les tentations de l'épreuve, l'humiliation de la défaillance, la torture du remords... L'unique moyen d'éviter ces maux est de supprimer l'action-même. On se réfugie alors dans l'espoir de biens gratuits, dans un état de quiétude passive où, comme les dieux d'Épicure, on n'aurait plus qu'à jouir d'une indolente félicité.

Mais, en supprimant l'action, on supprime aussi la vie, dont l'essence est une activité continue. Hippocrate la définit « une force qui fait effort. » De même, pour Leibniz, « vivre c'est agir ». La puissance qui anime l'univers nous donne l'exemple et ne s'est pas bornée, comme le démiurge de la *Genèse*, à l'œuvre de quelques jours pour rentrer, après un court labeur, dans son éternel repos. Elle ne s'arrête jamais, parce qu'elle n'est jamais lasse et que sa tâche n'a par de fin (1). L'énergie dont nous disposons, parcelle individualisée de l'énergie universelle, doit suivre les mêmes lois. L'action est la vie de l'agent moral. « Point de vertu sans combat, dit J.-J. Rousseau. Le mot de vertu vient de force. La vertu n'appartient qu'à un être faible par nature et fort par sa volonté. C'est en cela que

---

(1) « Dieu, dit un rabbin, n'observe pas le sabbat, puisque le monde marche le samedi. » (Renan, *les Évangiles*, p. 310.)

consiste le mérite de l'homme juste. » La perfection perd toute valeur si elle est octroyée, non conquise, car on retranche, avec les épreuves et les périls de l'action, les mâles plaisirs de la lutte contre les résistances des choses, la joie d'en triompher, la fierté du but atteint, la volupté même du sacrifice, l'approbation de la conscience, c'est-à-dire les plus nobles jouissances qu'il soit donné à l'homme de goûter. Inactive, la vertu n'y aurait plus aucun droit, et, réduite au souvenir de ses mérites passés, sa satisfaction ne serait qu'un stérile orgueil consacrant l'éternité à se congratuler lui-même pour le peu de bien qu'il a pu faire en quelques années. Il ne saurait y avoir de sainteté oisive, car le repos est amoral quand il n'est pas immoral. Ainsi déchu de ce pouvoir d'action qui constitue sa dignité dans le monde, l'être humain tomberait au rang des choses passives, asservies à ce qui les meut du dehors, sans plus relever d'elles-mêmes. N'est-il pas contradictoire de donner pour récompense à la vertu ce qui lui convient le moins, l'inaction, et d'ériger en mérite dans la vie future cette même oisiveté taxée à juste titre de vice capital dans la vie présente ? Un éternel désœuvrement devrait effrayer tous ceux qui savent combien l'activité est nécessaire à l'homme, non seulement pour son amélioration, mais encore pour son bonheur.

7. — Il nous reste à examiner ce que pourraient être, dans les hypothèses d'existence future, les relations des êtres entre eux. On les suppose généralement unis par des liens analogues à ceux de la vie actuelle, sans s'apercevoir que la différence des conditions supprime la raison d'être de tels rapports et ne leur laisse aucun sens. Il est également difficile de s'en passer et de les admettre. Nos

divers modes de groupement par familles, sociétés privées,
États politiques, dérivent en effet de nos besoins et visent
à procurer soit la conservation de l'espèce, soit des avantages d'utilité ou d'agrément, soit la garantie de droits
respectifs. Mais des êtres sans besoins, en possession
d'une parfaite béatitude, n'auraient aucun motif de se
rechercher et de s'unir. Pourtant, comme on ne peut
laisser l'immense foule des morts dans un état de cohue
où ne se produiraient que des rencontres accidentelles et
des relations fortuites, un ordre quelconque a toujours
paru nécessaire ; mais toutes les conjectures émises à cet
égard choquent la raison, bien loin de la satisfaire.

Dans un monde peuplé d'immortels, la famille, dont la
fonction est de transmettre la vie à travers des générations
périssables, n'aurait plus d'objet, et l'on s'accorde à n'y
pas admettre la procréation d'êtres nouveaux, qui se trouveraient partager, sans les avoir méritées ni encourues, les
sanctions réservées à ceux qui ont bien ou mal vécu. L'union
conjugale, la distinction même des sexes n'auraient que
des inconvénients. Divers peuples ont exclu les femmes
du ciel. D'autres, au contraire, les y appellent ; mais les
Houris, dont Mahomet a fait le plus vif attrait de son paradis, ne méritent pas le titre d'épouses et, inaptes à
devenir mères, ne sont que des instruments de volupté.

Il ne se formera donc pas de nouvelles familles dans
l'autre monde. On espère du moins que celles d'ici-bas se
reconstitueront ailleurs, et que les affections brisées par la
mort se renoueront un jour sans plus avoir à redouter de
cruelles séparations. Toutefois, cette restitution de la
famille, si ardemment désirée par tous les cœurs aimants,
est malaisée à concilier avec la doctrine des transmigra-

tions comme aussi celle des sanctions. Plusieurs de ceux
dont le bonheur serait de revivre avec des êtres chers re-
nonceraient pour les rejoindre à leur part de béatitude.
Les *Actes de saint Benoît* parlent d'un vieux roi de la
Frise qui, prêt à se faire chrétien et ayant déjà un pied
dans la cuve baptismale, l'en retira et ne voulut plus se
convertir quand on lui dit qu'il ne retrouverait pas en paradis les rois païens ses ancêtres (1).

Pour des êtres bornés en rapports et en durée, la famille
se compose d'un petit nombre de personnes enfermées dans
le cercle de trois ou quatre générations, et dont les existences, liées par des affections réciproques, se sont en
partie confondues. Mais, à réunir de proche en proche les
ascendants, les descendants et les collatéraux de tous les
degrés, la famille absolue comprendrait le genre humain,
et il ne serait pas possible de la fragmenter en groupes
moindres sans rompre la continuité des séries. Or la
famille universelle ne serait plus la famille, car un pareil
pêle-mêle d'inconnus et d'indifférents rendrait impossible
le charme de l'intimité. Quelque plaisir qu'on pût avoir à
retrouver ses ancêtres de l'âge préhistorique, la rencontre
ne donnerait sans doute pas lieu à de bien vifs épanche-
ments.

Même si chaque famille pouvait se reformer à part,
telle qu'elle a été un moment, y en a-t-il beaucoup d'assez
unies pour que la joie de se revoir fût sans mélange ?
Combien ils sont rares, les exemples de parfaite harmonie
conjugale, d'entente entre pères et enfants, de concorde
entre frères ! Les époux désunis sur terre feraient-ils meilleur ménage dans le ciel ? Maris trompés, femmes délais-

____

(1) *Acta SS. ord. S. Bened.*, III, 361.

sées, parents dénaturés, enfants ingrats, frères ennemis, reviendraient-ils à de plus louables sentiments ou donneraient-ils de nouveau le scandale de leurs discordes ? On présume que, par miracle, les causes de mésintelligence cesseront, et que tout le monde sera parfait. Peut-être aurait-on alors quelque peine à se reconnaître les uns les autres ; et ne serait-il pas étrange que le bon accord s'établît dans les familles là justement où il serait le moins nécessaire ? car la famille n'est plus qu'un luxe inutile si l'on supprime sa fonction naturelle.

Enfin, à vouloir prolonger dans un autre monde nos mobiles affections, leurs attachements successifs créeraient des situations bizarres et des cas embarrassants. Bornons-nous à citer celui des mariages multiples. L'objection est adressée à Jésus même, dans l'Évangile, par un saducéen qui, posant l'hypothèse où une suite de veuvages aurait, selon la loi de Moïse sur le lévirat, obligé une femme d'épouser l'un après l'autre six frères de son mari, demande auquel de ces sept hommes elle appartiendra lors de la résurrection, puisqu'ils l'ont tous eue. Jésus répond qu'alors « les hommes n'auront point de femmes, ni les femmes de maris ; mais ils seront comme des anges dans le ciel (1) ». C'est supprimer, avec l'amour, le principe de la famille et son lien le plus fort.

8. — Des relations privées paraissent assez superflues entre des êtres que ne rapprocherait aucune communauté d'intérêts ou de plaisirs. On ne pourrait pourtant pas vivre

---

(1) *Saint Matthieu*, XXII, 23-30. — Un spirituel conteur tranche autrement la difficulté : une jeune veuve, réclamée en paradis par deux maris encore épris d'elle, et laissée libre de choisir, donne la préférence à un troisième. (Ludovic Halévy, *le Rêve*.)

isolé dans la foule, ni frayer sans choix avec des gens de toute race, de toute condition et de toute culture. Tant de disparate n'aurait chance de plaire qu'un moment. On ne voudrait de rapports suivis qu'avec une élite d'amis disposés à sympathiser par certaines affinités de sentiments, de goûts, d'esprit et de caractère. L'embarras serait peut-être de les découvrir entre tant d'indifférents et de se les attacher par des liens particuliers. Peut-être aussi se heurterait-on encore à des préventions d'indigénat, de caste, de classe, de corps, de secte ou de coterie. Ces petits groupes mondains vivraient-ils en meilleur accord que les nôtres ? Seraient-ils plus bienveillants, moins occupés de commérages et de médisances ? Éviteraient-ils mieux les rivalités, les froissements, les divisions et les brouilles ?

Des hommes de trop d'esprit, qui regardent la vie humaine comme une comédie jouée par de mauvais acteurs, et qui diraient volontiers avec un personnage de Gresset :

> Les sots sont ici-bas pour nos menus plaisirs...
> Et se moquer du monde est tout l'art d'en jouir (1)

n'ont pas voulu se priver de la joie suspecte qui s'attache au rire railleur, à la satire et à l'ironie. S'autorisant de l'exemple des dieux de l'Olympe, dont Homère nous décrit le rire inextinguible (2), et de celui même de Jéhovah dans la Bible (3), ils maintiennent leur droit de faire ainsi justice des travers et des ridicules des hommes. Un humoriste an-

_____

(1) *Le Méchant,* a. II, sc. 1, et 3.
(2) *Odyssée,* VIII, 267-356.
(3) « In interitu vestro ridebo et subsannabo. » — Il ne répugne pas à J. de Maistre de montrer les esprits célestes « riant comme des fous » de quelque sottise des hommes. S'ils riaient aussi d'eux, entre eux, ce serait complet.

glais, Jenyns, va jusqu'à prétendre que la félicité des justes dans le ciel doit consister en partie à posséder un sens exquis du comique (1). Mais, à moins que les choses ne changent beaucoup, le paradis des raillés ne saurait être le même que celui des railleurs ; et, si l'on voulait mettre ceux-ci à part, afin qu'ils ne se divertissent qu'entre eux, peut-être y prendraient-ils moins de plaisir, car le trait commun des railleurs est, on le sait, d'aimer beaucoup la raillerie, mais de ne pouvoir pas la souffrir.

Quiconque a goûté le charme de l'amitié serait assurément heureux de rejoindre ailleurs ses amis perdus ; mais qu'ils sont rares, les vrais amis ! Aristote disait qu'il n'y en a point (2). On aurait par contre le déplaisir inévitable d'être entouré d'ennuyeux et d'importuns, pis encore de subir la présence de gens antipathiques et détestés, sans avoir la ressource de les fuir dans la solitude. « Ce n'est pas, disait Domat, une petite consolation pour quitter ce monde, que de sortir de la foule du grand nombre de sots et de méchants dont on est environné (3). » Quelle déception si on les retrouvait dans l'autre ! Beaucoup s'accommoderaient mal de la compagnie éternelle de ceux qu'ils n'ont pas pu supporter sur terre et ne voudraient pas du ciel à ce prix.

Les hommes se recherchent surtout pour causer. Socrate, grand discoureur, pense que, dans la vie future, la béatitude sera de s'entretenir sans fin avec les sages de tous les pays (4). « Tous les bienheureux, affirme saint François de Sales, se connaissent les uns les autres, et chacun par leur

(1) Macaulay, *Essai sur Addison.*
(2) « O mes amis, il n'y a point d'amis ! »
(3) Domat, *Pensées.*
(4) Platon, *Apologie de Socrate,* fin.

nom. O Dieu! quelle consolation recevrons-nous de cette conversation céleste que nous aurons les uns avec les autres! (1) » Les auteurs de *Dialogues des morts* ont exploité cette donnée, qui prête à de piquants rapprochements de personnages et d'idées; mais ils ont eu soin de ne pas faire converser trop longtemps leurs morts, sous peine d'ennuyer les vivants. Des philosophes euxmêmes ne se lasseraient-ils pas d'un bavardage sempiternel? Le moment viendrait sans doute où, s'étant tout dit, ils ne pourraient plus que se répéter. Virgile appelle les ombres « silencieuses (2). » Le musulman taciturne n'admet pas de paroles inutiles dans le paradis et, selon le prophète, le mot *Paix! Paix!* doit seul y résonner de tous côtés (3). Ce mutisme obligatoire semblerait peut-être rigoureux aux loquaces européens. Mais à quoi bon tant parler? Si les esprits sont également ouverts à la vérité, ils n'auront rien à s'apprendre ; s'ils restent sujets à l'erreur, divisés d'opinion, ils n'arriveront pas à s'entendre et disputeront en vain éternellement. Heureux encore si, dans ces stériles débats, ils savent mieux que nous garder la mesure et évitent de s'injurier ou de s'anathématiser! Mais, pour peu que les têtes soient chaudes et les amours-propres excités, on ne peut répondre de rien.

En quelle langue se feraient ces entretiens cosmopolites et comment supprimer entre les esprits l'obstacle des diversités linguistiques? On compte actuellement plus de mille langues vivantes et cinq ou six fois autant de dialectes. Le nombre des langues mortes, de beaucoup supé-

(1) *Sermon sur la transfiguration.*
(2) « Umbræque silentes. » (*Enéide*, VI, 265.)
(3) *Coran*, LVI, 25.

rieur, le deviendra toujours davantage, car une langue, même fixée par une littérature, ne se maintient guère au delà de quelques siècles, et la plupart des autres se transforment en peu de générations. Si chacun ne parle que la langue de son pays et de son temps, il n'y a pas de conversation générale possible ; on tombe dans un absolu babélisme. Si tous parlent la même langue, laquelle sera choisie? Chaque idiome correspond à un état d'esprit, à une manière de penser, et un Hottentot ne pourrait pas plus parler grec qu'un Grec s'exprimer en namaquois. Si enfin tous parlent toutes les langues, comme les Apôtres après la descente du Saint-Esprit (1), c'est un rêve insensé de polyglotte. On ne saurait pourtant échanger d'idées sans mots. Or la parole est un truchement infidèle de la pensée, et l'on ne s'entend que par à peu près. « On ne parlera pas dans le ciel, décide M. Jules Simon, parce qu'on y entendra tout (2). » Mais l'omniscience est malaisée à concevoir ; et puis tant de gens prennent à parler un si 'grand plaisir qu'il serait cruel de les en priver.

9. — Une organisation politique et sociale, avec des droits et des devoirs nettement définis, une division par États, des systèmes de gouvernement, un appareil de lois et de règlements seraient encore plus nécessaires aux morts qu'aux vivants, pour mettre et maintenir quelque ordre dans leur multitude confuse. Mais quelles institutions conviendraient à tous et pour une éternité, alors que dans le monde présent elles sont partout diverses et changent sans cesse?

(1) *Actes des Apôtres*, ii, 3, 4.
(2) *La Religion naturelle*, 1856, p. 310.

Toutes les théologies ont assigné des rangs à leurs dieux, aux ministres de leur puissance et au peuple de leurs sujets. Parmi ses « trente mille » divinités, la mythologie distinguait de grands dieux (*dii majores*), de petits dieux (*dii minores*), puis des demi-dieux, des héros, et une plèbe de déités subalternes, nymphes, faunes, génies, lares, etc. Le brahmanisme spécialise à l'infini les attributions de ses dieux. Le mazdéisme subordonnait à Ormuzd des légions d'anges (*Amschaspands, Izeds, Ferouers*), et à Ahriman des légions de démons (*Dews, Daroudjd, Darwands*). Le christianisme a aussi sa hiérarchie céleste : 1° les *Séraphins*, les plus rapprochés de Dieu et. embrasés du feu de son amour; 2° les *Chérubins*, gardes honorifiques de la majesté divine; 3° les *Trônes*, qui servent à dieu de support; 4° les *Dominations*, qui exécutent ses ordres; 5° les *Puissances*, qui opèrent les miracles; 6° les *Vertus*, qui écartent les obstacles; 7° les *Principautés*, qui président aux affaires humaines; 8° les *Archanges*, messagers célestes; 9° enfin, les *Anges*, gardiens et conseillers des êtres humains (1).

Ceux-ci sont aussi distribués par classes dans le ciel. Conformément à la distinction des *Honestiores* et des *Humiliores* établie dans le monde romain quand prévalut le christianisme, et qui a été le point de départ de la division féodale en *nobles* et *roturiers* (2), l'Église vénère des Saints, aristocratie privilégiée dont la gloire et le crédit contrastent avec l'obscurité du vulgaire des élus. Il y a

(1) Cette angélologie, déjà esquissée par saint Paul (*Colossiens*, 1, 16), est exposée dans une lettre de saint Grégoire le Grand et rappelée dans la *Préface de la Messe* : « Et ideo cum Angelis et Archangelis, cum Thronis et Dominationibus, cumque omni militià cœlestis exercitûs... »

(2) V. le *Mémoire* de M. Duruy, *Histoire des Romains*, t. V.

même de grands saints, aux mérites éclatants, de petits saints, de moindre vertu, et des bienheureux, réduits à la béatification. Toutefois, de nombreux dissidents, Origène, les cathares, les protestants et les sociniens ont refusé d'admettre des rangs soit dans le paradis, soit dans l'enfer, et soutenu qu'une loi d'égalité ferait assigner la même récompense à tous les élus, comme un châtiment uniforme à tous les réprouvés. Mais, au xv⁰ siècle, le concile de Florence a déclaré cette opinion hérétique, parce qu'il est dit dans l'Évangile : « Dieu rendra à chacun selon ses œuvres (1), » ce qui suppose des degrés aussi nombreux que les mérites sont divers.

Comment répartir dans un autre monde les groupes sociaux ? Y aurait-il encore des nations égoïstes, jalouses, ambitieuses, poursuivant chacune son avantage aux dépens des autres ? A quel régime politique les soumettre ? L'uniformité n'est pas possible, car ni les peuples serviles ne s'accommoderaient de la liberté, ni les peuples libres ne se résigneraient à la servitude. D'autre part, la diversité des institutions ne serait pas sans dangers. En outre, tout gouvernement, fût-il parfait, serait exposé à faire des mécontents par cela seul qu'il serait un gouvernement, parce que gouverner c'est contraindre, et, si beaucoup voudraient exercer l'empire, peu consentent à le subir. L'insubordination est, dans la nature humaine, la caractéristique d'une raison autonome qui aspire à ne relever que d'elle-même et tient pour tyrannique le moindre assujettissement. On courrait donc le risque de voir, comme de tout temps dans nos histoires, surgir des frondeurs de l'autorité, des partis d'opposants, des fauteurs de troubles, et par suite

____

(1) *Saint Matthieu*, xvi, 27.

éclater des révoltes et des guerres. Quel ami de la paix ne frémirait à l'idée que les mêmes discordes qui agitent les vivants diviseront encore les morts? Le ciel aura-t-il dans l'avenir, comme on le raconte du passé, ses conflits, ses combats, ses révolutions? Les mythologies nous disent les luttes d'Osiris et de Typhon, d'Ormuzd et d'Ahriman, des Titans et des Olympiens, de Jéhovah et de Satan. Les dieux des Fidjiens, non moins sauvages qu'eux, se font la guerre, se tuent et se mangent les uns les autres (1). Milton fait livrer des batailles et même tirer le canon dans le ciel, assez inutilement, semble-t-il, puisqu'il est difficile à des immortels de s'entre-tuer. Aussi les diables, coupés en deux par les anges, se recollent-ils aussitôt et revolent au combat (2).

La condition générale de la vie est une ardente compétition d'égoïsmes que le principe d'individuation met aux prises, parce qu'il les oblige à être exclusifs pour se conserver. Héraclite faisait de la lutte « la mère et la souveraine de toutes choses, le droit et l'ordre du monde (3) ». Empédocle livre le gouvernement de la nature à deux puissances contraires: l'Amour, qui unit et combine, et la Haine, qui oppose et sépare; « car, si la haine n'était pas, toutes les choses n'en feraient qu'une ». Job et Sénèque comparent la vie à un combat (4). Plutarque juge la discorde utile et même nécessaire : « Quand Homère souhaite que la Discorde disparaisse, anéantie du milieu des hommes et des dieux, il ne voit pas que cette imprécation atteint l'origine

---

(1) Erskine, *Cruise among the Island of the Western Pacific*, 1853, p. 247.
(2) *Paradis perdu*, VI.
(3) Héraclite, Frag., 75.
(4) *Job*, VII, 1; Sénèque, *Epist.*, 96.

même de toutes choses, qui naissent de la lutte et de l'antipathie. La guerre est la mère, la reine, la souveraine maîtresse de l'univers (1). » Darwin a traduit ces vieux adages en formule scientifique en proclamant la loi de concurrence vitale, le *struggle for life*. Il est donc peu sensé d'espérer, même dans un monde idéal, une paix perpétuelle entre des êtres vivants. Qui veut jouir d'une paix sans trouble doit la chercher, non dans la vie, mais dans la mort.

10. — Enfin, les mystiques, écartant tous les modes inférieurs d'association, rêvent l'union avec Dieu même. Les plus modérés se contentent de penser qu'ils s'acquitteront envers lui de leurs devoirs accoutumés, sauf que, le voyant de plus près et moins distraits par d'autres soins, ils pourront s'absorber dans son adoration. Le paradis leur apparaît comme un temple où la vie, toute composée de dimanches, se passerait en exercices pieux. De plus exigeants se flattent qu'ils contracteront avec Dieu une sorte de mariage et que, sans abdiquer leur individualité, ils entreront en partage des attributs divins. C'est ce qu'ont désiré passionnément sainte Thérèse, saint François de Sales, etc. Les plus exaltés, comme Plotin et les ascètes du brahmanisme, aspirent à se confondre avec Dieu et à s'absorber dans sa pure essence.

Mais ici s'ouvre le monde, inaccessible pour la pensée, de l'inconnaissable et du mystère. L'idée de Dieu, personnification abstraite de l'infini et de l'absolu, cause première et fin dernière de toutes choses, expression synthétique de l'universelle réalité, constitue le plus vague et le plus

____

(1) *De Isi et Osiri*, 42.

obscur des concepts. « S'il y a un Dieu, dit Pascal, il est infiniment incompréhensible, puisque, n'ayant ni parties ni bornes, il n'a aucun rapport avec nous : nous sommes donc incapables de connaître ce qu'il est et s'il est (1). » Notre esprit ne peut ni le définir ni le mesurer, car il est hors de limitation et de mesure. Le seul nom qui lui convienne serait *le Caché*, *le Mystérieux* (2) ; les gnostiques disaient l'*Abîme*. « Dieu seul peut comprendre Dieu, » déclare Krichna dans le *Bhagavad-Gîta*. « Si je pouvais dire ce que c'est que Dieu, Dieu ne serait plus ce qu'il est, et je serais dieu. »

Raisonner sur la nature de cet être divin et sur nos rapports avec lui, c'est donc proprement déraisonner. Toute proposition autre que « il est » (en s'abstenant de dire ce qu'il peut être) est impertinente et caduque. Quoi qu'on infère à son sujet, qu'on le croie personnel ou impersonnel, conscient ou inconscient, un ou multiple, immanent ou transcendant, la spéculation est vaine, car on préjuge ce qu'on ignore complètement. Le signe de l'erreur en cette matière serait même, selon Malebranche, de se croire ou de paraître intelligible : « Lorsque je vous parle de Dieu et de ses attributs, si vous comprenez ce que je vous dis, si vous en avez une idée claire... ou c'est que je me trompe alors, ou c'est que vous n'entendez pas ce que je veux dire (3). » Cela n'empêche pas les théologiens de faire penser, parler et agir la divinité comme si, pour eux, elle n'avait pas de secrets, et les mystiques de disserter par avance sur leur union avec Dieu. Sera-t-elle

(1) *Pensées*, éd. Havet, t. I, p. 149.
(2) Tel était le sens du nom d'*Ammon-Ra*, le plus grand des dieux de l'Égypte (Plutarque, *De Isi et Osiri*, 9). Cf., le Θεὸς ἄγνωτος des Grecs et le *Deus absconditus* des Latins.
(3) *Entretiens sur la métaphysique et la religion*, VIII.

possession ou contemplation? La vision béatifique percevra-t-elle Dieu dans ses œuvres ou dans son essence? S'opérera-t-elle par intuition directe ou par élucidation graduelle? Saint Paul assure qu'on verra Dieu non plus *per speculum, in œnigmate*, mais face à face, qu'on le connaîtra comme on est connu de lui (1). Bossuet parle aussi de le connaître « à nu, à découvert, en un mot de le voir face à face, sans ombre, sans voile, sans obscurité (2) ». M. Jules Simon, approuvant cette formule, fait encore consister la béatitude à voir Dieu « face à face (3) ». Mais on ne peut guère employer une telle image, par trop anthropomorphique, sans que revienne à la mémoire le mot de ce peintre du XVIIIᵉ siècle à qui son confesseur promettait le plaisir de voir ainsi éternellement Dieu face à face. « Eh quoi! répondit l'artiste, désireux de varier la pose, toujours de face et jamais de profil! »

Les deux extrêmes de grandeur et de petitesse que rapproche une si audacieuse conjecture : l'être infini et l'homme fini, ne pourraient s'unir qu'en se confondant. Si le ravissement de la présence de dieu devait être aussi complet qu'on le suppose, il entraînerait l'absorption de la personnalité, qui, désormais indistincte, s'évanouirait par la suppression de ses limites dans le sein de l'illimité. Ainsi l'ont compris les brahmanes dans l'Inde, les néoplatoniciens d'Alexandrie et les mystiques modernes. Pour Plotin, le théoricien de l'*extase*, cet état (ἔκστασις, changement de place, mise hors de soi) fait sortir l'homme de lui-même, dénoue toutes ses attaches, tant spirituelles que corporelles, supprime la dualité (*dyade*) de l'être particu-

<hr>

(1) *Corinthiens*, I, XIII, 12.
(2) *Elévations sur les mystères.*
(3) *La Religion naturelle*, 1856, p. 358.

lier et de l'être universel, et détermine leur unification
absolue. Alors cesse la distinction de l'objet et du sujet :
« Il n'y a plus en présence que ce qui aime et ce qui est
aimé ; ils ne sont plus deux, mais tous les deux ne font
qu'un (1). » Cette doctrine prit au xviie siècle le nom de
quiétisme. Dans la condition de béatitude où ses adeptes
voulaient parvenir, ils supposaient que « l'âme ne se sent
plus, ne se voit plus, ne se connaît plus : elle ne voit rien
de Dieu, n'en comprend rien, n'en distingue rien : il n'y a
plus d'amour, de lumières, ni de connaissances (2) ». Ou
encore : « Cet état met l'homme hors de soi, le délivre de
toutes les créatures, le fait mourir et entrer dans le repos
de Dieu... Il est réduit au néant et ne se connaît plus : il
vit et ne vit plus ; il opère et n'opère plus ; il est et n'est
plus (3). » Fénelon tient aussi que l'âme, possédée de
l'amour divin, perd conscience d'elle-même et arrive à
l'évanouissement de sa personnalité. « Je ne trouve plus
de moi, dit-il avec sainte Catherine de Gênes, il n'y a plus
d'autre moi que Dieu (4) ». Les extatiques appelaient alors
l'âme « déifiée »; mais il serait malaisé de dire en quoi une
pareille apothéose, qui rappelle le nirvâna, diffère d'un
anéantissement.

Et, si l'on veut que le moi persiste, tout en s'abîmant en
Dieu, de deux choses l'une : ou sa participation aux attributs divins sera complète (5), et alors Dieu ne sera plus

---

(1) *Ennéades*, VI, xi, 9.
(2) Mme Guyon, *Torrents spirituels*, cité dans *Dialogues sur le
quiétisme*, par la Bruyère (Ellies Dupin, 1699), dialogue V,
p. 172.
(3) Lacombe, *Analyse de l'oraison mentale*, cité dans les *Dialogues sur le quiétisme*, par la Bruyère, dialogue VII, p. 281.
(4) *Explication des maximes des Saints sur la vie intérieure.*
(5) Saint Jean assure qu'on deviendra « semblable à Dieu, parce

unique, incommunicable, absolu ; il y aura autant de dieux infinis que d'être distincts, ce qui est contradictoire avec la notion de l'infini ; ou la participation à la nature divine restera partielle, bornée, et l'homme continuera d'être en proie aux désirs inassouvis, à l'ambition non satis-faite, à ce que Schelling appelle « la tristesse attachée à toute existence finie (1) ». Ce tourment de l'infini, gloire et supplice de la raison, augmenterait même avec la grandeur acquise, puisque, selon une remarque d'Aristote, ce sont parmi nous les plus grands qui sont le plus exposés à le ressentir (2). Pour qui aspire à une vie infinie, toute limitation est pénible, et l'impuissance de franchir des bornes fatales serait une cause d'éternel désespoir.

11. — En somme, tous les modes imaginables d'activité dans une autre vie la supposent ou analogue à la vie présente, et alors elle ne vaudrait guère mieux, ou très différente, et il n'est plus possible de la concevoir claire-ment. Aucun de ces rêves ne résiste à l'analyse et n'offre de conditions rationnelles. Leur diversité même prouve contre tous, car on ne saurait admettre ni qu'ils se réa-lisent tous ensemble, parce qu'il faudrait en ce cas autant de paradis que de rêveurs, ni que le même puisse conve-nir à tous, et nul n'est fondé à croire que, seul, son idéal prévaudra.

Malgré leur incohérence, ces conceptions s'accordent à exprimer le désir d'une vie meilleure et, pour l'obtenir,

qu'on le verra tel qu'il est » (*Épît.*, I, iii, 2) ; saint Pierre, que notre ressemblance avec lui ira jusqu'à la participation de sa nature, « divinæ consortes naturæ » (*Épît.*, II, i, 4) ; enfin, saint Paul, que Dieu sera « tout en tous » (*Corinthiens*, II, xv, 28).

(1) *Philosophie et Religion.*

(2) *Problèmes*, I, 30.

éliminent simplement de la vie actuelle les maux qui l'affligent, en se bornant à ne retenir que les biens qui la font aimer. On supprime ainsi, par hypothèse, le besoin, la souffrance, la peine, les dégoûts, l'erreur, l'effort, les fautes, les conflits, et l'on n'admet dans une existence idéale que le bien-être, la joie, la beauté, la vérité, la perfection, l'harmonie, la paix... C'est souhaiter cette « vie facile », dont Homère et Pindare font le privilège des dieux (ῥεῖα ζῶντες). Mais les lois de là vie n'autorisent pas ce partage arbitraire de ses éléments. Il faut l'accepter avec son mélange de biens et de maux, condition les uns des autres. Le stoïcien Chrysippe, disait que « le comble de l'absurdité est de croire qu'il existe du bien sans qu'il existe aussi du mal. Le bien étant le contraire du mal, il est nécessaire qu'ils existent tous deux, opposés l'un à l'autre et comme appuyés sur leur mutuel contraste... Il est absurde de vouloir séparer le bien du mal, le bonheur du malheur, le plaisir de la souffrance. Ces choses vont nécessairement ensemble (1). » Lucrèce nous dit, avec une pénétrante mélancolie, ce que la volupté même a d'amer et de douloureux. Par contre, il y a peu de maux où quelque avantage ne soit attaché. Des moralistes jugent même la douleur si utile que nous devrions renoncer au plaisir plutôt qu'à elle (2).

Ce composé de biens et de maux qui constitue la vie des êtres individuels est la conséquence inévitable de leur relativité commune. Chacun d'eux, centre particulier d'action, voudrait tout ramener à soi ; mais leurs prétentions

_____

(1) Dans Aulu-Gelle, *Nuits attiques*, VI, 1. — « J'ai fait plusieurs fois mon possible pour concevoir le monde sans mal, et je n'ai jamais pu y réussir. » (Diderot, *Introduction aux grands principes*.)

(2) Francisque Bouillier, *du Plaisir et de la Douleur*.

antagonistes se bornent réciproquement. Il n'y aurait ni ordre ni justice, si un intérêt personnel pouvait s'imposer à tous les autres et l'emporter constamment sur eux. Le bonheur d'un seul exigerait en effet que le monde entier se pliât à ses désirs. Pour qu'aucun ne soit sacrifié, il faut que tous aient leur limite. Quand Mahomet fait aux croyants la promesse téméraire que tout ce qu'ils souhaiteront dans le ciel s'accomplira sur-le-champ, il ne réfléchit pas qu'un pareil pouvoir assujettirait au caprice de chacun non seulement l'ordre général des choses, mais même les désirs et les caprices des autres, ce qui est une évidente absurdité.

On méconnaît plus encore les lois de la vie quand on suppose qu'un accroissement démesuré d'aptitudes rendra l'être humain capable de goûter une félicité parfaite, de jouir du beau dans sa pure essence, de posséder l'omniscience, la sainteté absolue... La transformation du fini en infini, du relatif en absolu, de l'éphémère en éternel, est une contradiction logique. Si la mathématique a des méthodes pour mesurer les infiniment petits, quand la grandeur, extrêmement atténuée, se rapproche ou s'écarte peu de zéro, limite où elle commence ou cesse d'être, elle est impuissante à saisir l'infiniment grand, parce que la distance qui sépare une grandeur déterminée, quelle qu'elle soit, d'une grandeur infinie, reste toujours infinie. De même, notre esprit conçoit sans peine qu'un être fini ait un point de départ, des stades d'évolution et un terme ; mais il se refuse à comprendre qu'un tel être puisse devenir infini, c'est-à-dire que, limité par nature, il arrive à n'avoir pas de limites et, simple partie, soit aussi grand que le tout. Supposé qu'un changement pareil pût s'effectuer, l'homme, atome amplifié aux dimensions de l'univers, subirait une telle dilatation de son être que, rien plus ne subsistant de sa condition première, son identité se perdrait plus encore que dans la métempsycose d'autrefois. Or le moi, que l'on tient tant à conserver, c'est ce moi restreint qui sent, aime, jouit, comprend et veut d'une certaine façon, qui a ses lacunes, ses imperfections, à qui même ses défauts sont souvent plus chers que ses qualités. S'il devient autre, il cesse d'être lui-même, et se transfigurer n'est qu'une façon de mourir.

Elevées toutes ensemble à l'infini, nos facultés d'action, qui sont diverses, se feraient mutuellement obstacle. Dans la vie réelle, plusieurs sortes de besoins peuvent réclamer par alternance et prévaloir tour à tour, parce qu'ils ne visent qu'à des satisfactions bornées ; mais supposez-les infinis, il n'est plus possible de les concilier, car chacun d'eux suffirait à occuper l'éternité. Comment goûter à la fois, dans leur plénitude, les jouissances du bien-être, les joies de la passion heureuse, l'admiration du beau, la compréhension du vrai, la pratique du bien, les multiples relations de la sociabilité ? Quelle mesure établir entre l'amour de soi et l'abnégation pour les autres ? Comment se partager entre la famille et le monde, se donner tout à Dieu et se réserver pour les créatures ? Nous avons déjà peine à suffire à tant de devoirs ; que serait-ce s'ils devenaient tous infinis ? Les plaisirs de la vie se goûtent séparément : s'ils se présentent encore un à un, la félicité, qui consisterait à les posséder tous ensemble, sera toujours imparfaite ; s'ils sont offerts tous à la fois, ils seront d'autant moins sentis, et leur confusion empêchera de jouir d'aucun.

Enfin, sans tenir compte d'une loi essentielle de la vie, on présume que, soustraite à toute cause de mutation, elle se

maintiendra, toujours identique, dans une éternelle fixité.
On rêve des corps inaltérables, des facultés constamment
actives, sans lassitude et sans déclin... Mais, croire à la
permanence d'un état donné de vie, c'est unir deux conditions qui s'excluent : l'immobilité et le mouvement. Si,
dans un milieu très stable, des corps bruts peuvent per-
sister sans terme assignable, les êtres vivants, qui évoluent
dans un milieu sans cesse modifié, traversent des phases
où ils se différencient d'eux-mêmes sous la loi d'un perpétuel devenir. Héraclite, comparant la vie à un fleuve,
disait qu'on ne se baigne pas deux fois dans les mêmes
eaux (1). Ce moi, que nous croyons fixe, change continuellement. En lui, tout passe et se renouvelle : la substance de
nos corps, la condition de nos esprits, nos sentiments, nos
goûts, nos idées, nos actes, nos rapports, et notre vitalité
qui croît ou décroît par degrés, et ce flux de phénomènes
qui nous entraîne dans son irrésistible cours. En vain, à
certains moments où l'on se sent le plus vivre, on voudrait
arrêter la fugacité des choses, suspendre le vol du temps,
retenir le torrent qui nous emporte; la vie, dans sa course
impérieuse, ne nous laisse pas reposer un instant. Elle
nous crie avec Bossuet : « Marche! Marche ! » comme
impatiente de nous mener à son but. — « Nous voguons
sur un milieu vaste, toujours incertains et flottants, pous-
sés d'un bout vers l'autre. Quelque terme où nous puis-
sions nous attacher et nous affermir, il branle et nous
quitte; et, si nous le suivons, il échappe à nos prises, nous
glisse et fuit d'une fuite éternelle. Rien ne s'arrête pour
nous... Nous brûlons du désir de trouver une assiette ferme
et une dernière base constante pour y édifier une tour qui

____

(1) Aristote, *Métaphysique*, III, 5; πάντα ῥεῖ (Héraclite, Fragm.)

s'élève à l'infini. Mais tout notre fondement craque, et la terre s'ouvre jusqu'aux abîmes (1). »

Nulle part la nature n'a, établi une permanence sans fin, et aucune de ses créations, même des plus grandes, ne lui paraît mériter d'être toujours. Quand tout change et passe autour de nous, pourrions-nous prétendre seuls à un état fixe dans l'éternelle durée ? Plus sage que nos désirs, la nature, au lieu de nous maintenir dans une languissante uniformité, nous promène, de la naissance à la mort, à travers des aspects dont la diversité offre un attrait toujours nouveau. A ce point de vue même, la vie actuelle, pleine d'imprévu, ouverte à l'illusion et à l'espérance, serait, malgré ses misères, préférable à une vie plus riche de biens, mais vouée à une perpétuelle monotonie. Une condition immuable d'existence représenterait non plus la vie, mais une pétrification de la vie, c'est-à-dire une forme de la mort. Il faut choisir, d'être et de changer sans cesse, avec les inconvénients que la variation implique, ou de ne pas changer et de n'être plus. Nous avons beau nous évertuer à concevoir autrement la vie, la nature proclame par toutes ses lois l'inexorable arrêt : *Sint ut sunt, aut non sint!*

(1) Pascal, *Pensées*, éd. Havet, t. I, p. 5 et 6.

CHAPITRE XII

CONCLUSION THÉORIQUE. — LOI DE MORTALITÉ

1. — Il reste à conclure. Le problème de la mort ne comporte que deux solutions, l'une positive, l'autre négative. D'être encore ou de n'être plus après cette vie, lequel s'accorde le mieux avec les données de la science ? Voilà ce qu'il faut enfin décider.

La croyance à une existence future ne repose sur aucun fondement de certitude. Elle n'est pas même étayée par des indices de vraisemblance, pas même par une présomption de possibilité. On ne sait rien de ce qu'il faudrait savoir pour être en droit d'affirmer en pleine connaissance de cause ce qu'on préjuge dans la plus entière ignorance du sujet. La distinction dans l'homme de deux êtres différents et séparables, la spiritualité, la persistance de l'âme, legs de l'animisme primitif, sont des conceptions imaginaires que ne confirme pas une étude plus exacte de la réalité. La raison se refuse à comprendre qu'un être continue de vivre quand il a cessé de vivre ; que le moi, dont l'unité, à la fois physique et psychique, est manifeste pour la conscience, se dédouble, et qu'un moi spirituel, qu'on ne saurait disjoindre du moi matériel, puisqu'il n'apparaît qu'en lui, subsiste néanmoins après lui. Il est plus difficile encore de concevoir comment ces deux moitiés de l'être humain, séparées par la mort, pourraient

s'unir de nouveau, soit que, contrairement à la plus constante des lois, le corps détruit se reconstruise, soit qu'un
autre lui soit substitué ou qu'une simple apparence en
tienne lieu. L'être ainsi rétabli dans une intégrité factice
ne saurait entrer en rapport avec le monde physique sans
obéir à ses lois ni échapper à leur empire sans s'exclure
de toute réalité. On ne peut en outre ni lui assigner un
lieu dans l'espace, ni déterminer ses phases de durée, ni
spécifier ses fonctions. On ne voit pas davantage comment
il lui serait possible de se maintenir dans un état fixe
sans cesser de vivre, ou d'évoluer sans redevenir contingent, enfin de se perpétuer sans terme alors qu'une
loi de renouvellement universel condamne à finir tout
ce qui naît dans le temps.

Ainsi démentie sur tous les points par la science, la
croyance à une vie future, déduite de l'interprétation
du rêve, n'est elle-même qu'un rêve, sans plus de réalité
objective que les visions des fumeurs d'opium. Autant
le monde véritable est net, précis, arrêté dans ses modes,
déterminé dans ses conditions, autant ce monde fictif
où l'imagination se joue est vague, indécis, insaisissable
à l'analyse. Il ne se fait admettre que par hypothèse,
sous forme de songe illusoire, d'espoir incertain, dans
l'obscurité, le silence et les prestiges de la grande nuit.
Veut-on constater, décrire, suivre des conséquences, tout
se dérobe et s'évanouit. C'est une construction idéale,
élevée dans le vide, sans base et sans cohésion, où rien
ne se lie et ne fait corps. A spéculer de la sorte en
dehors de toute donnée positive, on accumule à plaisir
les inférences gratuites, les assertions sans preuve, les
conjectures invérifiables, et l'on se débat dans un réseau
de difficultés, de contradictions, d'impossibilités maté-

rielles, d'incompréhensibilités logiques. A tout moment se dressent devant la pensée des séries de questions auxquelles il n'est pas possible de répondre ou qui, si l'on tente de le faire, acculent l'esprit à l'irrationnel et à l'absurde. On imagine un autre monde, des manières d'être incompatibles avec tout ce que l'étude de la nature nous apprend. Pour réaliser tant d'hypothèses en opposition avec les lois connues des choses, on ne peut plus compter sur leur action, puisqu'on se met hors de leur ordre. Force est alors de recourir à l'intervention d'un pouvoir surnaturel dont on n'a aucune notion et d'attendre de lui une suite sans fin de miracles. Mais, pour les esprits initiés aux méthodes des sciences, et qui ont la preuve constante de l'indéfectibilité des lois naturelles, le surnaturel n'existe pas comme objet de connaissance, et la dérogation du miracle, même à titre d'exception, est inadmissible, car on n'a la preuve d'aucun. Il est donc irrationnel d'en espérer un si grand nombre dans l'avenir, et plus encore de crbire à l'éventualité d'un état où, toutes les lois connues étant abrogées, le miracle serait, non plus une anomalie singulière et transitoire, mais la règle générale et permanente. C'est feindre un monde à l'envers où l'unique fin des choses serait la satisfaction de quelques êtres, et où l'ordre universel, au lieu de subordonner chaque partie à l'ensemble, subordonnerait l'ensemble à une partie.

« Rien n'est impossible à Dieu, » objectent les théologiens. Cela semble répondre à tout ; mais la difficulté reste entière de savoir ce que veut et ce que fera la toute-puissance idéale dont on invoque le secours. Lorsque la science préjuge les effets d'une loi donnée, elle a pour garantie de ses prévisions la suite entière des faits observés que résume cette loi ; mais sur quoi peut se fonder la promesse d'un avenir qui a contre lui tous les faits connus et n'a pour lui que l'intention présumée d'un agent dont on ne sait rien ? Une divinité bénévole se chargera-t-elle d'accomplir ce qu'il nous plaît de rêver, quelles que soient l'incohérence et la diversité de nos rêves? Quel motif autorise à croire que, pour nous être agréable, elle abolira ces lois qu'on nous présente comme l'expression d'une parfaite sagesse, et remplacera leur ordre par un arbitraire qui serait le renversement de cette sagesse? De deux choses l'une : ou les lois qui, actuellement, nous régissent sont bonnes, et il est déraisonnable de demander qu'elles changent ; ou elles sont mauvaises, et quelle raison a-t-on de supposer que la puissance qui a failli à les établir fera mieux une autre fois? Enfin, l'homme ne commet-il pas un sophisme étrange quand, après avoir créé des dieux par une abstraction de sa pensée pour personnifier les forces actives de la nature, il applique la toute-puissance qu'il leur attribue à produire des miracles en contradiction avec les lois des choses, et attend d'eux l'immortalité qu'ils tiennent de lui?

2. — Nos rêves d'existence future procèdent du désir, toujours inassouvi, de durée et d'une imagination qui cherche, dans ces fictions à satisfaire sa fantaisie. Cela revient à dire : Je voudrais vivre sans fin, et voici les conditions qui m'agréeraient le mieux. Mais la science refuse d'accepter à titre de preuve le penchant qui nous porte à présumer ce qui plaît, et l'écarte comme un principe d'erreur. « Le plus grand dérèglement de l'esprit, selon Bossuet, c'est de croire les choses parce qu'on veut qu'elles soient. » L'expérience devrait nous apprendre quelle distance sépare le désir du fait accompli. Qu'importe que le songe soit agréable, s'il n'est qu'un songe et si, dupe d'un vain

mirage, l'idéal vient briser ses ailes fragiles sur le mur d'airain de la réalité ? On a dit de l'espérance qu'elle est « le rêve d'un homme éveillé ». Cette définition convient surtout à l'espoir d'une autre vie, *somnia optantis, non probantis.*

La formation de cette croyance et le long empire qu'elle a exercé s'expliquent par la prédominance de l'imagination sur la réflexion, durant une phase de l'évolution mentale qui s'est continuée jusqu'à nous. Autant savoir est difficile, laborieux et lent, autant imaginer est facile, agréable et prompt. Le monde, avant d'être dévoilé avec précision par la science, devait se traduire en hypothèses et en conjectures. On se plut donc à rêver ce qu'on ne pouvait connaître encore, et l'illusion tint lieu de la vérité cachée. La borne incertaine du possible ne permettant même pas d'exclure l'impossible de ces conceptions, le merveilleux et le chimérique s'y étalèrent à plaisir. Mais, à mesure que se développe une connaissance exacte des choses, le merveilleux se dissipe, le surnaturel s'évanouit. Bannie de l'univers réel, dont la science fait peu à peu la conquête, l'illusion se réfugie dans le monde de l'abstraction métaphysique et s'y attarde volontiers, parce que nulle part on ne se trouve aussi bien que dans l'idéal. La science, toutefois, implacable ennemie du rêve, ébranle et ruine tout ce qu'on tente d'édifier en dehors d'elle. Un âge de critique et de réflexion doit rejeter les fables, les mythes, les mondes imaginaires, voir les choses comme elles sont et renoncer à ce qui plaît pour reconnaître ce qui s'impose. C'est là sans doute un effort pénible dont peu d'esprits sont capables (1) et

____

(1) « L'incrédulité est le plus grand effort que l'esprit de l'homme puisse faire contre son propre intérêt et son goût. Il s'agit de se

qui leur mérite la qualification de *forts*. « L'ignorance la plus honteuse, disait Socrate, consiste à tenir pour vrai ce qu'on ignore, et le plus grand service qu'on puisse rendre à la raison, c'est de la délivrer d'une erreur. »

Si donc, pour se conformer aux prescriptions de la science et ne pas sortir des limites de la certitude, on élimine du problème de la mort tout ce que les théories de vie future ont accumulé de conceptions imaginaires, de prémisses conjecturales, d'inductions invérifiables, d'éventualités hypothétiques et de merveilleux impossible, on n'a plus à décider qu'entre une loi de mortalité manifeste par elle-même et un désir de survivance que ne justifie aucune probabilité solide. Quoiqu'on n'ignore pas « l'espèce de volupté avec laquelle l'âme religieuse peut savourer l'absurde, si l'absurde est nécessaire à ses besoins (1) », il n'est plus permis de reprendre les raisonnements de Tertullien : « La chose est croyable parce qu'elle est absurde... » — « elle est certaine parce qu'elle est impossible (2) ». Quiconque tient que ni l'impossible n'est un indice de vraisemblance, ni l'absurde une marque de vérité, doit chercher ailleurs une base plus ferme à sa croyance et ne la trouvera que dans le savoir positif.

3. — Parmi les causes qui ont contribué à faire admettre l'illusion d'une vie future, il faut signaler encore l'orgueil démesuré qui remplit le cœur de l'homme. « La

priver à jamais de tous les plaisirs de l'imagination, de tout son goût pour le merveilleux... » (Galiani, *Lettre* à Mme d'Épinay, 21 septembre 1776.)

(1) A. Réville, *Prolégomènes de l'histoire des religions*, p. 22.

(2) « Credibile est quia ineptum est... » — « Certum est quia impossibile. » (*De carne Christi*, v.) Tertullien n'est ici que l'interprète de saint Paul (*Corinthiens*, I, I, 18-25).

même vanité, dit Pline, nous porte à éterniser notre mémoire et nous fait imaginer au delà du tombeau le mensonge d'une autre vie (1). » Averroès y voit une exagération monstrueuse, l'aberration de l'égoïsme individuel se jugeant digne de vivre éternellement, mais en contradiction avec les lois des choses finies (2). Le moi, qui rapporte tout à lui et se fait centre de l'univers, s'attribue une importance si grande qu'une fois venu à l'être, il pense mériter d'être toujours et ne peut consentir à n'être plus rien dans un monde où il voudrait être tout. « Notre orgueil nous fait croire que nous sommes un objet assez important pour que l'être suprême renverse pour nous toute la nature... et qu'il fasse des choses dont la plus petite mettrait toute la terre en engourdissement (3). »

Un peu de réflexion suffit pourtant à montrer le rang et la place que nous occupons dans la totalité des choses. Cette place est petite, et ce rang humble. Le temps n'est plus où, sous l'empire des préjugés anthropocentrique et géocentrique, l'homme pouvait se croire le roi de la création, admettre que tout avait été disposé en vue de son avantage, la terre pour le porter, les plantes pour le nourrir, les animaux pour lui prêter assistance, le soleil et la lune pour l'éclairer et lui mesurer le cours du temps (4); où une providence attentive veillait sur lui, où un dieu même donnait sa vie pour le racheter de ses fautes... La science, en nous dévoilant la grandeur de l'univers et notre infimité, ne laisse rien subsister de tant d'illusions. L'impassibilité de la nature dans les conflits qui mettent aux

(1) *Hist. nat.*, VII, 56.
(2) Renan, *Averroès et l'averroïsme.*
(3) Montesquieu, *Pensées sur la religion.*
(4) *Genèse*, 1.

prises nos ambitions et ses lois, son indifférence à nos besoins, à nos efforts, à nos maux, à notre mort elle-même, disent assez combien peu'nous pesons dans la balance de ses prédilections. Maîtresse inexorable et sourde, elle suit l'ordre de ses lois sans jamais condescendre à les faire plier dans le sens de nos plaintes ou de nos prières.

Qu'est-ce donc en somme que cette personnalité humaine, si chétive et si orgueilleuse ? Un simple regard jeté sur son origine, fait voir combien l'humilité lui siérait. Elle doit de venir au monde à un accident de génération. Sa conception est l'œuvre inconsciente de deux êtres qui, mus par un instinct aveugle, l'évoquent par aventure à la vie. Dans l'insondable nuit où s'opère le plus mystérieux des phénomènes de la nature, la rencontre et l'union de deux cellules génératrices déterminent la formation d'un être nouveau. Pourquoi cette combinaison plutôt que toute autre entre des myriades de germes également aptes à vivre et qui, fusionnés par couples, auraient produit à sa place un être différent, plus digne peut-être d'exister ? Pourquoi, sauf les deux qu'une imprégnation a fécondés, tous les autres sont-ils arrêtés au seuil de la vie et rejetés, encore indistincts, dans le néant des possibilités avortées ? Pourquoi une partie seulement des germes appelés à évoluer arrive-t-elle au terme d'une gestation normale ? Pourquoi la plupart de ceux qui naissent périssent-ils avant d'atteindre leur plein développement ? Cette multiplicité de vies perdues et de morts prématurées, dont se troublait déjà la mélancolie de Lucrèce (1), nous montre que, comme toute espèce vivante, l'espèce humaine est soumise à la loi de la surabondance des germes, témoignage

____

(1) « Quare mors immatura vagatur ? » (*De rer. nat.*, V, 222.)

d'insouciance d'une nature non moins prodigue que féconde, à qui il n'importe guère que tels ou tels êtres vivent, pourvu qu'il y ait de la vie. L'apparition des individus est le résultat d'un hasard ; leur existence se déroule à travers une série de hasards, et la mort qui la termine n'est qu'un dernier hasard. Phénomène accidentel et transitoire au sein de l'universelle et toujours changeante réalité, l'être humain surgit un moment et s'efface bientôt après comme une vague à la surface de l'Océan.

4. — « Il y a, disait le philosophe Anaximène, une objection très forte contre la croyance à l'immortalité : c'est la mort. » Par son évidence brutale, le fait réel dément le songe illusoire. La mort est le terme, non pas seulement effectif, mais encore logique de la vie, et, quand on écarte, comme entachés d'erreur, les motifs habituels de croire à une survivance, l'impulsion du désir, l'attrait de l'idéal et les suggestions de l'orgueil, la froide raison est amenée à reconnaître la nécessité d'une fin. Suivant Aristote, « le désir de l'immortalité est le désir d'une chose impossible ». Il ne se concilie, en effet, ni avec la condition, forcément précaire, d'êtres limités et contingents, ni avec celle de l'ensemble, sans cesse en cours de mutation et de renouvellement. Les esprits sont ici déçus par ce que Diderot appelle « le sophisme de l'éphémère (1) », l'illusion d'un être passager qui croit à l'éternité possible des choses finies. La permanence absolue ne convient qu'à un être infini, doué, comme le veut Spinoza, d'une infinité d'attributs infiniment modifiables, et seul capable, conséquemment, de remplir d'une indéfectible activité la double immensité de

____

(1) *Le Rêve de d'Alembert.*

l'espace et de la durée. Tout être fini porte au contraire en lui un principe d'irrémédiable caducité. Par cela même qu'il a des bornes, il n'est pas digne de subsister éternellement. Il faut que ce qui est fini finisse, que ce qui a commencé d'être cesse d'être. La naissance et la mort sont des faits corrélatifs. La fin de l'homme est même plus nécessaire que son commencement, car il aurait pu ne pas naître, et cela n'a tenu qu'à bien peu de chose, tandis qu'une fois né, rien ne peut le soustraire à l'obligation de mourir (1).

Cette loi de mortalité, à laquelle nous voudrions en vain échapper, est universelle, et tout la subit avec une résignation qui devrait nous servir d'exemple. Ainsi que nous, les animaux et les plantes périssent. Les corps bruts eux-mêmes changent de forme ou d'état, se dissolvent ou se décomposent. Rien de ce qui vient à l'être ne persiste sans terme dans la durée. Les individus, leurs séries, les mondes, les groupes de mondes, tout a sa limite d'existence, y tend, y arrive et tombe dans l'abîme de l'éternité (2). Lorsque chacune des créations de la vie, la vie elle-même, la terre et le ciel doivent passer, l'homme seul, créature d'un moment, peut-il se promettre de durer toujours ? A quel titre serait-il encore lorsque le globe terrestre, où son espèce a vécu, simple épisode de la genèse cosmique, aura disparu dans l'espace comme s'évapore au matin une goutte de rosée ?

« S'il y a, dit Hume, un dessein clair dans la nature, nous pouvons affirmer que le but et l'intention de la créa-

(1) « Cui nasci contigit restat mori. » (Sénèque, *Epist.* 99.)
(2) Πρὸς τέλος αὐτῶν πάντα κινεῖται, disaient les Grecs. Horace appelle la mort « ultima linea rerum » (*Epodes*, I, 16) ; de même l'adage espagnol : « La muerte lo acaba todo ».

tion de l'homme, autant que la raison naturelle nous permet d'en juger, sont limités à la vie présente (1). » Ce principe d'existence qui nous anime ne nous appartient pas en propre ; il ne nous a pas été donné, mais prêté. Nous ne l'avons reçu qu'à condition de le rendre, et, à peine nés, nous commençons de mourir. Notre vie est un acheminement vers la tombe, « une course à la mort (2) ». Mourir, c'est arriver au lieu où l'on ne cesse d'aller. Nous mourons en détail, sans nous en apercevoir, dans chaque instant de la durée qui s'écoule, dans l'intégrité de notre corps, dont la substance se dénature, dans l'identité de notre moi, qui change et s'altère, dans nos sentiments qui se modifient, nos illusions qui se dissipent, nos idées qui se transforment, nos volontés qui se démentent, nos rapports qui se renouvellent. Nous n'avons pas assez le sentiment de l'irréparable dans la vie. Tout ce que son cours emporte nous est ravi sans retour· « Notre erreur, dit Sénèque, est de ne voir la mort que devant nous ; elle est derrière en grande partie. Tout le temps passé, elle le tient (3). » Que de sensations effacées, d'espérances perdues, de joies et de peines évanouies, d'opinions rejetées, d'actes accomplis en vain, de liens dénoués ou brisés, jonchent derrière nous le chemin que nous avons parcouru ! La moindre part de notre existence vécue survit en nous à l'état de souvenirs ; le reste, tombé en oubli, est comme s'il n'avait jamais été. Le présent même, qui semble nôtre, n'est qu'un instant fugitif, la porte par laquelle l'avenir se précipite dans le passé,

(1) *Essai sur l'immortalité de l'âme.*

(2)   Del viver ch'è un correre alla morte.
                              (Dante, *Purgatorio*, XXXIII, 52).

(3) *Epist.*, 1.

marquant ainsi le passage de l'état de vie à l'état de mort. Nous croyons à tort à la continuité de notre être ; en réalité, nous sommes déjà morts autant de fois que nous avons traversé d'âges et de conditions.

Le principe d'activité qui nous fait vivre est une somme restreinte d'énergie qui s'épuise par son emploi même. De la conception à la mort, la puissance qui construit et répare l'organisme va toujours en diminuant. Alors què, durant les neuf mois de la gestation, l'ovule fécondé augmente en poids plus d'un million de fois, le nouveau-né gagne seulement le triple la première année, un sixième la seconde, puis de moins en moins les suivantes. De trente à quarante ans, le corps reste stationnaire. Il diminue ensuite de poids jusqu'à la fin. La courbe de l'évolution vitale décrit donc une sorte de trajectoire. Comme les projectiles mus par une impulsion brusque, les êtres lancés dans la vie ont au début leur maximum de force vive. Ils la perdent ensuite peu à peu à surmonter des résistances, et, quand ils l'ont toute dépensée, leur course s'arrête. La vie tend à la mort, comme le mouvement à l'équilibre, et sa persistance sans terme ne serait pas moins irrationnelle en biologie que le mouvement perpétuel en mécanique. Bichat définit la vie « l'ensemble des forces qui résistent à la mort (1) ». Mais les moyens d'action dont les êtres disposent pour se défendre sont limités, tandis que la puissance de destruction qui, de toutes parts, les assiège, ne l'est pas. Dans cette lutte inégale, l'univers, conjuré contre nous, doit fatalement l'emporter. La vie est une guerre sans trève, une conquête toujours disputée. Vaincre et se reposer dans le triomphe est impossible ;

____

(1) *De la Vie et de la mort*, p. 2.

combattre et se maintenir un temps, c'est vivre; mourir, c'est être vaincu.

5. — La nature nous prépare à cette inévitable fin en dénouant une à une toutes les attaches qui nous retiennent à la vie. A peine parvenus, vers le milieu de la carrière, à son plein développement, nos forces déclinent, notre activité se lasse, et nous descendons, avec une vitesse croissante, la pente au bas de laquelle se trouve la borne fatale.

Quand arrive la vieillesse, l'organisme, machine usée par un long service, se refuse aux actes les plus naturels. Ses organes, sans vigueur, remplissent toujours plus mal des fonctions languissantes, qui finissent par devenir impossibles. Comme le travail de décomposition l'emporte alors sur celui de recomposition, ses pertes ne se peuvent plus réparer, et, pareil à un édifice qui tombe en ruines, il se dégrade toujours davantage, jusqu'à ce que·survienne l'écroulement général. Les tissus se désorganisent, les membres s'enkylosent, les sens s'oblitèrent ou se perdent, le système nerveux se détraque, les infirmités s'aggravent, le cercle de la vie se rétrécit chaque jour. Enfin la vie elle-même, impuissante à se prolonger davantage, hésite, se trouble, s'arrête et cesse.

Les fonctions psychiques ont aussi leur déclin, qui résulte à la fois de la faiblesse de l'organisme et d'une débilitation occasionnée par leur activité même. « La vieillesse, dit Montaigne, nous attache plus de rides en l'esprit qu'au visage, et ne se voit point d'âmes ou fort peu qui, en vieillissant, ne sentent l'aigre et le moisi (1). »

____

(1) *Essais*, III, 2.

La passion, si ardente pendant la jeunesse, profonde encore dans l'âge viril, s'amortit ensuite, se calme et s'éteint.

De tout cet incendie il reste un peu de cendre.

Après tant de désirs déçus, d'espérances vaines, d'affections trompées, d'inutiles poursuites d'un bonheur qu'on ne peut atteindre ou retenir, la sensibilité, émoussée par le plaisir et par la peine, se désintéresse des choses et se replie sur elle-même, en proie à la satiété et à l'ennui. Rien ne tente plus un cœur blasé qui, préférant l'apathie de l'indifférence à l'inquiétude du désir, remplace les attachements par des habitudes. Arrivé à cet âge, triste entre tous, « où il n'est plus possible d'être aimé (1) », le vieillard, aussi incapable d'inspirer de la tendresse que d'en ressentir, ne peut plus provoquer que la pitié.

Lorsque l'expérience de la vie a dissipé les illusions de la jeunesse, l'homme, si souvent abusé par le mirage de l'idéal, se renferme, pour n'en plus sortir, dans une morne et froide réalité. Son imagination a vu se tarir la source de l'inspiration et de l'enthousiasme. Il perd jusqu'à la faculté d'admirer et ne trouve partout que laideur. Comme il n'a pu faire entrer dans sa vie aucun des beaux rêves qui l'enchantaient autrefois, il renonce à la rêverie et, ne voulant plus être dupe de trompeuses chimères, tient pour folie les songes héroïques de don Quichotte, pour sagesse le plat terre à terre de Sancho Pança. La poésie lui semble un mensonge, la beauté un piège, et, de la vie désormais sans charme, il ne garde que les dégoûts. Ainsi la nature, si riante et si parée au printemps,

(1) Vauvenargues, *Dialogue de César et de Brutus.*

n'a plus que dénûment et tristesse aux approches de l'hiver.

L'intelligence, d'abord éveillée et avide de connaître, prompte à recevoir et tenace à retenir, puis pénétrante et lucide, s'assombrit vers le soir dans un crépuscule dont l'obscurité croissante annonce la nuit prochaine. La perception, mal servie par des organes défectueux, ne livre que des données confuses ; l'attention se fatigue, la mémoire se perd, le jugement est sans force et sans netteté. La curiosité même languit, découragée plus que satisfaite. L'incertitude tant de fois constatée des opinions humaines ôte toute confiance en la vérité et dispose au scepticisme. Prêt à disparaître dans les ténèbres qui l'environnent, l'esprit ne jette plus, par intervalles, que de mourantes lueurs, comme un flambeau, qui, sur le point de s'éteindre, répand plus de fumée que de clarté.

Au déclin de l'âge, la volonté, lassée par sa lutte contre des obstacles toujours renaissants, consciente de sa faiblesse et de la force des choses, n'aspire plus, comme jadis, à conquérir et à régenter le monde. Rebutée par d'inutiles efforts, elle restreint ses visées à la mesure de son impuissance. De moins en moins capable d'initiative, d'audace, de résolution et de persévérance, l'activité sénile, réduite à des velléités timides et contradictoires, se résigne à subir passivement les influences qui la dominent et ne tente plus même de corriger des défauts invétérés. Contrainte de renoncer aux ambitions de la force et guérie des témérités de la jeunesse, elle s'abstient d'entreprendre, n'ose plus même projeter et s'abandonne en proie aux fatalités qui l'accablent.

Enfin, tous les liens qui unissaient l'homme à la société, à l'État, à l'humanité, se relâchent ou se brisent l'un après l'autre et ne laissent pour dernier refuge au vieillard que

la famille où, enfant, il avait trouvé son berceau. Impropre
désormais à servir utilement ses semblables, il leur est une
charge au lieu d'un secours. Ses regrets d'un passé disparu, sa difficulté à s'accommoder du présent, le rendent
étranger aux générations nouvelles, dont il ne partage ni
les goûts ni les idées. Morose, pessimiste et misanthrope,
il n'apporte plus dans ses relations la confiance et l'agrément d'autrefois. Les exigences de ses besoins, les gênes
de ses infirmités, la sécheresse de son cœur, la stérilité de
son esprit, tout le retranche de la société, et lui-même se
retire du monde, si le monde ne l'a pas déjà délaissé.
Une séquestration toujours plus étroite limite ses rapports à une assistance dont il ne peut plus se passer. La
mort, faisant le vide autour de lui, l'a successivement privé
de ses affections les plus chères et, pour peu qu'elle tarde
à le prendre, elle le trouve dans un isolement complet et
terrible, sans avoir plus personne pour le regretter, que
lui-même.

Ainsi la vie s'épuise par sa propre activité, et c'est d'avoir
vécu que l'on meurt. Ce qui reste d'elle vers la fin, la lie
au fond de la coupe, ne mérite pas qu'on y tienne, et l'on
doit, avec la Bruyère, juger plus opportune la mort qui pré-
vient la caducité que celle qui la termine. En cet état, qui
ne dure que pour empirer, lorsque, descendu au plus bas
degré de l'existence, on est revenu de tout, las de végéter
et de souffrir, inutile aux autres, à charge aux siens, impor-
tun à soi-même, que peut-on désirer et faire de mieux, sinon
de mourir ? Le dernier bienfait de la nature n'est-il pas la
fin d'une incurable misère, et de quoi la mort nous prive-
t-elle sinon du sentiment de la douleur ? Les anciens ra-
contaient que Chiron, le sage centaure, avait refusé l'immortalité quand il connut les conditions qu'y mettait le

dieu même de la durée, Saturne son père. La Fable enseignait aussi que l'Aurore, éprise de Tithon, avait obtenu pour lui de Jupiter le privilège de ne pas mourir, mais que, accablé des maux de la vieillesse, devenu le plus misérable des hommes, il dut implorer de la pitié des dieux la faveur d'être métamorphosé en cigale. Swift s'est inspiré de cette donnée dans sa tragique peinture des *Immortels* (*Struldbruggs*). Pour nous délivrer des afflictions d'une décrépitude qui va s'aggravant sans cesse, tout nous rend souhaitable le terme heureux de la mort.

Lorsque l'existence présente, qui, lui refusât-on tout autre avantage, a du moins celui de la brièveté, se passe à geindre ou à bâiller, est-il raisonnable d'en convoiter une autre qui ne finisse jamais ? Si, pour le châtiment de notre folie, nos vœux d'éternelle durée étaient par malheur exaucés, nous ne tarderions guère à invoquer la mort comme une grâce. « Quelles plaintes et murmures y aurait-il contre nature s'il n'y avoit point de mort, et qu'il fallût demeurer icy bon gré mal gré ? Certes l'on la maudiroit. Imaginez combien seroit moins supportable et plus pénible une vie perdurable, que la vie avec la condition de la laisser... Si la mort nous estoit ostée, nous la regretterions beaucoup plus que nous ne la craignons, et si elle n'estoit, nous la souhaiterions plus fort que la vie (1). » Stuart Mill juge consolant de penser qu'« on n'est pas enchaîné pour l'éternité à une existence consciente qu'on ne saurait être sûr de vouloir conserver toujours (2) ». — « Quiconque, dit également Strauss, ne s'enfle pas d'orgueil, sait bien apprécier l'humble mesure de ses facultés, est reconnaissant du temps qui lui est donné

---

(1) Charron, *de la Sagesse*, II, 11.
(2) *Essais sur la religion*, trad. franç., p. 115.

pour les développer, mais ne manifeste aucune prétention à un accroissement de ce délai au delà de cette vie terrestre, et l'éternité en perspective lui donnerait le frisson (1). » Bentham appréhende aussi plus qu'il ne désire l'immortalité (2). « Oui, dit encore Schopenhauer, l'immobilité finie et la limitation essentielle de toute individualité, en tant que telle, finiraient déjà d'elles-mêmes, en se poursuivant sans terme, par engendrer par leur monotonie un si profond dégoût, qu'on préférerait retomber dans le néant, ne fût-ce que pour en être débarrassé (3). » Tôt ou tard, en effet, le moment arrive où l'on en a assez, de la vie, où la nausée succède à l'ivresse, où l'on ne sent plus qu'une immense lassitude d'agir et d'être agité, où le repos suprême paraît préférable à tout. Combien inspirerait alors d'horreur et d'effroi l'idée de ne pouvoir mourir, c'est ce qu'exprime avec énergie le mythe populaire du juif-errant, Ahasvérus. Quelle pire misère, en effet, que de traîner l'existence comme un supplice qui ne doit jamais finir et de n'avoir pas ce que Dante refuse aux damnés : « L'espoir de la mort (4) ! »

6. — Si, avec les logiciens, on admet que le critérium de la certitude est l'inconcevabilité du contraire, il serait facile de démontrer, par l'absurdité de la négative, la nécessité de la mort. Quand on essaie de se représenter un état de choses d'où elle serait exclue (5), on ne trouve, en effet,

(1) *L'Ancienne et la Nouvelle Foi*, trad. franç., p. 116.
(2) *La Religion naturelle*, p. 8.
(3) *Le Monde comme volonté et comme représentation*, trad. Burdeau, t. III, p. 303.
(4)　　　　　　Questi non hanno speranza di morte
　　　　　　　　　　　　　　(*Inferno*, III, 16.)
(5) « Novissima inimica destructur mors » (Saint Paul, *Corinthiens*, I, xv, 14); « et mors ultra non erit » (*Apocalypse*, xxi, 4).

que conséquences irrationnelles, impossibilité pour la vie
de se produire, de durer et de se développer. La mort lui
est si intimement unie, qu'on ne peut pas les disjoindre,
écarter l'une et retenir l'autre ; il faut les accepter ensemble ou tout perdre en les séparant.

« La vie, c'est la mort, » dit Claude Bernard. Les êtres
ne vivent qu'à condition de détruire, car ils empruntent à
d'autres êtres, qu'ils dépouillent et suppriment, ce qu'ils
ont de matière et de force. Mais il est non moins vrai de
dire : « La mort, c'est la vie, » puisqu'elle affranchit l'éternelle substance de ses appropriations passagères et l'offre,
toujours disponible, à de nouvelles créations. Des êtres
indestructibles interrompraient le cours de la vie et seraient un obstacle absolu à ses transformations. Supposez
qu'autour de nous rien ne puisse plus périr, ni un être
humain, ni un animal, ni une plante, ni un état de la matière inorganique : aussitôt tout s'arrête, et vous n'avez
plus qu'un monde figé dans son immutabilité. « Les anciens disaient que, si la vie est la mère de la mort, la mort
à son tour enfante et éternise la vie, c'est-à-dire, en écartant les métaphores, que la matière est sans cesse en mouvement, qu'elle subit des changements continuels. Il n'y a
point de mort pour la nature ; sa jeunesse est éternelle,
comme son activité et sa fécondité ; la mort est une idée
relative aux êtres périssables, à ces formes fugitives sur
lesquelles luit successivement le rayon de la vie, et ce sont
ces transformations ininterrompues qui constituent l'ordre
et la marche de l'univers (1) ».

On se trompe donc lorsque, personnifiant des abstractions, on représente la vie et la mort comme des puissances

(1) Cabanis, *Rapports du physique et du moral de l'homme*, X[e] mémoire.

antagonistes aux prises, l'une infatigable à créer, l'autre
acharnée à détruire ; c'est la même puissance vue sous le
double aspect de ses manifestations. La trinité hindoue
fait de Brahma, de Vishnou et de Çiva un seul dieu qui
remplit tour à tour le triple rôle de créateur, de conserva-
teur et de destructeur. Pour qui regarde de haut l'ensemble
des choses, la vie et la mort se confondent. Leur œuvre
commune se résout en substitutions d'effets qui posent et
suppriment alternativement dans le sein de l'infini les
limitations d'où résultent les êtres finis. Les formes changent, le fond reste fixe. En d'autres termes, pour employer
le langage scientifique, l'énergie universelle est une constante.

> All forms that perish other form supply,
> By turn we catch the vital breath and die,
> Like bubbles on the sea of matter born,
> They rise, they break and to that sea return (1).

Outre la perpétuité de la vie, la mort assure aussi ses
progrès. Par l'élimination successive des êtres, elle introduit dans leurs séries un principe d'évolution. La mort
efface, la vie corrige, et, grâce à cette collaboration continue, l'œuvre s'améliore avec le temps. Que serait l'état
du monde si les premiers êtres vivants qui ont occupé sa
surface avaient dû ne jamais périr ? La mort, critique im-
pitoyable, a rejeté les ébauches imparfaites, brisé le moule
des espèces disparues, et amené la vie à réaliser, par une
suite de retouches, des types supérieurs. Que serait l'humanité même si les premiers êtres humains, à peine distincts des singes anthropoïdes, avaient perpétué sur le
globe leur immortelle bestialité ? Grande purificatrice, la

______

(1) Pope, *Essay on an*, III.

mort supprime, avec chaque génération, une part de ses insuffisances et de ses misères. A des êtres que leurs aptitudes restreintes, vite lassées ou épuisées, rendraient réfractaires au progrès, elle substitue, dès qu'ils ont accompli leur tâche, des êtres jeunes, ardents, perfectibles qui, se relayant sans cesse, portent toujours plus avant la civilisation de l'espèce.

Quelle apologie la mort, si on la personnifiait, pourrait faire d'elle-même et de sa mission dans l'univers! — Je ne suis pas, serait-elle fondée à nous dire, cette puissance néfaste que vous redoutez faute de la bien connaître; je suis la vie même que vous aimez, car je ne détruis que pour faire vivre. Si vous avez pu venir à l'être, c'est à moi que vous le devez. Pour vous faire place un moment, j'ai retranché une à une toutes les générations antérieures. Je vous ai préparé de loin les conditions améliorées de vie dont vous jouissez, et chaque jour je vous conserve, en vous sacrifiant les êtres sans nombre dont vous vivez. Vous avez bénéficié des avantages de mon ordre, supportez-en aussi les charges. Lorsque, bientôt, je vous ôterai la vie, c'est moins pour vous en priver que pour la donner à d'autres, dignes de la posséder à leur tour. Sans mon assistance, au lieu du splendide théâtre où se déploie la fécondité de la vie, il n'y aurait que le morne empire de la permanence dans l'uniformité, c'est-à-dire un mode d'existence qui différerait à peine du néant.

C'est donc méconnaître la fonction de la mort que de la faire, comme le vieux mythe hébraïque, entrer dans le monde par la voie du péché, à titre de châtiment et de malédiction (1); elle y était dès l'origine des choses comme la

____

(1) *Genèse*, iii, 19-21.

condition nécessaire de leur développement, et son œuvre a commencé en même temps que celle de la vie, pour ne finir qu'avec elle. Mourir n'est pas une peine édictée contre nous seuls ; c'est une loi générale que tout subit et dont il est aussi déraisonnable que vain de prétendre être exceptés.

7. — Pareils à ces enfants, dont parle Socrate (1), qui s'effraient d'un masque enlaidi à plaisir, les hommes redoutent la mort moins pour elle-même que pour ce qu'ils s'imaginent l'accompagner ou la suivre. Ils l'entourent d'éventualités funestes et s'épouvantent de leurs chimériques visions. « Peut-estre, dit Charron, le spectacle de la mort te desplaît à cause que ceux qui meurent font laide mine. Oui, mais ce n'est pas la mort, ce n'est que son masque. Ce qui est dessoubs caché est très beau (2). » Dans son projet d'*Euthanasie*, Bacon veut qu'on cherche à rendre le terme de la vie acceptable pour la raison et que l'art y applique toutes ses ressources, comme un poète dramatique consacre les efforts de son génie au dernier acte de sa pièce. La vie, ajoute-t-il, ne peut être heureuse que si, loin de se laisser troubler par des appréhensions sans cause, on envisage sa fin avec sérénité.

Beaucoup diraient volontiers : ce n'est pas la mort, c'est le mourir qui m'inquiète (3). Toute la belle humeur de Mme de Sévigné l'abandonne et se change en horreur tragique lorsqu'elle pense à cette cruelle extrémité : « Je suis embarquée dans la vie sans mon consentement ; il faut

____

(1) *Phédon, Criton.*
(2) *De la Sagesse*, II, 2.
(3) « Emori nolo, sed me mortuum nihil existimo. » (Cicéron, *Tusculanes*, I, 8.)

que j'en sorte, cela m'assomme ; et comment en sortirai-je ?
Par où ? Par quelle porte ? Quand sera-ce, dans quelle disposition ? Souffrirai-je mille et mille douleurs qui me fe-
ront mourir désespérée ?... Je m'abîme dans ces pensées,
et je trouve la mort si terrible, que je hais plus la vie parce
qu'elle y mène que par les épines dont elle est semée (1). »
A se tourmenter de la sorte, on rend l'appareil de la mort
plus effrayant que la mort même, et l'on souffre plus à l'appréhender qu'à la subir. « Comme il y a, remarque Buffon,
plus de cœurs pusillanimes que d'âmes fortes, l'idée de la
mort se trouve toujours exagérée, sa marche précipitée,
ses approches trop redoutées et son aspect insoutenable ;
on ne pense pas que l'on anticipe sur son existence toutes
les fois que l'on s'affecte de la destruction de son corps ;
car cesser d'être n'est rien ; mais la crainte est la mort de
l'âme (2). »

Sans doute, lorsque par suite d'accident ou de maladie
aiguë on est abattu en pleine vigueur et comme arraché
par violence à la vie, la mort expose à de cruelles souffrances ; mais on souffre parfois davantage sans mourir, et la
mort qui met fin à d'intolérables tortures ne joue-t-elle
pas plutôt alors le rôle de libératrice ? L'air de calme
solennel qu'elle répand sur les traits, lorsque son œuvre
est achevée, montre qu'elle est la délivrance finale et le
suprême apaisement.

Dans le plus grand nombre des cas, la mort est douce,
paisible, presque inaperçue. La mort naturelle, au terme
de l'extrême vieillesse, s'effectue sans effort et sans douleur. Comme une lampe épuisée, la vie s'éteint faute d'ali-
ment. « Dans la mort sénile, le malade n'éprouve que cette

(1) *Lettre,* 16 mars 1672.
(2) *De la Vieillesse et de la Mort.*

difficulté d'être dont le sentiment fut en quelque sorte la seule agonie de Fontenelle. On a besoin de se reposer de la vie comme d'un travail que les forces ne sont plus en état de prolonger. Les erreurs d'une raison défaillante ou d'une sensibilité qu'on égare en la dirigeant vers des objets imaginaires peuvent seules, à ce moment, empêcher de goûter la mort comme un doux sommeil (1). » Plusieurs pensent en effet que, dans ces conditions, la mort, comme toute fonction normale, ne s'accomplit pas sans quelque impression de soulagement et de bien-être qui serait la dernière jouissance de la vie. Léopardi parle de la *dolcezza del morir*. « Le vulgaire, embrassant les opinions qui l'ef-fraient, croit que les tourments accompagnent la dissolution de notre être physique ; il est probable, au contraire, qu'en touchant à l'éternel repos, on goûte des sensations analogues à celles d'un homme fatigué qui sent couler dans ses veines le calme et le sommeil (2). » Il faut du moins admettre l'indifférence des dernières sensations, car les rapports de ceux qui, après avoir passé pour morts, sont revenus à la vie, témoignent qu'ils ne s'étaient pas sentis finir. Au moment où l'on glisse dans la mort, on n'a sans doute pas plus conscience de soi que lorsqu'on cède à l'as-soupissement précurseur du sommeil ou lorsqu'une brusque défaillance détermine la syncope. La vie échoue mollement sur le rivage de la mort. Ce n'est pas un nau-frage sur des écueils dans la tempête, mais un abord sur une plage amie, favorisé par une vague propice.

Quant à la mort qui est embrassée de plein gré, par de-voir, par honneur ou par dévouement, celle des héros et des martyrs, on peut dire que cette immolation volontaire

<hr>

(1) Cabanis, *Rapports du physique et du moral*, IVᵉ mémoire.
(2) Droz, *Essai sur l'art d'être heureux*.

de la vie en est l'acte le plus intense et concentre dans une
heure d'exaltation sublime toutes les joies sacrifiées à
un but supérieur, car on vit plus dans un élan d'enthousiasme que durant des années de plate vulgarité.

Enfin, le passage redouté de l'être au non-être, l'instant
fatal où le moi s'évanouit, est insaisissable et forcément
indistinct. « La mort, dit Montaigne, est moins à craindre
que rien... Elle ne vous concerne ny mort, ny vif; vif
puisque vous estes, mort puisque vous n'estes plus (1). »

Il est inutile de se préoccuper de la manière dont on
mourra. A moins qu'on ne soit condamné à bref délai par
un mal incurable ou qu'on ne choisisse soi-même son
genre de mort, toute conjecture à cet égard a chance
d'être démentie par l'événement, tant la mort revêt de
formes variées et peut surgir des occurrences les plus imprévues. Mais soyons sans crainte ; nous nous acquitterons
toujours bien de l'obligation de mourir. C'est la seule
chose que chacun fasse en perfection sans avoir besoin de
l'apprendre. Contentons-nous de souhaiter avec César une
mort prompte et inopinée comme la dernière félicité de
la vie (2).

Serait-ce le sort réservé à nos tristes restes qui nous
épouvante, le poids de la terre qui les chargera (3), le froid
et l'humidité de la tombe, les ténèbres souterraines, l'abandon final, la morsure des vers, l'horreur de la putréfaction?

---

(1) *Essais*, I, 19. Cf. Épicure (Diogène de Laërte, X, 15) et Prodi-
cus (Platon, *Axiochus*).

      Je suis, elle n'est pas ; elle est, je ne suis plus.

(2) Suétone, *Cæsar*, 87.

(3) La formule antique : « Sit tibi terra levis! » témoigne de
cette appréhension. « O Terre, dit un hymne du *Véda*, couvre-le
comme une mère couvre son enfant d'un pan de sa robe! »
(E. Burnouf, *Essai sur le Véda*, 93.)

Rien de tout cela ne sera senti, car nulle cause de souffrance ne peut atteindre une sensibilité qui n'est plus. Les maux dont on suppose les morts affligés n'existent que dans l'imagination des vivants qui se mettent à leur place. Lorsque nous aurons cessé de vivre, notre dépouille nous sera non moins étrangère que la pierre qui la couvrira. Il est surtout dérisoire d'attacher un prix à la pompe des funérailles, à l'orgueil d'un tombeau. Laissons aux vivants le soin d'enterrer leurs morts. Cela n'intéresse qu'eux et, s'ils négligent d'y pourvoir, la nature s'en chargera (1).

8. — Considérée en elle-même et en elle seule, la mort n'a rien dont puisse s'alarmer la raison. L'état d'inconscience où elle nous plonge nous ramène à la condition où nous étions avant de naître. Nous sentions-nous malheureux alors? « Le même passage que tu as fait de la mort, c'est-à-dire du rien, à la vie, sans passion, sans frayeur, refais-le de la vie à la mort : *Reverti unde veneris, quid grave est ?* (2) » La mort remplira d'un sommeil tranquille cette nuit qui ne doit pas avoir d'aurore. Le sommeil n'est-il pas, comme l'appelle Plutarque, « le noviciat de la mort ? (3) » Bien des fois déjà nous en avons fait l'épreuve, et nous devrions en mieux connaître la douceur. « Chaque nuit, nous cessons d'être, et dès lors nous ne pouvons regarder la vie comme une suite ininterrompue d'existences senties ; ce n'est point une trame continue; c'est un fil divisé par des nœuds ou plutôt par des coupures qui toutes appartiennent à la mort; chacune nous rappelle

____

(1)   Nec tumulum curo, sepelit natura relictos
                    (Mécène, cité par Sénèque, *Epist.* 92.)
(2) Charron, *de la Sagesse*, II, 2, et Sénèque, *De tranquillitate animi*, II.
(3) *Consolation à Apollonius.*

l'idée du dernier coup de ciseau ; chacune représente ce que c'est que de cesser d'être (1). » Un tiers au moins de la vie se passe à dormir. Qui regrette ce temps donné à l'oubli de l'inquiétude et de la peine ? Y a-t-il beaucoup de nos jours qui vaillent une nuit de bon sommeil ? « Ton repos le plus doux est le sommeil, dit Shakspeare ; tu l'invoques souvent, et tu es assez stupide pour trembler devant la mort, qui n'est rien de plus ! (2) » Après l'agitation et les fatigues de la vie, dormir sans trouble est ce qu'on peut souhaiter de meilleur. « Je n'ai pas besoin de paradis, mais de repos, » fait dire Byron au *Giaour* mourant. Dans sa pièce des *Malheureux*, Mme Ackermann montre les morts refusant de se lever à l'appel de la résurrection, ne voulant pas être trompés une seconde fois par l'illusion de la vie et demandant à la tombe de les bien garder. Montaigne met à mourir le même nonchaloir qu'à vivre, sans décider lequel vaut le mieux : « Il m'advient souvent d'imaginer avec quelque plaisir les dangiers mortels et de les attendre. Je me plonge teste baissée stupidement dans la mort sans la considérer et recognoistre, comme en une profondeur muette et obscure qui m'engloutit d'un sault et m'estouffe en un instant d'un puissant sommeil plein d'insipidité et d'indolence (3). »

L'état négatif où nous fait entrer le non-être ne peut avoir rien de funeste et doit être tenu pour indifférent. « La mort, disait le philosophe Arcésilas, est le seul mal qui n'incommode jamais personne et ne chagrine qu'en son absence. » De même Voltaire : « On a vu des gens se trouver bien de mourir ; on n'en a point vu qui se soient

(1) Buffon, *de la Vieillesse et de la Mort*.
(2) *Mesure pour mesure*, III, I.
(3) *Essais*, III, 9.

plaints d'être morts. » Selon la doctrine d'Épicure, la mort ne peut être un mal ni pour la sensibilité, puisqu'elle supprime la possibilité de souffrir, ni pour la raison, puisqu'elle est dans l'ordre et la logique de la nature (1). On objecte que, si la vie est un bien, la mort, qui nous en prive, est un mal; mais, comme un mal n'a de réalité que senti et que cette privation ne peut l'être, l'objection tombe d'elle-même. En outre, la vie étant un composé de biens et de maux, les hommes, qui se lamentent sans cesse, devraient, semble-t-il, juger la mort plus bienfaisante, puisqu'elle met fin à leurs peines, que rigoureuse parce qu'elle retranche leurs joies. La mort est le terme de nos épreuves, le port après une traversée pénible (2), le refuge assuré contre les douleurs, les tristesses, les fautes et les injustices de la vie. Elle seule tranche nettement toutes nos misères, éteint la fièvre de nos désirs et nous met enfin l'esprit en repos. « Ici, dit une inscription de cimetière, le méchant cesse de nuire, et le juste de souffrir. L'innocence n'est plus persécutée, et celui qui est las se repose. Il n'y a plus de tyran ni d'opprimé. Le grand et le petit dorment ensemble, et l'esclave est délivré de son maître. »

Ils sont nombreux, les sages qui, tenant compte des avantages de la mort, veulent qu'au lieu de la subir à contre-cœur, on l'accueille avec gratitude, comme un bienfait. « On craint la mort, dit Socrate, comme le plus grand mal, sans savoir si elle ne serait pas le plus grand bien, »

(1) Diogène de Laërte, X, 124.

(2) « J'ai parcouru bien des fois la mer, dit une épitaphe antique... J'ai abordé à des terres inconnues, et voici la borne... Ici, je ne crains ni les vents, ni les orages, ni la mer, ni les pirates, ni une dépense plus forte que le gain. A toi, qui m'as affranchi du souci, je dis : « Salut, déesse bienfaisante ! »

et il demande qu'à l'exemple des cygnes, on salue son approche d'un chant de joie (1). « La mort, déclare Sénèque, est la meilleure invention de la vie, et l'on ne saurait trop la louer (2). » Et Pline : « La nature n'a rien donné à l'homme de meilleur que la brièveté de la vie... C'est une folie et une mauvaise folie que de vouloir recommencer de vivre après la mort... Ces illusions et cette crédulité détruisent le principal bienfait de la nature, la mort, et elles en doublent la peine s'il faut se tourmenter même d'un état à venir (3). »

Hegel identifie l'être et le non-être. Schopenhauer donne la préférence au second : « Pour ce qui est de la valeur objective de la vie, il est au moins douteux qu'elle soit préférable au non-être, et même, si l'on consulte la réflexion et l'expérience, c'est le non-être qui doit de beaucoup l'emporter (4). » En Asie, quatre cents millions de bouddhistes aspirent à être délivrés de la vie dans l'impassibilité du nirvâna. On peut donc admettre que la vie n'est pas un avantage pour ceux qui l'ont reçue, et la plupart auraient gagné à ce que ce don funeste leur fût épargné. Ainsi pensaient les Grecs, si épris en apparence de la joie de vivre. « Ce qui vaut le mieux pour les habitants de la terre, dit Théognis de Mégare, c'est de ne pas naître et de ne pas voir les rayons du brillant soleil; mais, lorsqu'on est né, de franchir au plus vite les portes de l'invisible et de dormir couché sous la terre (5). » La même sentence est mise

(1) Platon, *Phédon*, et *Apologie*. « Providentes quid in morte boni sit, cum cantu moriuntur. »
(2) *Consolatio ad Marciam.*
(3) *Hist. nat.*, VII, 52.
(4) *Le Monde comme volonté et comme représentation*, trad. Burdeau, t. III, p. 275.
(5) Théognis, V, 425-428.

par Hérodote dans la bouche de Solon (1), et une foule d'auteurs ont à l'envi répété ce lieu commun de mélancolique sagesse (2). Job maudit le jour de sa naissance (3). Enfin l'*Ecclésiaste* conclut que « les morts sont plus heureux que les vivants, et que le plus heureux est celui qui n'est jamais né (4). »

(1) *Histoires*, I, 31.
(2) Sophocle, *OEdipe à Colone*, 1225, sqq; Platon, *Apologie*, 42; Aristote, dans Plutarque, *Consol. à Apollonius*, 27 ; Ménandre, fragm.
(3) *Job*, III, 3 ; II, 13.
(4) *Ecclésiaste*, IV, 2, 3.

CHAPITRE XIII

1. — Laissons les optimistes et les pessimistes débattre en sens inverse, mais avec un égal parti pris, la question de savoir si la vie est bonne ou mauvaise. Sa valeur dépend de l'emploi qu'on en fait. Nous n'avons point d'ailleurs à décider s'il convient d'entrer dans la vie ou d'en sortir volontairement ; nous y sommes sans avoir été consultés et presque tous ne demandent qu'à y rester le plus longtemps qu'il se pourra. Il faut donc s'arranger pour être le moins mal possible. Milton fait donner par l ange Gabriel un sage conseil à Adam qui voudrait mourir: « N'aie pour la vie ni amour ni haine; mais tant que tu vis, vis bien (1). » Mieux vaut encore, selon la maxime de Descartes, « aimer la vie et ne pas craindre la mort, » afin de jouir pleinement de l'une sans être troublé par l'autre.

Les rêves de vie future écartés comme purement imaginaires, on n'a plus à considérer que la vie présente et à en tirer le meilleur parti. Elle suffit à nos spéculations et à notre activité. On allègue que l'espoir de revivre console des tristesses de ce monde et de la nécessité même de mourir; mais on pourrait dire plus justement que l'illusion

(1) Nor love thy life, nor hate; but what thou livest
Live well.

(Paradise lost, XI).

d'une autre existence corrompt celle que nous possédons, car les béatitudes idéales dont on se berce désenchantent des plaisirs réels de la vie (1) et les font à tort dédaigner, tandis que les maux chimériques dont on s'effraie s'ajoutent aux véritables pour les aggraver. Si, parfois, la perspective d'un « monde meilleur » peut être un réconfort bien insuffisant à l'infortune, l'appréhension d'un avenir redoutable est plus souvent un sujet d'angoisse. Le mystère inquiétant d'une destinée future, tout ce que son inconnu renferme d'éventualités menaçantes, les rigueurs d'une justice implacable, tourmentent et affolent l'imagination. Les meilleurs même sont le plus exposés à ces terreurs par leurs scrupules, tant on leur répète que « la voie du ciel est étroite (2) », qu'ils doivent « opérer leur salut avec crainte et tremblement (3) », et que, pour de rares élus, on comptera des multitudes de damnés. La peur seule de l'enfer, si l'on était bien convaincu et si l'on y pensait sans cesse, suffirait à empoisonner la vie (4). Pour en goûter les joies sans trouble, il faut ne se laisser tromper ni par de vains espoirs ni par de non moins vaines alarmes. Les Gréco-Romains, qui ne croyaient qu'à l'existence présente et s'y dépensaient tout entiers, jouissaient mieux de la vie et redoutaient moins la mort que les chrétiens, dupes de rêves décevants ou en proie à des épouvantes non justifiées. Compter sur une autre vie et lui subordonner la vie actuelle, c'est lâcher la proie pour l'ombre et sacrifier la

(1) « Un grand obstacle au bonheur, c'est de s'attendre à un trop grand bonheur. » (Fontenelle.)

(2) *Saint Matthieu*, vii, 14.

(3) Saint Paul, *Philippiens*, ii, 12.

(4) Citons comme exemple l'agonie terrible d'une sainte, la mère Angélique de Port-Royal, torturée par la peur d'être damnée (V. Sainte-Beuve, *Port-Royal*, V; 1).

réalité à l'illusion. Il y aurait moins de malheureux dans le monde si tout ce qui se perd en préoccupations de l'au delà était dirigé vers un but tangible et positif, l'amélioration de la condition humaine.

Les mystiques objectent que la vie, confinée dans un présent si borné, bannie du ciel idéal et sevrée d'immortelles espérances, ne vaut guère d'être vécue. Dédaigneux de joies éphémères, ils n'estiment que celles qu'ils pensent devoir durer toujours. *Dimitte transitoria et quære æterna*, disent-ils avec l'auteur de l'*Imitation* (1). « Tout avantage qui ne concerne que la vie présente ne vaut presque pas la peine qu'on travaille à l'acquérir, dit de même Nicole, parce que cette vie n'est qu'un instant qui ne mérite pas qu'on en délibère (2). » Et Bossuet, plus impérieux encore : « Commencez à compter cette vie mortelle parmi les biens superflus. Méprisez tout, abandonnez tout et n'aimez plus que le bien qui ne se peut perdre (3). »

Mais il n'est pas facile à ceux qui professent de telles maximes de mettre la pratique d'accord avec la théorie. La nature les range à ses lois par d'incoercibles exigences, et il paraît peu logique à la raison de rejeter les biens dont elle dispose, parce qu'ils ne sont pas sans mesure. Si la vie est mauvaise de soi, elle ne sera pas meilleure étendue à l'infini ; et, si elle est désirable à toujours, pourquoi faire fi de ce qu'elle contient de bon dans sa courte durée ? Un pauvre, réduit au plus extrême besoin, refuse-t-il quelques pièces de monnaie pour ce motif qu'un million lui agréerait davantage ? Abusé par l'excès même de ses convoitises, un faux idéal érige en vertu l'immolation de tous les biens de la

______

(1) *De imitatione Christi*, III, 1.
(2) *De la Connaissance de soi-même*, VIII.
(3) *Sermon sur nos dispositions à l'égard des nécessités de la vie.*

terre, et croit s'en faire un mérite pour gagner le ciel. La folie des ascètes se complaît dans la tristesse, recherche avec volupté la souffrance, s'inflige des macérations et se *mortifie*, c'est-à-dire anticipe sur la mort dans l'espoir de vivre plus quand on aura cessé d'être. « Hé ! pauvre homme, s'écrie Montaigne, tu as assez d'incommoditez nécessaires sans les augmenter de ton invention : tu es assez misérable de condition sans l'estre par art!... (1) » Mieux inspirés, les anciens définissaient la sagesse « l'art de bien vivre et d'être heureux ». Selon les Grecs, la meilleure manière d'honorer les dieux c'est, à leur exemple, de jouir gaiement de la vie et de déployer en tous sens une libre activité. Gœthe, imprégné de l'esprit payen, veut aussi qu'on jouisse des dons de la nature, notre mère, des biens de la vie, qui est d'essence divine. D'austères moralistes demandent qu'on soit aimable et gai (2). La joie est une demi-vertu, l'indice de la santé du cœur et de la force de l'esprit. Parmi les obligations qu'impose la morale philosophique figure à juste titre « le devoir d'être heureux », la jouissance des plaisirs qu'offre libéralement la nature et que n'interdit pas la raison. Spinoza s'élève avec force contre ceux qui font la vertu morose et chagrine : « Oui, il est d'un homme sage d'user des choses de la vie et d'en jouir autant que possible, de se réparer par une nourriture modérée et agréable, de charmer ses sens par le parfum et l'éclat verdoyant des plantes, d'orner même son vêtement, de jouir de la musique, des jeux, des spectacles et de tous

---

(1) *Essais*, III, 5.

(2) « Ostendant se gaudentes in domino et convenienter gratiosos, » dit la *Règle* de saint François. Sainte Thérèse recommande également à ses sœurs de se tenir en joie. Elle n'aime pas ces dévots qui prennent un air tout refrogné, n'osant parler ni respirer, de peur que leur dévotion ne s'en aille.

les divertissements que chacun peut prendre sans dommage pour personne (1). »

Une autre maxime, inverse de la précédente et non moins exclusive, proclame l'inutilité, pour un être périssable, de prétendre à des biens éternels. Laissant à l'être absolu son infini, jalousement gardé, de l'espace et de la durée, elle conseille de ne viser qu'à des biens passagers et de leur demander un bonheur, précaire sans doute, mais mieux à notre mesure et seul à notre portée. Au rebours du précepte de l'*Imitation*, cette sagesse prendrait volontiers pour formule : *Dimitte æterna et quære transitoria*. Gœthe conseille de ne rien faire en vue de l'éternité. Puisque tout passe et que nous-mêmes nous passons, attachons-nous de préférence à ce qui nous ressemble. Cet attribut de fragilité que partagent avec nous les êtres contingents est un titre à notre prédilection. La nature éternelle, mais impassible, n'a droit qu'à notre indifférence. Ce qui est, ainsi que nous, éphémère, débile et souffrant a le plus besoin d'être aimé et mérite toutes nos tendresses.

> Aimez ce que jamais on ne verra deux fois (2).

Aimez-le sans vains serments d'aimer toujours, téméraires engagements bien vite démentis par notre inconstance ; aimez-le sans croire que les objets de nos affections ni ces affections elles-mêmes puissent n'avoir pas de fin et sans jamais oublier que la mort plane sur tout.

Néanmoins cette seconde maxime, qui n'a un semblant de justesse qu'opposée à la première, n'est pas moins excessive et défectueuse. Elle confine notre activité dans

(1) *Éthique*, IVᵉ partie, prop. 45, scolie.
(2) A. de Vigny, *la Maison du berger* ; voir aussi l'*Espoir en Dieu*.

l'heure présente et n'aspire qu'à des biens fugitifs, tandis qu'il faut à la vie une ambition qui la dépasse, l'amour de quelque chose qui soit plus grand qu'elle-même et qu'elle n'ait pas le temps d'épuiser. On a donc proposé de corriger ces deux formules, insuffisantes l'une et l'autre, en les unissant dans une troisième qui les concilie : *Transitoriis quære æterna* (1). Sans sortir des bornes d'une existence mortelle, et si étroites qu'elles soient, nous pouvons jouir de ce qui dure dans ce qui passe, de l'ordre universel dans les contingences particulières. Il est peu sage de mettre tout le bonheur de sa vie dans la possession de biens que les circonstances refusent ou qu'un accident peut ravir, dans l'amour d'une femme ou sur la tête d'un enfant, dans l'obtention de richesses, d'honneurs ou de succès qui dépendent moins de nous que de la fortune (2). Il faut aimer surtout ce qu'il y a dans le monde de général et de stable, de meilleur et de moins précaire, la beauté dans l'art, la vérité dans la science, la moralité dans les actes, la civilisation dans l'espèce humaine, la puissance de vie qui resplendit dans l'univers. Quiconque élargit son cœur et, sans dédaigner les affections moindres, le remplit de ces grands amours, trouve en eux d'ineffables jouissances, un but constant à ses efforts, des consolations dans ses épreuves, le plein développement de ses facultés. Par là, ce moi chétif, dont l'exiguïté n'est qu'un point, se dilate et participe dans une mesure indéfinie à la vie infinie. « Ainsi, disait Épicure, tu vivras comme un dieu, car en quoi ressemble-t-il à un mortel, l'homme qui vit au sein de biens immortels ?(1)»

(1) Jean Reynaud, *Terre et Ciel*, p. 147 et 148.

(2) « Ton attachement à la créature, à une nature impuissante est une folie. Maudit est celui qui met en l'homme sa consolation et sa joie. » (Malebranche, *Entretien IIIe sur la mort.*)

(1) Diogène de Laërte, X, 135.

2. — Sauf en ce qu'ils ont d'infini et d'absolu, à quoi notre condition d'êtres finis et contingents nous interdit de prétendre, nos rêves d'existence future peuvent se réaliser, dès cette vie, dans les limites du possible, que nous ne saurions franchir. Tout n'est pas chimérique et faux dans ces conceptions ; elles nous montrent le but où nous devons tendre. A défaut de réalité objective, elle ont une valeur idéale, et tout en les rejetant comme dogmes, on peut les admettre comme programme de vie supérieure. Puisque nous aspirons toujours à vivre plus et mieux, notre tâche est d'y travailler et d'assurer, par tous les moyens en notre pouvoir, une évolution rationnelle de la vie. Nos plaintes, nos prières et nos espérances seront vaines tant que nous nous bornerons à implorer une assistance surnaturelle et à demander, par faveur ou par miracle, les biens que nous convoitons. Il faut les acquérir par notre propre activité, réaliser nous-mêmes notre idéal. Appliquons au mieux de nos intérêts les lois qui gouvernent les choses, profitons des facilités qu'elles nous offrent, mais abstenons-nous de troubler leur ordre, car nous ne pourrions le faire qu'à notre détriment. Tout se paie. Chacun de nos actes, bon ou mauvais, trouve sa sanction dans ses conséquences, largement rémunéré en plaisirs s'il procure un accroissement de vie, puni au contraire par des restrictions et des souffrances s'il la diminue : « La vie et la mort, le bien et le mal, sont devant l'homme ; ce qu'il aura choisi lui sera donné (1). »

Vous voudriez posséder les avantages de la vigueur et de la santé, jouir du bien-être, écarter la douleur ? — Réglez-vous sur les préceptes de l'hygiène : soyez sobres, actifs,

____

(1) *Ecclésiastique*, xv, 18, et *Deutéronome*, xxx, 15.

tempérants. Donnez aux vrais besoins du corps les satisfactions qu'ils réclament, en consultant plutôt ce que leur
exigence a d'impérieux que l'attrait perfide de la volupté.
Gardez-vous comme d'un piège des excès où conduit la
recherche du plaisir. Vous le goûterez d'autant mieux et
dans son exquise pureté que vous mettrez moins de hâte
à le poursuivre et d'ardeur à l'épuiser. Veillez avec prudence à ne pas compromettre, sauf en cas de devoirs supérieurs, l'équilibre des fonctions physiologiques. Considérez
la santé comme le premier des biens et la condition de tous
les autres. On n'en connaît trop souvent le prix que quand
on l'a perdue et qu'il n'est plus possible de la rétablir. Mais
on a tort d'accuser alors la nature du mal qu'on s'est fait
en violant ses lois. Avec plus de vigilance et de soin, la
plupart des hommes n'auraient pas seulement une vie
plus longue et plus douce ; ils seraient aussi plus capables
de mener, selon les termes de Porphyre, « une vie angélique dans un corps matériel », car l'âme n'est saine que
dans un corps sain.

Vous désirez être plus heureux ? — Cela dépend de vous :
soyez plus sages. « C'est dans ton cœur, dit Schiller, que
brille l'étoile de ton destin. » Chacun peut arriver à une
félicité relative, car les plaisirs abondent sur le chemin de
la vie, plaisirs des sens, plaisirs du cœur, plaisirs de
l'imagination et du goût, plaisirs de l'étude, plaisirs du
travail utile et de la conscience, agréments de la société,
communion avec la nature... Apprenez la valeur de tous
ces biens et jouissez-en dans une juste mesure. Cédez aux
penchants affectifs sans les réprimer dans ce qu'ils ont de
légitime ni les dépasser dans ce qu'ils ont de raisonnable. Modérez vos désirs ; n'aspirez pas aux biens que
vous ne pouvez atteindre, tâchez de saisir ceux qui s'of-

frent sans trop de peine à votre prise, jouissez pleinement de ceux que vous possédez. Suivant un mot profond qu'on prête à saint Augustin, la béatitude des élus dans le ciel consisterait, non à obtenir ce qu'ils désirent, mais à désirer ce qu'ils ont : *Quod habent desiderant.* Combien on ferait d'heureux avec tout ce qui se perd de bonheur en ce monde ! N'ayez ni l'ambition de l'impossible ni le regret de l'irréparable ; on se rend surtout malheureux parce qu'on prétend imposer aux choses un ordre qui n'est pas le leur. « Le bonheur, dit Buffon, est au dedans de nous-mêmes ; il nous a été donné ; le malheur est au dehors, et nous l'allons chercher. » C'était une maxime commune chez les anciens que le sage seul est heureux, mais qu'il rivalise en cela avec Jupiter même (1).

Vous souhaitez de plus pures délices de goût, les ravissements que procure la contemplation de l'idéale beauté ? — Elle n'est point absente de l'ordre réel, mais il faut l'en dégager. Cultivez votre sens esthétique, ouvrez les yeux à ce que Léonard de Vinci appelle *la belleza del mundo.* Le beau abonde dans l'univers, et vous serez plutôt las d'admirer que la nature de fournir. Étudiez ses aspects riants ou grandioses, sa haute et sereine majesté. Laissez-vous ravir par le charme de ses créations aimables, l'élégance des plus beaux types d'animaux, la forme et le coloris des fleurs, la variété des paysages, dont chacun correspond à un état d'âme, la poésie des eaux et de la lumière, la diversité des climats, l'alternance des saisons, la splendeur des nuits étoilées... Celui qui, comme saint François d'Assise, éprouverait une admiration religieuse pour tout ce qui est « beau à voir », vivrait au sein

(1) Xénophon, *Mémorables*, I, 6 ; Diogène de Laërte, X ; Horace, *Épîtres*, I, 1.

de la nature dans un continuel enchantement. Élevez-vous
à l'intelligence des créations les plus parfaites de la littérature et des arts, expression du beau idéalisé par la raison. Rendez-vous familiers les chefs-d'œuvre de tous les
pays et de tous les temps. Vous trouverez à les goûter
d'inépuisables jouissances, les plus propres à charmer
les heures tranquilles de la vie et à distraire ses tristesses.
Quiconque aime la nature, les lettres et les arts a son
paradis en ce monde (2). Si banale que soit la réalité qui
l'entoure, il peut étendre sur ses laideurs le manteau de
pourpre de l'idéal.

Vous ambitionnez un savoir moins borné, un esprit plus
apte à percer le voile des choses ? — Instruisez-vous. Demandez à la science la révélation progressive de la vérité.
Déjà elle tient à votre disposition plus de connaissances
que vous n'en pourrez apprendre ou retenir. Un peu
d'étude rendra vôtre la meilleure part de ces trésors et,
s'ils ne satisfont pas encore votre curiosité, travailléz à les
accroître. La claire compréhension de l'ordre et des lois
de l'univers vous fera goûter ces plaisirs dont Aristote
compose la seule félicité qu'il juge digne des dieux. Soumettez votre esprit à la discipline des méthodes de la
science, examinez avant de croire, soyez exigeant en
fait de preuves, n'attachez de certitude qu'à l'évidence,
doutez souvent au lieu d'affirmer sans cesse ; vous aurez
moins à craindre les méprises de l'erreur.

Vous aspirez à devenir moins imparfait, à corriger vos
défauts, à gagner en vertu ? — Perfectionnez-vous. Un

(2) « Je me réfugie dans le passé. Tout ce qui a été beau, aimable,
juste, noble, me fait comme un paradis. Je défie avec cela que le
malheur m'atteigne. Je porte avec moi le parterre charmant de la
variété de mes pensées. » (Renán, *Dialogues philosophiques*, p. 134.)

état de moralité supérieure ne se réalisera pas de lui-même dans l'inaction sans épreuve et sans mérite d'une immortalité oisive ; il ne peut résulter que de tâches virilement accomplies et de vos efforts pour devenir meilleur. Cette œuvre, essentiellement personnelle, fait de la vertu le plus élevé des arts, parce que l'artiste se modèle lui-même sur son idéal. En tout le reste, les circonstances dominent souvent nos désirs ; seule la vie morale est entièrement nôtre, et nous n'y relevons que de nous-même. Faites-vous des règles de devoir, conformes à la raison et dirigez par elles le détail de vos actions. Soyez prudents à projeter, réfléchis dans la délibération, fermes dans l'exécution. Vous aurez ainsi le plus de chances de réussir dans vos entreprises. Ayez surtout « l'intention droite », l'unique chose au monde qui, selon Kant, ait une valeur absolue et ne dépende pas des accidents de fortune. Celui qui se sent l'âme bonne peut opposer une sérénité dédaigneuse aux disgrâces du sort, le mépris des choses fortuites.

Vous appelez de vos vœux des relations moins défectueuses avec vos semblables, une participation plus large aux bienfaits de la civilisation ? — Harmonisez votre vie avec celle de l'espèce, devenez humains dans le sens le plus élevé du mot. Soyez pour les autres ce que vous voudriez qu'ils fussent pour vous. Cherchez la paix et le bon accord ; montrez-vous bienveillant et bienfaisant. La première des vertus sociales est l'abnégation, le sacrifice de soi aux autres. La vie ne se développe qu'à condition de se répandre, de se donner. Celui qui met son bonheur à faire des heureux, qui se plaît à soulager des infortunes, se rapproche le plus de la félicité véritable, parce qu'il a part aux joies qu'il procure et goûte des plaisirs attachés à l'intention même, tandis que la jouissance de l'égoïste, faite de la privation ou du malheur d'autrui, est exceptionnelle et précaire, en contradiction avec la loi d'équité. Supposez la plupart des hommes, probes, justes, doux, pacifiques, indulgents et secourables à l'égal de ceux qui le sont le plus et montrent ce que peut la nature humaine : leur bonheur commun ne laisserait guère à désirer. Et que faut-il changer, sinon nous-mêmes, pour réaliser cette société idéale ?

Vous demandez « un monde meilleur ». — Améliorez celui où vous êtes. En vain vous espérez jouir d'un paradis tout fait dans le ciel ; faites-le sur terre. Appliquez-vous à rendre autour de vous la nature moins hostile et plus féconde. Nous ne connaissons pas encore toute l'étendue de notre pouvoir pour la modifier. Elle se prête à des transformations indéfinies dans le sens de nos intérêts. Utilisez au mieux ses ressources, qui partout abondent et que votre incurie laisse perdre ; dirigez, à l'aide d'une raison éclairée par la science, ses forces brutes, mais dociles, vers un but supérieur. Agrandissez son ordre dans ce qu'il a de facultatif sans essayer vainement de le troubler dans ce qu'il a de nécessaire. Unissez votre activité réfléchie à l'activité aveugle des choses en vous considérant comme investis d'une fonction cosmique, chargés de présider au gouvernement de la vie sur le globe. Vous ferez ainsi peu à peu de ce « monde de misère », sinon un un éden, car les édens n'existent que dans nos rêves, du moins un séjour supportable et même de plus en plus attrayant.

Enfin, le sentiment religieux vous inspire le désir d'entrer en communion avec la vie infinie, personnifiée en Dieu ? — Divinisez-vous. Modelez-vous sur cet idéal que

vous adorez ; évitez les superstitions qui le méconnaissent et le 'fanatisme qui l'outrage. Rendez-lui un culte,
non par de stériles pratiques de piété, mais en collabo-
rant à l'œuvre éternelle. La religion de l'avenir sera le
juste sentiment de notre dépendance et de nos obligations
dans l'ensemble des êtres. Faisons effort pour ramener ce
qu'il y a de divin en nous à ce qu'il y a de divin dans
l'univers. La nature est tout imprégnée de divinité. Entrer
dans son activité générale et y concourir, cela résume nos
devoirs. « Voulez-vous voir Dieu face à face, ne le cherchez pas au delà des nues. Dieu est ce que fait celui qui
s'inspire de sa pensée, qui vit par lui. Donnez-vous à lui,
vous le trouverez au-dedans de vous-même (1). » Spinoza, qui ramène tout à l'amour divin, déclare que la
prédominance de ce sentiment l'a rendu parfaitement
heureux. La vie en Dieu est, dit-il, la plus pleine, la plus
parfaite, celle qui assure le mieux le bonheur, parce qu'elle
satisfait l'appétition infinie d être qui est le besoin fondamental de notre nature.

Il est donc en notre pouvoir de réaliser dès cette vie ce
qu'un idéal de félicité paradisiaque a de rationnel, c'est-à-
dire de conforme aux lois et aux possibilités naturelles,
car, pour ce qui excède cette mesure, il serait insensé
d'y prétendre ; il est même déraisonnable de le rêver.
N'ajournons pas à un avenir inconnu tant de belles espérances, et n'attendons pas de miracles illusoires ce que
peut obtenir notre libre activité. Ces visions de chimérique
béatitude nous trompent ; car, pendant que nous convoitons le bonheur dans le ciel, nous restons malheureux sur
terre. L'idée que toute justice sera quelque jour rendue

(1) Fichte, *Méthode pour arriver à la vie heureuse.*

ailleurs empêche de poursuivre avec le zèle nécessaire le redressement des iniquités présentes, engourdit l'esprit de réforme et fait obstacle au progrès. Restons dans la réalité, ne comptons que sur cette vie, et consacrons tous nos efforts à l'améliorer.

3. — Ici se dresse, il est vrai, l'objection de la brièveté d'une existence dont le terme si court arrête tout, alors que nous voudrions supprimer cette limite fatale et prolonger sans fin notre vie. Mais en cela nos désirs se heurtent à une impossibilité absolue. L'éternité nous échappe; des êtres finis doivent se résigner à des bornes dans la durée. Il suffit que ces bornes, qui n'ont rien de fixe, puissent être reculées assez pour que nos aptitudes trouvent à se développer largement. Or cette mesure ne semble pas inférieure à nos besoins et, si nous la jugeons trop restreinte, nous avons divers moyens de l'étendre autant que la raison est en droit de l'exiger.

Le plus direct consiste à sauvegarder par sagesse notre existence jusqu'au terme extrême que la nature ne permet pas de dépasser. Rien n'est plus rare parmi les hommes que de mourir de vieillesse, à la fin d'une vie « pleine de jours ». La plupart des êtres humains périssent prématurément, moins par l'effet de causes inévitables ou d'accidents malheureux que par méconnaissance des lois de l'hygiène, par suite de privations ou d'excès, de soucis et de chagrins, c'est-à-dire par imprudence, sottise ou folie. « Les hommes ne meurent pas, dit énergiquement Buffon; ils se tuent. » La longévité humaine serait susceptible d'atteindre au moins un siècle, ou même plus (1),

(1) V. Hufeland, *Macrobiotique*; Flourens, *de la Longévité humaine.*

et l'on compte à peine un centenaire sur cent mille êtres
nés à la vie. Ce qui est une exception si rare pourrait
devenir la règle. De nos jours, quelques progrès d'aisance
et d'hygiène ont, chez les peuples les plus civilisés d'Europe, fait, en moins d'un siècle, passer la vie moyenne de
28 à 40 ans. Il y aurait à gagner bien plus encore. À la
devise des insensés, si mal appelés viveurs : « Courte et
bonne ! » on doit préférer celle des sages : « Longue et
excellente ! » Quiconque est né robuste et sain peut prétendre à vivre longtemps, s'il n'abuse ni de sa force ni de
sa santé. L'espoir d'atteindre un âge avancé n'est même
pas interdit aux débiles et aux valétudinaires, astreints
seulement à plus de ménagements et de soins. Rien, on
le sait, ne va aussi loin qu'une petite santé bien conduite.
Toutefois, s'il convient de veiller sans cesse à la préser-
vation de la vie, il faut savoir aussi l'exposer avec courage lorsque de grands devoirs le commandent, car bien
mourir vaut mieux que mal vivre, et il serait honteux de
perdre, pour sauver sa vie, ce qui seul donne du prix à la
vie.

Quoi qu'on fasse pour prolonger l'existence, sa durée
reste sans doute toujours contenue entre de bien étroites
bornes : mais l'activité de notre esprit a beaucoup plus
de latitude et peut agrandir indéfiniment le laps où la
pensée s'exerce. Franchissant le cercle restreint de la vie
effective, elle entre par l'étude de l'histoire et de la nature dans la longue suite de temps écoulés, anticipe par
ses prévisions sur les siècles à venir, évoque les générations disparues, assiste à l'évolution de notre espèce, à
celle des êtres sur le globe, à la genèse cosmique, et peut
ainsi vivre intellectuellement la vie entière soit de l'humanité soit du monde. La spéculation scientifique, qui, par

la perennité de ses lois, embrasse l'ensemble des âges, les fait entrer dans la mesure de notre courte existence et résume, pour ainsi dire, l'éternité en un moment.

Mais le moyen de vivre le plus possible est surtout d'employer au mieux la durée qui nous est départie. Cette durée, en effet, n'a pas de valeur absolue par elle-même ; ce n'est qu'un contenant dont le contenu fait tout le prix. Peu de jours bien remplis valent plus que des siècles vides. « L'utilité du vivre, dit Montaigne, n'est pas en l'espace, elle est en l'usage... Si vous avez faict vostre proufit de la vie, vous en estes repeu, allez-vous en satisfaict ; si vous n'en avez sceu user, si elle vous estoit inutile, que vous chault-il de l'avoir perdue ? à quoi faire la voulez-vous encores ? (1) » Sénèque juge aussi que « la vie est suffisamment longue pour mener à bien de grandes choses si tous nos jours sont bien employés... La vie n'est pas courte de soi, mais nous la faisons courte ; nous ne sommes pas pauvres, mais prodigues d'années (2) ». Nous gaspillons la durée plus que nous ne l'utilisons. Le désœuvrement, l'ennui, des occupations frivoles, de futiles passe-temps consument une grande part de l'existence des hommes. Beaucoup traitent le temps en ennemi et ne visent qu'à le tuer. Mieux instruits de sa valeur, nous devrions en être économes, avares même, et mettre à profit ses moindres instants. Combien la vie serait pleine et riche si chaque minute qui passe nous apportait un gain de plaisir ou d'admiration, un accroissement de savoir ou de vertu ! A voir tout ce que de grands hommes ont fait dans un court espace de temps, que ne pourrait pas accomplir une intelligente activité durant le laps de

(1) *Essais*, I, 19.
(2) *De brevitate vitæ*, et le Commentaire de Diderot.

soixante ou quatre-vingts ans ? Mais à quoi servirait l'éternité pour ceux qui se font un art de perdre le temps ? Elle leur serait un supplice, puisqu'ils ne pourraient trouver en elle qu'un immortel ennui.

La brièveté de la vie n'est donc pas un motif de la prendre en dédain. Loin de nous décourager de vivre, l'idée que notre existence finira bientôt est au contraire une raison pour nous hâter d'en jouir. L'imminence de la mort et la certitude que chaque instant nous rapproche d'elle, sont une recommandation pressante de ne rien perdre du temps qui nous reste. Il est bon de se redire souvent à soi-même le *Memento mori* des chartreux, non comme un lugubre rappel des vanités passagères de ce monde, mais en y attachant le sens de *Memento vivere*, car « la chose du monde à laquelle un homme libre pense le moins, c'est la mort, et sa sagesse n'est pas une méditation de la mort, mais de la vie (1) ». Empressons-nous de vivre, si nous ne voulons pas mourir sans avoir vécu. Écoutons le salutaire avertissement que nous donne, avec une nuance de regret, l'inscription de la tombe antique :

DUM VIVITIS, VIVITE!

« Faites promptement tout ce que votre main peut faire, dit de même l'*Ecclésiaste,* parce qu'il n'y aura plus ni œuvre ni sagesse dans le tombeau où vous courez (2). »

Les poètes nous redisent à l'envi que la pensée de la mort prochaine est un stimulant à goûter des plaisirs dont bientôt nous serons sevrés (3). L'auteur du livre *la Sagesse*

---

(1) Spinoza, *Éthique,* IV, 67.
(2) *Ecclésiaste,* IV, 20.
(3) Théognis, 567 sqq. ; 973, sqq. ; Anacréon, *Ode* VI ; Horace, *Carm.,* I, 2 ; *Sat.,* III, 6 ; Catulle, *Carm.,* V ; Perse *Sat.* V, 153 ; Tasse, *Gerusalemme liberata,* XVI, 14, 15 ; Lamartine, *le Lac,* etc.

invite à « se couronner de roses avant qu'elles ne se flé-
trissent (1) ». En Égypte et à Rome, les raffinés étalaient
des squelettes sous les yeux des convives (2), et la chanson
bachique des étudiants allemands évoque l'idée de la mort
comme une excitation à l'ivresse de la vie. La même réflexion, appliquée à de sérieux devoirs, engage à faire
constamment diligence. L'homme vaillant et de grand
cœur, qui veut bien employer son activité, doit entreprendre
comme s'il était assuré de vivre longtemps et exécuter
comme s'il courait le risque de mourir sous peu.

Il importe surtout d'avoir la pensée de la mort toujours
si présente et si familière qu'elle ne nous puisse surprendre
quand elle portera autour de nous et enfin sur nous ses
atteintes. C'est parmi les hommes habitués à la braver
chaque jour qu'on trouve les cœurs les plus résolus et les
plus fermes, une intrépidité froide et calme. Plus timorés,
la plupart des mortels « n'ont pas, comme dit Bossuet,
moins de soin d'ensevelir les pensées de la mort que
d'enterrer les morts mêmes (3) ». Ils ne cherchent qu'à se
distraire d'une si fâcheuse perspective et croient éviter le
péril en n'y pensant point. « Ils vont, ils viennent, ils
trottent, ils dansent; de mort, nulles nouvelles : tout cela
est beau ; mais aussi, quand elle arrive à eulx ou à leurs
femmes, enfants et amis, les surprenant en dessoude et à
descouvert, quels torments, quels cris, quelle rage, et quel
désespoir les accable ! (4) » Devrait-on jamais s'étonner
d'apprendre qu'un mortel est mort? Anaxagore, à la nouvelle de la perte de son fils, répond simplement : « Je

(1) *Sagesse*, II, 8.
(2) Hérodote, II, 78; Plutarque, *le Banquet des sages*; Pétrone,
Satyricon, 34 ; Isaïe, XXII, 13.
(3) *Sermon sur la mort*.
(4) Montaigne, *Esssais*, I, 19.

savais que je l'avais engendré mortel (1). » Souvenons-nous de nos morts aimés, au lieu de les tant pleurer. Aussi longtemps que nous gardons pieusement leur mémoire, quelque chose d'eux survit en nous et nous donne l'illusion de leur présence. Il n'y a de vrais morts que ceux qui sont oubliés.

4. — Quel est, en définitive, le sens de la vie ? A-t-elle une raison d'être dans l'ordre général des choses ou n'y apparaît-elle qu'à titre d'accident fortuit ? Le terme qu'y met la mort équivaut-il à un effacement absolu de l'être ? Rien ne persiste-t-il de ceux qui ont cessé de vivre et en est-il de leur existence perdue comme si elle n'avait jamais été ? Si une telle conclusion s'imposait, l'idée du néant de la vie, de son manque de but et de sa complète inutilité aurait quelque chose d'accablant pour la raison. C'est pour l'homme en pleine activité un encouragement nécessaire comme pour celui qui va mourir une consolation suprême que de pouvoir se dire : Je n'aurai pas vécu en vain ; je ne périrai pas tout entier, et la meilleure part de moi-même échappera aux atteintes du trépas. Cet encouragement et cette consolation, la nature ne nous les a pas refusés. « La mort est bien, comme dit Montaigne, le bout, mais non le but, de la vie (2), » et, si elle en marque la fin, elle ne lui ôte pas pour cela tout sens et toute valeur.

La mort, il est vrai, anéantit avec le moi la conscience qu'il a de lui-même. Les éléments dont il constituait le faisceau, indestructibles par nature, continuent bien d'être après lui, mais, en faisant retour au fonds cosmique, ils

_____

(1) Diogène de Laërte, II, 10 ; Plutarque, *Consolation à Appollonius*, 33.

(2) *Essais*, III, 12.

ne retiennent aucune empreinte de la personnalité perdue. D'une part, en effet, les matériaux de l'organisme, sous-traits à l'empire de la vie, se décomposent, se dispersent et retombent sous les lois du monde inorganique; de l'autre, les forces, un moment liées à l'état de la substance vivante et qui lui donnaient son pouvoir d'activité, se transforment en autres modes d'énergie. Rien ne survit donc de cet agrégat particulier de matière et de ce complexus de forces qui réalisaient une individualité. Seuls, les résultats de son activité propre, engagés dans la trame universelle des choses, peuvent durer encore quand elle n'est plus.

Par la manière dont il naît et dont il vit, l'homme fait partie d'un ensemble, y remplit une fonction et collabore à une synthèse d'effets. Il est un phénomène préparé par beaucoup d'autres, qui se développe de concert avec d'autres et détermine dans d'autres des séries de conséquences. Une chaine sans fin de relations, de solidarités, et de réversibilités rattache à une existence commune la totalité des êtres. C'est comme une symphonie dont chaque réalité exprime un son qui passe. Cette vie que le moi, se considérant à part, croit lui appartenir et constituer une *entéléchie*, n'est telle que par rapport à lui; par rapport au tout, dont il est une infinitésimale parcelle, il ne représente qu'un nœud où les liens les plus divers viennent s'entre-croiser, puis se prolongent hors de lui dans tous les sens. Il est donc la résultante d'une multitude d'effets qui concourent. Lui-même se résout en séries de résultantes et, quand il disparaît, comme cause actuelle, il continue d'exercer une influence par la façon dont il a vécu et qui a modifié, dans une certaine mesure, les phénomènes de son milieu.

5. — Nous avons reçu la vie de parents qui eux-mêmes la tenaient d'une longue suite d'ancêtres. Nous remontons ainsi par transmission continue jusqu'à l'origine de notre espèce, dont tous les membres se partagent un principe commun de vitalité. Outre une organisation affinée et des facultés accrues, nous devons à nos prédécesseurs les conditions améliorées d'existence que résume le mot de civilisation. Le bien-être dont nous jouissons est le produit des efforts de tous ceux qui ont purgé la terre de fauves, soumis et multiplié les animaux domestiques, fertilisé le sol par la culture, propagé les plantes utiles, extrait du sein de la terre les trésors qu'elle recèle, accommodé à nos besoins tous ces éléments de richesse et créé par d'ingénieux artifices les industries qui nous rendent la vie facile et douce. Dans cette tâche immense, continuée durant des siècles sans nombre, il n'est si humble ouvrier qui n'ait légué à la postérité quelque chose des fruits de son travail. Notre constitution psychique est de même la résultante de l'activité passée de notre espèce. L'individu porte profondément imprimé en lui le sceau des générations antérieures. Il hérite de leurs aptitudes acquises et s'enrichit de leurs gains. L'inquiétude de nos désirs est faite de l'ardeur de tous les désirs qui ont agité nos pères. Les passions, qui éclosent en nous comme d'impérieux instincts, dérivent de sentiments analogues jadis éprouvés par eux. La première émotion d'amour qui trouble les jeunes cœurs est le réveil d'une longue suite de tendresses évanouies, et c'est la série de leurs ascendants qui aime en eux. Nous devons de même aux ancêtres le goût épuré du beau, notre capacité d'en jouir dans des œuvres d'art consacrées par une admiration traditionnelle...; de même encore la curiosité de nos esprits, leur

puissance d'abstraction, nos idées claires ou confuses des choses, les langues qui nous servent à les exprimer, les sciences, somme inappréciable de certitudes obtenues par des recherches infinies...; notre tempérament moral, notre caractère, nos qualités, nos défauts, cette voix même de la conscience, écho prolongé qui répercute à travers les âges les scrupules d'une moralité en quête du bien...; nos mœurs, nos usages, nos lois, nos institutions sociales et politiques ; cette patrie qui nous est chère, œuvre d'une collectivité de citoyens dévoués au bien public et qu'ont cimentée de leur sang les vaillants qui sont morts pour la faire vivre (1) ; enfin cette patrie plus grande que la civilisation tend à constituer par l'union de tous les États, provinces d'un même empire... En un mot, tout ce qui fait notre puissance et notre richesse de vie est le produit d'une élaboration séculaire. « Ce qui se trouve le plus dans le présent, dit un historien, c'est le passé (2). » L'inestimable patrimoine dont nous jouissons a été lentement accumulé par les morts. Nous vivons d'eux. La foule de nos ancêtres n'a donc pas disparu sans laisser de traces et, pendant qu'ils dorment oubliés dans leur poussière, la vie qu'ils n'ont plus se retrouve en nous. Platon et Lucrèce ont comparé le principe de vitalité transmise aux flambeaux que les coureurs se passaient de main en main dans les jeux sacrés (3). Mais il convient d'ajouter que cette flamme de vie n'est pas seulement perpétuée et que, sans cesse avivée, elle devient toujours plus brillante...

---

(1)　　　　　« ... Egregias animas quæ sanguine nobis
　　　Hanc patriam peperere suo. »

(Énéide, XI, 24.)

(2) Duruy, Histoire des Romains, t. V, p. 345.

(3) Platon, République, I, 1 ; Lucrèce, De rer. nat., II, 78.

L'humanité ne doit point être séparée du milieu où se déroulent ses destinées ; « elle n'est pas dans la nature comme un empire dans un autre ; elle n'est pas au dehors ni au-dessus, mais au dedans (1) ». Elle en fait partie, s'y rattache par ses origines, en dépend par ses conditions d'activité. Dernier terme de l'évolution du monde animal, l'homme en constitue le type supérieur, dégagé d'une série d'espèces s'élevant par degrés jusqu'à cette forme éminente d'organisation. On a comme un sentiment religieux de l'existence quand on réfléchit que le principe de vie qui, présentement, nous anime, provient par une suite ininterrompue de transmissions et de métamorphoses, du premier frémissement dont fut agitée sur le globe la substance organique, encore informe, mais déjà vivante. Notre nature physique et psychique est le résumé du cycle entier de la création animée.

Par ses frontières indécises et ses exigences de nutrition, le monde animal tient au monde végétal, qui s'est développé parallèlement; et le règne organique, pris dans son ensemble, se lie au monde inorganique, dont il est sorti par une genèse physico-chimique. Les manifestations de la vie à la surface du globe résultent d'une évolution des corps bruts accomplie pendant les âges cosmogoniques. Tandis que les substances les plus lourdes et les plus grossières se déposaient en couches concentriques pour former la masse stable de la terre, les fluides superficiels gardaient en réserve, épurés et choisis, les éléments les plus subtils, aptes à produire, à des températures atténuées, des combinaisons complexes, variables, douées de la propriété de parcourir des cycles d'actions et de réac-

---

(1) Spinoza, *Éthique*, III, préambule.

tions, c'est-à-dire de se régénérer et de vivre. Plongés dans le milieu inorganique auquel ils empruntent ce qu'ils s'approprient de substance et emploient de force, les êtres vivants, condensateurs d'énergie, transforment en activité suivie, réglée et consciente les puissances diffuses, chaotiques et aveugles de la matière brute. Ainsi se comble l'abîme creusé par la métaphysique entre la vie et son support, entre ce qui la prépare et ce qui la réalise...

Considérée comme astre, la terre fait partie d'un groupe de mondes issus d'une nébulosité commune et dont les mouvements se coordonnent entre eux. Elle reçoit du soleil, pivot et moteur central du système, les irradiations de chaleur et de lumière qui entretiennent la vie... Le système solaire se lie à son tour aux systèmes stellaires par un fonds identique de substance et par des actions réciproques... Enfin, tous les corps célestes, épars en nombre infini dans l'immense éther, semblent tirer de lui, sous la forme la plus élémentaire qui se puisse concevoir, leur principe de matérialité et d'activité. Dans l'opinion de plusieurs physiciens de nos jours, l'éther, substrat ultime de la matière, serait un réservoir primordial de force d'où dérivent toutes les énergies qui se déploient transformées dans l'univers. On remonte ainsi, par la pensée, jusqu'à une réalité irréductiblement simple, universelle, inconditionnée, qui a pour unique attribut d'exister. Tout émane d'elle, tout se résorbe en elle (1). Absolu,

---

(1) Les anciens en avaient déjà l'intuition :

Hoc vide circum, supraque, quod complexu continet
Terram : nostri cœlum memorant, Graii perhibent Æthera.
Quidquid est hoc, omnia id animat, format, auget, alit, creat,
Sepelit, recipitque in sese omnia; omnium idem est pater,
Indidemque eademque oriuntur, de integro eademque occidunt.

(Pacuvius, cité par Cicéron, *De divin.*, 1, 2.)

infini, éternel, seul être véritable, l'éther, insaisissable à la perception, mais logiquement nécessaire, constituerait pour la science l'équivalent réel de l'être mythique, si diversement compris, que les religions personnifient et nomment dieu.

6. — Comme le passé du genre humain et celui de la nature persistent dans le présent, qui les continue, ce présent qui est nôtre, mais qui va bientôt cesser de l'être, persistera dans l'avenir, qu'il a mission de féconder. Si infime que soit, en comparaison du tout, chacun des êtres qui le composent, il en est une parcelle, exerce sa part d'influence et remplit une fonction. Son activité propre détermine des séries d'effets dont les conséquences s'étendent très loin et vont se perdre dans l'infini. Il y là, pour tout être vivant, le gage d'une survivance plus équitable que l'immortalité rêvée, puisqu'elle perpétue non la personne, phénomène passager, non la gloire d'un nom, vain bruit de renommée dont quelques-uns à peine, et non toujours les plus dignes, ont chance de bénéficier, mais ce qu'il y a en nous de meilleur, de rationnel, de fait pour durer.

L'étincelle de vie que la génération actuelle a reçue d'une longue suite de générations antérieures, sera transmise par elle aux générations futures, assurant ainsi la conservation de l'espèce et ses progrès éventuels aussi longtemps que la nature ne les rendra pas impossibles. Ce pouvoir qu'a la vie de se communiquer et de se répandre la soustrait aux atteintes de la mort (1), et la fait en

(1) Nous sommes, dit Apulée, « sigillatim mortales, cunctim perpetui ». (*De deo Socratis.*)

quelque sorte participer de l'attribut divin d'éternité (1):
« La providence, dit Averroès, a accordé à l'être périssable
la force de se reproduire pour le consoler de mourir et lui
donner, à défaut d'autre, cette sorte d'immortalité (2) .»
Tout père revit dans ses enfants et dans les enfants de ses
enfants, puis, en espérance, dans leur postérité, qui a
chance de durer autant que l'espèce. Outre le don même
de la vie, il lègue à sa descendance, suivant la manière
dont il a vécu, un héritage de force ou de faiblesse, de
santé ou de maladie, d'aptitudes améliorées ou faussées,
de leçons fortifiantes ou corruptrices, de bien-être ou de misère, d'honorabilité ou d'infamie... D'une façon plus générale, chaque homme laisse, dans les groupes dont il a fait
partie, une trace persistante de son passage par les conséquences prolongées de ses actions. Ce que, pendant sa
vie, il a effectué de travail utile, ressenti ou inspiré de
bons sentiments, réalisé ou apprécié de beau, découvert
ou propagé de vrai, fait de bien, accompli de juste, se
répand en conséquences heureuses, entre dans le patrimoine commun et augmente le trésor de la civilisation. Il
paie ainsi à ses successeurs ce que Manou appelle « la
dette de l'ancêtre », qui oblige tout homme à s'acquitter
en bienfaits transmis des bienfaits reçus. Ce que chacun a,
au contraire, fait de mal, causé de peines, conçu de laid,
pensé de faux, donné de mauvais exemples, suscité de
trouble social, ne nuit pas seulement à lui, à sa famille
et à ses contemporains, mais occasionne encore un préjudice durable à la postérité qui devra, non sans peine et
sans souffrance, éliminer ce principe d'effets pernicieux.
Il n'est aucun de nos actes qui ne contribue ainsi à créer

(1) Aristote, *de l'Ame*, II, 2.
(2) *De anima*.

pour l'avenir des conditions propices ou défavorables de vie. Quiconque mène une existence conforme aux lois de la raison accroît la somme des progrès acquis, l'artisan par son labeur, le cœur aimant par sa tendresse, l'artiste par son idéal, le savant par ses recherches, l'homme de bien par ses vertus, le philanthrope par sa bienveillance et son active charité. La civilisation se compose de cette multitude de petits gains que réalise en détail œuvre de chaque être et de chaque jour...

L'activité humaine, opérant une sorte de main mise sur les trois règnes de la nature, modifie, avec un pouvoir croissant, l'état du globe dans le sens d'une évolution mieux dirigée par une raison clairvoyante que par le jeu de forces aveugles, et entraîne le monde vers de plus hautes destinées. A une faune et à une flore sauvages, défectueuses et désordonnées, elle substitue un choix intelligent d'espèces domestiquées ou cultivées, rendues plus fécondes et meilleures. Le monde inorganique lui-même, arraché à son inertie, est investi de fonctions actives et se transforme en élément de richesse. Le rôle de l'humanité dans la nature est d'accroître la quantité de vie sur la terre et d'y faire régner l'ordre, la pensée, la raison...

Alors même qu'un jour elle devrait cesser d'être, elle aura constitué sur le théâtre du globe une brillante scène du grand drame de la création dont les actes suivront sans doute après nous un ordre logique inconnu... Et si la terre à son tour doit, comme tous les astres du ciel, finir par se volatiliser dans l'espace, revenir à l'état de nébulosité vague où même se résoudre en ondulations de l'éther, tout ce que les mondes auront eu de matière et de force se retrouvera, ramené à sa pure essence, mieux adapté peut-être par ses modalités passées à des transformations futures et prêt à la genèse de nouveaux univers moins imparfaits que le nôtre...

7. — Ainsi, par une suite de rapports prolongés à l'infini, les êtres particuliers procèdent de ce qui a été avant eux, se lient à ce qui est avec eux et préparent ce qui doit être après eux. Tour à tour effet et cause les uns des autres, ils se coordonnent par séries et leurs existences, quoique dispersées dans l'étendue et successives dans le temps, composent une existence totale unique. Un même principe d'activité, absolu dans son essence, mais relatif dans ses modes, illimité en extension, mais partout local dans ses manifestations, éternel par la fixité de son être, mais caduc et périssable dans chacune de ses manières d'exister, détermine toutes choses, remplit l'univers de contrastes et d'harmonie, met la variété dans l'unité et forme un ensemble dont toutes les parties concourent (1). « Ce qui me paraît, dit M. Renan, résulter du spectacle général du monde, c'est qu'il se construit une œuvre infinie où chacun insère son action comme un atome ». L'univers se conçoit alors comme un être immense, « l'un-tout (2) » des stoïciens, source inépuisable d'énergie dont la puissance se déploie dans le double infini de l'espace et de la durée. Cet être, qui comprend tout, ne peut développer la diversité de ses attributs qu'en se différenciant par séries d'êtres particuliers, car sans cela son existence resterait vague, uniforme, indéterminée. Pour se réaliser et vivre, il faut que l'infini se limite dans le fini, que l'absolu se conditionne dans le relatif, que l'éternité s'écoule dans

____

(1) Σύμπνοια πάντα (Hippocrate).
(2) Ἓν καὶ πᾶν.

le temps, que l'unité se réfracte en pluralité. La suite
sans fin des choses est la variation, sans cesse renou-
velée, du même pouvoir d'existence. L'apparition éphémère des êtres sur le fond infini de l'être représente les
aspects, les stades de ce perpétuel devenir.

Parcelle d'un tout, dérivé de lui, résorbé en lui, l'homme
doit suivre, autant que sa raison le comporte, l'ordre et les
lois de l'ensemble. Il participe ainsi, non plus passivement
et par une vision d'extase, mais activement et en fait,
par les développements de sa vie personnelle, à la vie de
cet être universel. Bien qu'il ne soit qu'un atome dans le
sein de l'infini, comme cet atome est doué d'intelligence et
de volonté, il a une part d'influence et concourt aux séries
d'effets, de même que, dans l'Océan, chaque molécule
liquide pèse de son poids et, par les pressions qu'elle
exerce ou qu'elle subit, contribue à l'équilibre général. La
valeur de la vie, c'est de collaborer sciemment à une
œuvre infinie et éternelle, d'en jouir et d'introduire dans la
trame de l'univers un élément de variation qui se prolon-
gera sans terme dans l'avenir. Si, selon une belle pensée
d'Aristote, la dignité d'un être se mesure à la grandeur de
sa tâche et augmente avec l'étendue de ses devoirs, quel
plus noble emploi de ses facultés peut-on proposer à un
être raisonnable, quel but plus élevé à ses aspirations, que
de s'identifier avec l'être infini, et de prendre part à la vie
universelle en dirigeant dans le même sens son pouvoir
d'activité?

Ces hautes vérités ont été entrevues par les sages de tous
les temps. Suivant Confucius, l'homme, égal aux puissances créatrices, doit comme elles influer sur le cours de
la nature et contribuer au développement des autres êtres.
« Il faut, dit Krichna, accomplir l'œuvre que la position

assignée sur cette terre impose et remplir son devoir social, tout en sachant que le profit en est médiocre, tout en étant indifférent au mérite des œuvres terrestres, tout en aspirant à l'absolu (1). » Pour Zoroastre, le fond de la religion est le désir de ne pas quitter le monde sans le laisser un peu meilleur qu'on ne l'a trouvé, de combattre le bon combat, de diminuer la part du mal et de rendre autour de soi la vie plus douce et plus belle. Socrate se proclame « citoyen du monde » plus encore qu'Athénien ou Grec (2). Platon dit également : « Toi-même, chétif mortel, tout petit que tu es, tu entres pour quelque chose dans l'ordre général, et tu t'y rapportes sans cesse. L'univers n'existe pas pour toi, mais tu existes toi-même pour l'univers (3) ; » et il définit le sage : « Celui qui met sa vie d'accord avec les mouvements éternels des mondes. » Aristote veut que l'homme « s'immortalise, soi et ses œuvres, en poursuivant, quoique mortel, des fins immortelles (4) ». D'après sa doctrine, le rôle de la science est de nous faire connaître l'harmonie de l'univers, et celui de la morale de conformer notre conduite à ses lois. Spinoza demande qu'on gouverne sa vie « sous l'idée de l'être parfait ». Avoir une claire vue de notre dépendance par rapport à l'univers, le respect de ses lois, le désir constant de participer à un effort vers le mieux, vouloir l'accord de notre raison et des tendances de la nature, voilà la plus pure essence du sentiment religieux. « Faire quelque chose pendant sa vie,

(1) *Mahabhárata*, épisode du *Bhagavad-Gíta*.

(2) Ὁ δὲ Σωκράτης οὐκ Ἀθηναῖος, οὐδὲ Ἕλλην, ἀλλὰ Κόσμιος εἶναι φήσας. (Plutarque, *De Exil.*, 5). — Lucain définit l'idéal des stoïciens :

Non sibi sed toto genitum se credere mundo.

(3) *Lois*, X, 12.

(4) *Morale à Nicomaque.*

même sur la plus humble échelle, si rien de plus n'est à sa portée, pour hâter, si peu que ce soit, ce triomphe final, c'est la pensée la plus stimulante et la plus fortifiante qui puisse inspirer un homme. C'est cette pensée qui... est destinée à constituer la religion de l'avenir (1). »

8. — Il serait possible d'élever sur cette large et ferme base une morale scientifique, déduite des lois qui gouvernent le monde et qui nous apprendrait à régler sur elles notre vie, morale à la fois vaillante et stoïque, courageuse pour entreprendre parce que, agissant dans le sens de l'évolution universelle, elle bénéficierait de tous les concours, et résignée pour supporter parce qu'elle montrerait avec évidence la nécessité, la rationalité des conditions qu'il faut subir. Les épicuriens et les stoïciens s'accordaient sur leur grande maxime : « Suivre l'ordre de la nature. » On peut d'ailleurs concilier l'abnégation que ce précepte commande avec la recherche des satisfactions que la personnalité réclame, en se conformant au principe ainsi formulé par Cicéron : « Faire en sorte que, sans jamais aller contre les lois de la nature universelle, nous suivions cependant notre propre nature (2). »

La première des vertus philosophiques, c'est donc l'accomplissement volontaire de ce que les lois générales ont d'impératif, l'acquiescement à ce qu'elles ont d'inévitable. Au lieu de prétendre tout ramener à nous, en prenant pour unique règle d'action notre intérêt personnel, appliquons-nous à connaître notre rôle et à remplir notre fonction dans l'ensemble des êtres. Nous devons chercher le mieux et faire le possible, mais admettre le nécessaire et aller

(1) Stuart Mill, *Essais sur la religion*, fin.
(2) *De Officiis*, 1, 31.

de bon gré où la force des choses nous mène sans nous
y laisser traîner. Comme il est plus facile de changer nos
désirs que l'ordre du monde, plions-les à ses exigences. La
raison peut céder sans révolte aux fatalités qui la dominent,
parce que, résultant de nécessités générales, elles n'ont
rien d'arbitraire (1), et, loin d'être humiliée en s'y soumet-
tant, elle fait preuve, par une acceptation virile, de sentiments qui se confondent avec la forme la plus élevée de
la piété. Il convient de dire avec Marc-Aurèle : « O univers, je veux ce que tu veux ! (2) » Sénèque interdit même
la plainte : « Une âme ferme et sereine dans l'adversité
accepte tous les événements comme si elle les avait désirés... Pleurer, se plaindre, gémir, c'est être rebelle (3). »

Acceptons donc la vie avec ses éventualités et ses contingences, avec son lot inévitable d'accidents, de mécomptes et
de tristesses, et, si parfois le fardeau paraît pesant, rappe-
lons-nous que nous n'aurons pas à le porter bien loin.
Acceptons surtout cette loi de mortalité, si dure qu'elle
nous semble, et gardons-nous comme d'un égoïsme déraisonnable de vouloir vivre toujours. Ne nous livrons pas
à d'inutiles regrets de la vie qui nous échappe ; disons-
nous que notre mort est nécessaire à l'ordre du monde,
qu'après avoir vécu il faut faire place à d'autres et que ce

(1) « Celui qui te congédie est sans colère. » (Marc-Aurèle, *Pensées*, XII, 36.)

(2) *Pensées*, IV, 23 ; V, 8 ; X, 21.

(3) *Questions naturelles*, III, préface. — Pascal écrit dans le
même esprit de soumission : « J'essaie autant que je le puis de
ne m'affliger de rien et de prendre tout ce qui arrive pour le
meilleur. Je crois que c'est un devoir et qu'on pèche en ne le
faisant pas. Car... l'essence du péché consistant à avoir une
volonté opposée à celle que nous connaissons en Dieu, il est
visible, ce me semble, que, quand il nous découvre sa volonté
par les événements, ce serait un péché de ne pas s'y accommoder. » (*Lettre à Mlle de Roannez*).

qu'il y avait de meilleur en nous se retrouvera en eux. La tâche que nous laissons inachevée sera reprise et menée à bien par des continuateurs plus heureux. Notre mort n'interrompt rien. Ce que nous avons voulu ou rêvé de bonté, de beauté, de vérité, de perfection, de justice, se réalisera quelque jour, et, nous disparus, « il n'y a de moins dans le monde qu'un miroir brisé (1) ».

La seule manière de bien mourir, c'est de mourir résigné ou mieux consentant, sinon résolu. Pour ôter à la mort son aiguillon, il ne suffit pas de la subir sans révolte, il faut l'accueillir sans tristesse, l'agréer, presque lui sourire. La supériorité de la raison est de comprendre non seulement la nécessité de la mort, mais aussi son utilité, et d'approuver la loi qui nous tue. Par là, l'homme s'élève au-dessus des animaux, qui craignent la mort sans la connaître, et il cesse de la craindre parce qu'il la connaît. L'adhésion volontaire à ce qui est une obligation stricte, le paiement d'une dette sacrée, l'accomplissement d'un dernier devoir, fait de la mort un acte moral qui a, comme tel, sa sanction et trouve sa récompense dans le calme d'une bonne fin. Écartons de chimériques terreurs, fions-nous à l'ordre qui règle le cours des choses, et, quand viendra l'heure suprême, abîmons-nous avec sérénité dans le sein de l'être infini. « Pour se retrouver dans l'infini, dit Gœthe, l'individu s'évanouit volontiers. Là se dissipent tous les ennuis, les chagrins, les brûlants désirs, les impatiences et les colères de la fougueuse volonté. S'abandonner dans l'infini est une ineffable jouissance (2). » De même Léopardi :

Il naufragar m'è dolce in questo mare (3).

(1) Guyau, *l'Irréligion de l'avenir*, fin.
(2) Gœthe, *Testament*.
(3) *L'Infinito*.

Jouissons de la vie comme d'une participation momentanée à l'universelle réalité, mais accédons à la mort comme à la loi de rénovation des êtres, à la résorption du fini dans l'infini. Sachons vivre et ne nous refusons pas à mourir. Soyons doux envers la mort, elle sera douce envers nous. « Il faut partir de la vie avec résignation, comme tombe l'olive mûre, en bénissant la terre sa nourrice et en rendant grâce à l'arbre qui l'a produite (1). »

(1) Marc-Aurèle, *Pensées*, IV, 18.

TABLE DES MATIÈRES

TOURS, IMP. E. ARRAULT ET Cie, 6, RUE DE LA PRÉFECTURE,